药用动物高效养殖新技术

◎ 王凯英　主编

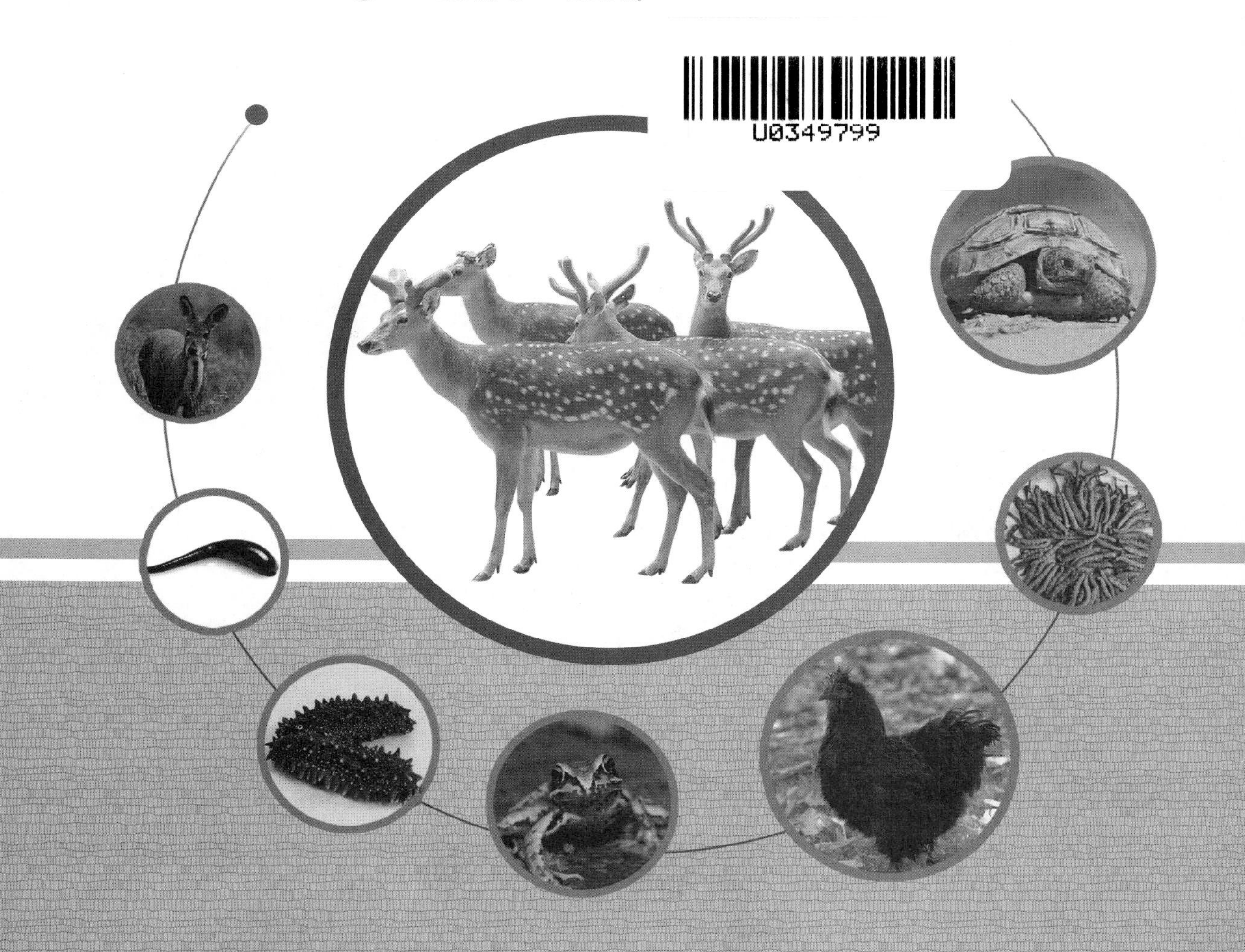

中国农业科学技术出版社

图书在版编目（CIP）数据

药用动物高效养殖新技术 / 王凯英主编 . —北京：中国农业科学技术出版社，2018. 9

ISBN 978-7-5116-3763-5

Ⅰ. ①药… Ⅱ. ①王… Ⅲ. ①药用动物—饲养管理 Ⅳ. ①S865.4

中国版本图书馆 CIP 数据核字（2018）第 145938 号

责任编辑 崔改泵 李 华
责任校对 马广洋
出 版 者 中国农业科学技术出版社
北京市中关村南大街12号 邮编：100081
电 话 （010）82109708（编辑室）（010）82109702（发行部）
（010）82109709（读者服务部）
传 真 （010）82106650
网 址 http: // www.castp.cn
经 销 者 各地新华书店
印 刷 者 北京富泰印刷有限责任公司
开 本 787mm×1 092mm 1/16
印 张 16.5
字 数 323千字
版 次 2018年9月第1版 2018年9月第1次印刷
定 价 39.80元

《药用动物高效养殖新技术》

编委会

主　　编： 王凯英

副 主 编： 赵伟刚　张天柱

编写人员： 鲍　坤　钟　伟

刘佰阳　王晓旭

审　　校： 杨雅涵

前　言

中医、中药是中华传统文化的瑰宝。伴随中华文明在世界的传播和华人移居到世界各地，中医、中药也逐渐被当地接收，不断发扬光大。中药材包括植物药、动物药、矿物药等类别。优质的中药材是制造中药的物质基础，越来越受到重视，大量的开发利用和自然环境不断受到破坏，自然资源正在不断减少。为了保证优质中药材的保质、足量供应，必需进行中药材的人工种植和养殖。这不仅可保证药材的供应，还能给药材种植户和养殖户带来可观的经济效益，为提高农民收入、拉动地方经济作出极大贡献。

本书针对目前我国常用动物类中药材的养殖现状，总结最新科研技术成果和实践经验，同时参考国内外有关药用动物养殖的成功技术与经验，结合已有的养殖方式和生产实际，介绍了药用动物高效养殖新技术。内容包括哺乳类、鸟类、水生类、爬行类、两栖类、节肢类和环节类部分药用动物的药用与经济价值、生物学特性、人工养殖技术、饲养管理、常见疾病的防治、药材的采集与加工技术等。书中内容理论联系实际，通俗易懂，适合养殖场技术人员和养殖户学习参考。

本书编写过程中参阅了大量相关的研究报告及论述，在参考文献中予以列出，在此对原作者表示诚挚谢意。由于编者水平所限和时间仓促，如有不当之处，敬请各位专家和广大读者批评指正。

编　者

2018年6月

目　录

第一章　哺乳类

第一节　梅花鹿 …… 1
一、梅花鹿的药用与经济价值 …… 1
二、梅花鹿的生物学特性 …… 3
三、梅花鹿的人工养殖技术 …… 4
四、梅花鹿的饲养管理 …… 9
五、梅花鹿常见疾病的防治 …… 11
六、相关药材的采集与加工 …… 13
第二节　麝 …… 16
一、麝的药用与经济价值 …… 16
二、麝的生物学特性 …… 17
三、麝的人工养殖技术 …… 19
四、麝的饲养管理 …… 20
五、麝常见疾病的防治 …… 22
六、相关药材的采集与加工 …… 22
第三节　黑　熊 …… 24
一、黑熊的药用与经济价值 …… 24
二、黑熊的生物学特性 …… 25
三、黑熊的人工养殖技术 …… 26
四、黑熊的饲养管理 …… 28
五、黑熊常见疾病的防治 …… 32
六、相关药材的采集与加工 …… 34

第四节 獾 …… 36
一、獾的药用与经济价值 …… 36
二、獾的生物学特性 …… 37
三、獾的人工养殖技术 …… 38
四、獾的饲养管理 …… 39
五、獾常见疾病的防治 …… 41
六、相关药材的采集与加工 …… 42
第五节 灵 猫 …… 42
一、灵猫的药用与经济价值 …… 42
二、小灵猫 …… 43
三、大灵猫 …… 48
四、灵猫常见疾病的防治 …… 49
第六节 水 獭 …… 50
一、水獭的药用与经济价值 …… 50
二、水獭的生物学特性 …… 51
三、水獭的人工养殖技术 …… 52
四、水獭的饲养管理 …… 53
五、水獭常见疾病的防治 …… 54
六、相关药材的采集与加工 …… 55
第七节 麝 鼠 …… 55
一、麝鼠的药用与经济价值 …… 56
二、麝鼠的生物学特性 …… 56
三、麝鼠的人工养殖技术 …… 57
四、麝鼠的饲养管理 …… 60
五、麝鼠常见疾病的防治 …… 63
六、相关产品的采集与加工 …… 63
第八节 水 貂 …… 64
一、水貂的药用与经济价值 …… 64
二、水貂的生物学特性 …… 65
三、水貂的人工养殖技术 …… 66
四、水貂的饲养管理 …… 68
五、水貂常见疾病的防治 …… 69
六、相关产品的采集与加工 …… 70

第九节　刺　猬 …… 71
一、刺猬的药用与经济价值 …… 71
二、刺猬的生物学特性 …… 72
三、刺猬的人工养殖技术 …… 74
四、刺猬的饲养管理 …… 75
五、刺猬常见疾病的防治 …… 76
六、相关药材的采集与加工 …… 77
第十节　穿山甲 …… 77
一、穿山甲的药用与经济价值 …… 78
二、穿山甲的生物学特性 …… 78
三、穿山甲的人工养殖技术 …… 80
四、穿山甲的饲养管理 …… 81
五、穿山甲常见疾病的防治 …… 82
六、相关产品的采集与加工 …… 83

第二章　鸟　类

乌骨鸡 …… 84
一、乌骨鸡的药用与经济价值 …… 84
二、乌骨鸡的生物学特性 …… 85
三、乌骨鸡的人工养殖技术 …… 86
四、乌骨鸡的饲养管理 …… 89
五、乌骨鸡常见疾病的防治 …… 93
六、乌骨鸡的加工 …… 95

第三章　水生类

第一节　胡子鲇 …… 96
一、胡子鲇的药用与经济价值 …… 96
二、胡子鲇的生物学特性 …… 97
三、胡子鲇的人工养殖技术 …… 98
四、胡子鲇的饲养管理 …… 99
五、胡子鲇常见疾病的防治 …… 100

六、胡子鲇的捕捉与加工 …… 101
第二节 黄 鳝 …… 102
一、黄鳝的药用与经济价值 …… 102
二、黄鳝的生物学特性 …… 103
三、黄鳝的人工养殖技术 …… 104
四、黄鳝的饲养管理 …… 105
五、黄鳝常见疾病的防治 …… 107
六、黄鳝的捕捉与加工 …… 108
第三节 泥 鳅 …… 108
一、泥鳅的药用与经济价值 …… 108
二、泥鳅的生物学特性 …… 109
三、泥鳅的人工养殖技术 …… 110
四、泥鳅的饲养管理 …… 111
五、泥鳅常见疾病的防治 …… 114
六、泥鳅的捕捞与加工 …… 115
第四节 海 马 …… 115
一、海马的药用与经济价值 …… 116
二、海马的生物学特性 …… 116
三、海马的人工养殖技术 …… 117
四、海马的饲养管理 …… 118
五、海马常见疾病的防治 …… 119
六、海马的采集与加工 …… 120
第五节 刺 参 …… 120
一、刺参的药用与经济价值 …… 120
二、刺参的生物学特性 …… 121
三、刺参的人工养殖技术 …… 122
四、刺参的饲养管理 …… 123
五、刺参常见疾病的防治 …… 124
六、刺参的采集与加工 …… 124

第四章 爬行类

第一节 鳖 …… 126
一、鳖的药用与经济价值 …… 126

二、鳖的生物学特性 …… 127
三、鳖的人工养殖技术 …… 128
四、鳖的饲养管理 …… 131
五、鳖常见疾病的防治 …… 133
六、鳖的捕捉与加工 …… 134
第二节 乌 龟 …… 135
一、乌龟的药用与经济价值 …… 135
二、乌龟的生物学特性 …… 136
三、乌龟的人工养殖技术 …… 138
四、乌龟的饲养管理 …… 140
五、乌龟常见疾病的防治 …… 142
六、乌龟的捕捉与加工 …… 143
第三节 蛇 …… 144
一、蛇的药用与经济价值 …… 145
二、蛇的生物学特性 …… 146
三、蛇的人工养殖技术 …… 147
四、蛇的饲养管理 …… 149
五、蛇常见疾病的防治 …… 151
六、相关产品的采集与加工 …… 153
第四节 蛤 蚧 …… 154
一、蛤蚧的药用与经济价值 …… 155
二、蛤蚧的生物学特性 …… 155
三、蛤蚧的人工养殖技术 …… 157
四、蛤蚧的饲养管理 …… 158
五、蛤蚧常见疾病的防治 …… 159
六、蛤蚧的捕捉与加工 …… 160

第五章 两栖类

第一节 林 蛙 …… 162
一、林蛙的药用与经济价值 …… 162
二、林蛙的生物学特性 …… 163
三、林蛙的人工养殖技术 …… 165
四、林蛙的饲养管理 …… 167

五、林蛙常见疾病的防治 …… 169
六、相关药材的采集与加工 …… 170
第二节 蟾 蜍 …… 171
一、蟾蜍的药用与经济价值 …… 171
二、蟾蜍的生物学特性 …… 172
三、蟾蜍的人工养殖技术 …… 173
四、蟾蜍的饲养管理 …… 173
五、蟾蜍常见疾病的防治 …… 174
六、相关药材的采集与加工 …… 175

第六章 节肢类

第一节 蜜 蜂 …… 177
一、蜜蜂的药用与经济价值 …… 177
二、蜜蜂的生物学特性 …… 179
三、蜜蜂的人工养殖技术 …… 179
四、蜜蜂的饲养管理 …… 180
五、蜜蜂常见疾病的防治 …… 184
六、相关产品的采集与加工 …… 185
第二节 家 蚕 …… 187
一、家蚕的药用与经济价值 …… 187
二、家蚕的生物学特性 …… 188
三、家蚕的人工养殖技术 …… 190
四、家蚕的饲养管理 …… 191
五、家蚕常见疾病的防治 …… 196
六、相关药材的采集与加工 …… 199
第三节 蝎 子 …… 200
一、蝎子的药用与经济价值 …… 200
二、蝎子的生物学特性 …… 201
三、蝎子的人工养殖技术 …… 202
四、蝎子的饲养管理 …… 206
五、蝎子常见疾病的防治 …… 208
六、蝎子的采集与加工 …… 209

第四节 蜈 蚣 …… 211
一、蜈蚣的药用与经济价值 …… 211
二、蜈蚣的生物学特性 …… 212
三、蜈蚣的人工养殖技术 …… 213
四、蜈蚣的饲养管理 …… 215
五、蜈蚣常见疾病的防治 …… 216
六、蜈蚣的采集与加工 …… 217
第五节 蚂 蚁 …… 218
一、蚂蚁的药用与经济价值 …… 218
二、蚂蚁的生物学特性 …… 219
三、蚂蚁的人工养殖技术 …… 221
四、蚂蚁的饲养管理 …… 223
五、蚂蚁常见害害的防治 …… 224
六、蚂蚁的采集与加工 …… 224
第六节 地鳖虫 …… 225
一、地鳖虫的药用与经济价值 …… 225
二、地鳖虫的生物学特性 …… 226
三、地鳖虫的人工养殖技术 …… 227
四、地鳖虫的饲养管理 …… 230
五、地鳖虫常见疾病的防治 …… 232
六、相关药材的采集与加工 …… 234
第七节 冬虫夏草 …… 235
一、冬虫夏草的药用与经济价值 …… 235
二、冬虫夏草的生物学特性 …… 235
三、冬虫夏草的人工养殖技术 …… 237
四、冬虫夏草的饲养管理 …… 238
五、冬虫夏草常见疾病的防治 …… 240
六、相关药材的采集与加工 …… 240

第七章 环节动物

水 蛭 …… 241
一、水蛭的药用与经济价值 …… 241

二、水蛭的生物学特性 …… 242
三、水蛭的人工养殖技术 …… 243
四、水蛭的饲养管理 …… 245
五、水蛭常见疾病的防治 …… 246
六、水蛭的采集与加工 …… 247
主要参考文献 …… 249

第一章　哺乳类

本章对梅花鹿、麝、黑熊等10种哺乳动物的药用与经济价值、生物学特性、人工养殖技术与饲养管理、常见疾病防治及入药药材加工技术进行了详细阐述。

第一节　梅花鹿

梅花鹿（*cervus nippon*）属哺乳纲、偶蹄目，别名“花鹿”，是国家一级保护动物。目前野生梅花鹿十分少见，人工驯养以东北梅花鹿为主。我国梅花鹿养殖主要分布在东北、华北、华南，以东北最多。

一、梅花鹿的药用与经济价值

（一）药用价值

1. 鹿茸

梅花鹿鹿茸享誉中外，可补肾阳、强筋骨、益精血。主治阳痿遗精、宫冷不孕、精疲乏力、眩晕耳鸣、腰膝酸软、崩漏带下。有防止衰老、提高机体免疫功能等作用，是滋补佳品。

2. 鹿鞭

鹿鞭为公鹿生殖器，富含雄性激素、蛋白质、氨基酸，有补肾阳、益精血、滋阴补髓、抗衰老、强体壮力等功效。用于治疗阳痿早泄、滑精盗汗、腰膝冷痛、冷宫不孕、内分泌失调、耳聋耳鸣、性欲减退、小便频数、四肢发冷等症。

3. 鹿筋

鹿筋是鹿的筋腱，性温、味淡微咸，主治畏寒、风湿关节痛、手足无力等症。以鹿筋为主要原料泡制药酒，具有生精益髓、强筋壮骨等功效。对腰脊疼痛、筋骨疲乏或软弱无力、步履艰难疗效显著，适宜体力劳动者和老人饮用。

4. 鹿尾

补肾壮阳，暖腰健膝。用于阳痿、遗精，腰膝疼痛；妇女冷宫不孕，崩漏不止，四肢不温，头晕目眩，心悸耳鸣，男女性机能低下，脉微肢冷。

5. 鹿心

有活血通窍、化瘀止痛等功效，用于治疗冠心病、心绞痛、脑动脉硬化等症。

6. 鹿肝

补肝明目，用于治疗肝脏虚弱、夜盲、目赤等症。

7. 鹿肾

可补肾气、益精髓，用于治疗肾虚腰痛、盗汗、水肿等症。

8. 鹿肉

有补脾胃、益气血、助肾阳、暖腰脊等功效，乃滋补佳品。

9. 鹿胎

有益肾阳、补精血之功效，用于治疗肾虚精亏，体弱无力，精血不足，妇女月经不调、崩漏带下、久不受孕等症。

10. 鹿血

鹿血是治病健身的珍品，含有19种氨基酸及多种酶类，还含多种脂类、游离脂肪酸类、固醇类、磷脂类、激素类、维生素类和多糖类等，并含多种常量和有益微量元素。特别是鹿血中还含有γ-球蛋白、胱氨酸、赖氨酸，与心脏机能相关的磷酸肌酸激酶、辅酶等。

（二）经济价值

鹿产品深加工后可制成鹿茸粉、鹿茸胶囊、鹿茸系列饮料、鹿茸啤酒、鹿茸精酒、鹿茸精口服液、鹿茸茶、鹿茸口香糖、鹿茸软糖、鹿茸含片等系列鹿茸保健品，增值几倍至几十倍。梅花鹿对环境适应能力较强，我国各地都可以驯养，经济效益非常显著。

二、梅花鹿的生物学特性

（一）形态特征

梅花鹿为中型鹿，体态秀美，雄性体型大于雌性。成年公鹿体重通常达100～140kg，体高100～120cm；母鹿体重通常为60～70kg，体高60～80cm。眼下均有泪窝1对，眶下腺比较发达；耳稍长、直立，能转动；尾巴短，四肢细长，主蹄狭小，副蹄细小；躯干匀称，颈较细长。出生后第二年公鹿头上长出“毛桃茸”，第三年长出分枝角，发育完全的共分4叉形，通常不超过5叉，母鹿不长角。幼鹿和成龄鹿身体两侧均有4～6列的白色花斑200余块，特别是邻近背侧和腹侧的两行更加明显，因白色花斑似梅花状，故名“梅花鹿”。腹下、四肢及尾巴的内侧毛为白色；臀斑白色并有黑色毛带围绕。冬季被毛棕黄色或栗棕色，厚密而长，背中线深棕色，体两侧白色花斑不明显；夏季被毛稀短，无绒，呈黄褐色或棕褐色，白色花斑明显，鲜艳美丽。背中线呈黑色，沿背中线从头至尾毛色较深，形成一条宽约2cm的背线。

（二）地理分布

野生梅花鹿仅分布于东亚和邻近岛屿，历史上在我国分布很广，但随着人口增加、生产发展，森林被大量砍伐，梅花鹿巨大的经济价值又引起过渡捕猎，野生种群数量日趋减少，分布区域大大缩小。目前仅东北、西南、华东和西北等少数地方有少量野生分布，人工养殖以东北为主，遍布全国。

（三）生活习性

梅花鹿栖息于针阔叶混交林、阔叶林和天然次生林中。多在林中草地和林缘疏林地带活动。活动区域随季节而变化，春季常在低山向阳坡，雪融化较快的地方啃食嫩草；夏季主要在密林中活动，早晨和黄昏则进到比较开阔的林间草甸觅食，有时还迁移到高山苔原地避暑，或到有积水和潮湿的沙地上进行水浴和沙浴；冬季多在背风少雪的向阳坡活动。狼、虎、猞猁和熊等是梅花鹿的主要自然天敌。

梅花鹿性情温驯，喜小群活动，嗅觉和听觉都很发达，行动敏捷，善于奔跑和跳跃。公鹿在鹿茸生长期间非常注意保护自己的茸角，行动小心谨慎，胆小怕人。梅花鹿对气候的变化很敏感，在气温下降，天降雨雪时，往往非常活跃。惊慌、恐惧或愤怒时泪窝大睁，两耳直立或向后张，臀毛逆立，咬牙顿足迎敌，或几声尖叫后而逃跑。

（四）食性

梅花鹿采食多种草本植物的茎叶和乔灌木的嫩枝叶、花序、花等。春天采食嫩芽嫩草；夏天采食青草、嫩枝叶、蘑菇等；秋天主要采食树叶和果实；冬季采食干枯的树叶、细小枝条和树皮。

（五）寿命和繁殖特点

寿命约为20年，一岁半左右性成熟。9—11月发情配种，妊娠期230d左右，第二年5—6月产仔，胎产仔1～2只，多为1只。刚产的幼仔体毛黄褐色，也有白色的斑点，产后2～3h就能站立起来，第2d可随母鹿跑动。哺乳期2～3个月，4个月后仔鹿可长到10kg左右。

三、梅花鹿的人工养殖技术

（一）鹿场建设

1. 场地选择

鹿场场址的选择，直接影响到鹿场的发展和饲养管理的质量，对鹿场的经济效益举足轻重。野生条件下鹿栖息环境寂静而又隐蔽，人工养殖条件也应尽量满足梅花鹿的生活习性。要综合考虑地形与地貌，饲料来源，水、电、交通与社会环境等综合条件，选择场址。鹿场既要远离噪音，又要交通便利，以保证及时供应饲料和其他物质，一般距公路1～1.5km，铁路5～10km。鹿场的地形应当是地势较高而平坦，有向南或东南倾斜的小坡度，以便于排水和保持场地干燥。要远离工厂、矿山和公共设施，避开喧闹、污染的环境，要在避风、向阳、有利于排水、土质坚实、透水性好、无污染的沙质土壤上建造鹿场最好。鹿场最好远离居民区，远离牛、羊圈舍，以减少疫病流行。

2. 饲料供应

梅花鹿是反刍动物，主要以粗饲料为主，鹿场应有足够的饲料地或长期可靠的饲料供应基地，以保证饲料来源充足，能一年四季供给所需的各种饲料。圈养的梅花鹿平均需精料350～400kg/（头·年），粗饲料1 200～1 500kg/（头·年），需饲料地面积0.1～0.2hm^2，草场或山场0.3～0.5hm^2，需草原0.5～0.7hm^2。具有放牧条件的可进行放牧。

3. 水、电供应

日常生产中鹿场需要大量的水，因此要有水质符合卫生条件、充足的水源。饲料加工与饲养管理都离不开电力，所以电力必须供应充足。

4. 鹿舍设计

鹿舍能保证鹿群冬季防寒御雪，夏季通风、避雨和防暑，是圈养鹿群采食、反刍、运动和休息的综合性场所。鹿舍的正面应朝南，公鹿、母鹿、育成鹿、待产鹿、病鹿应分开饲养。一个圈棚规格为长14～20m，宽5～6m；运动场长25～30m，宽14～20m，可养公鹿20～30只或母鹿15～20只或育成鹿30～40只或断奶仔鹿40～60只。土地面积有限时，可适当缩小鹿舍面积，但养殖密度不能过大，以免发生角斗或应激逃窜而受伤。有条件的应将种公鹿或生产性能好的公鹿单圈饲养，避免不当刺激影响其生产性能。

圈棚一般为三壁式的敞圈，前面无墙，用柱支撑，人字形或倾斜房顶，这样有利于通风和接受充足的自然光照。圈棚的房前檐一般距地面2.1～2.2m，后檐高度为1.8m左右。鹿舍内的地面前低后高，圈棚内的地面应比运动场高出5cm左右。在各栋走廊里最好有用砖砌的并加盖的通往粪坑的排水沟，以便于粪尿、污水能及时排出。鹿圈棚内要用硬杂木板铺成或砖铺地做成寝床，以便鹿俯卧休息。

运动场应建有结实的围墙，地面有砖铺、水泥、沙壤土等几种。最佳方案是整齐铺就的砖地面。另外用三合土或黏土作地基，然后再在其上铺含沙较多的泥土以便排水，但在多雨季节尤其是南方各省容易发生雨水或污物淤积圈内，诱发疾病。而光滑的水泥地面下雨或洒上水后，鹿只跑动易发生打滑、摔倒而受伤。在运动场前、鹿圈外应设3～4m宽的走廊，走廊两端留2.5m宽的大门。走廊是平时拨鹿、驯鹿与出、归牧的主要通道。产圈要建于圈棚的一侧或一角，冬天保暖，夏天防晒，面积以6～10m^{2}为宜。

5. 其他设施

饲料槽、饮水装置、常用机械设备等是必不可少的，鹿场还应建饲料加工室、饲料库，储存干树叶、干草、豆荚和粉碎后的农副产品的粗料棚、青贮窖。

（二）梅花鹿的繁殖

1. 性成熟

梅花鹿性器官发育完全，睾丸和卵巢开始产出成熟的、具有受精能力的精子和卵子，表现出性行为，公鹿长出了茸角，母鹿乳房增大，是性成熟的标志。母鹿一般在16～18个月龄，公鹿在20个月龄左右达到性成熟。性成熟受年龄、气候条件、栖息条件、饲养管理、个体发育等因素的影响。如高的营养水平就比低营养水平养殖的鹿性成熟要早。

2. 体成熟

性成熟时梅花鹿生殖生理已发育成熟，能表现出性行为，但其体重、体尺、主要脏器、骨骼等均在继续发育，与成龄鹿差异很大。体成熟则是机体各组织器官发育及其结构和机能达到完善，体形、肩高和体长等基本定型。体成熟比性成熟要晚，母鹿体成熟一般在2～3岁，公鹿则要到3～4岁。

3．发情规律

梅花鹿发情交配期为每年的9—11月，在整个发情交配期里，可经历3～5个发情周期。由于受地理、气候因素的影响，个别年景发情交配日期可提前或延后1～2周。在发情季节里每经过一定的时间间隔出现一次发情现象，相邻两次排卵间隔的时间叫发情周期，梅花鹿发情周期一般为12～16d。健康、壮龄、膘情好的发情周期稍短，老龄、膘情差的鹿周期稍长一些。发情持续时间指母鹿每次发情持续的一段时间，此段时间又可分为初期、旺期和末期。旺期是指母鹿性欲亢进并接受交配的一段时间。梅花鹿的发情持续时间一般为18～36h，发情初期经6～7h进入旺期。发情的初期和末期，母鹿一般都拒绝交配，90%左右的母鹿在发情旺期接受交配，交配后受孕率为95%左右。梅花鹿一般在产后130～140d进入下次发情。

4．发情表现

（1）母鹿的发情。表现主要有精神状态和交配欲望、生殖道变化、卵巢变化3个方面，这3方面都充分表现出来就是发情。发情初期的母鹿兴奋不安，到处游走，有的鸣叫，引逗公鹿追逐，但拒绝交配。发情旺期时，当公鹿追上时则站立不动，两后肢分开，举尾、弓腰，接受公鹿的爬跨与交配；有的母鹿，阴门肿胀，流出蛋清样黏液，摆尾并频频排尿，或用头拱蹭公鹿的颈部、腹部、外阴部，甚至爬跨公鹿或其他母鹿。发情末期则逃避公鹿追逐，并变得安静、喜卧，阴门口黏液变少而黏稠，颜色从橙黄色、茶色到褐色，并多粘连在阴毛上。发情旺期这3方面表现得最为充分，是交配受孕的最佳时节。

（2）公鹿的发情。主要表现为好斗，顶撞物体、顶母鹿甚至顶人，磨角吼叫、扒坑、扒水，喜欢泥浴，食欲减退或停食，颈毛竖起、皮增厚，腹部紧缩呈倒锥形。

5．适配年龄

（1）母鹿的适配年龄。生长发育良好的母鹿一般在满16月龄时参加配种较为适宜，发育较差和不足16月龄的母鹿应推迟一年再进行配种。虽然此时母鹿在生理上还未完全成熟，但只要饲养管理及营养等条件跟得上，妊娠前期仍能正常生长发育。对初配成功的母鹿要加强饲养管理及提高营养水平，以使其在妊娠前期达到或接近体成熟。

（2）公鹿的适配年龄。公鹿必须在3岁以后才可以配种，配种过早对公鹿的生长、发育、生产性能以及后代品质都会带来不良影响。

6. 发情鉴定

这是梅花鹿繁殖工作中的一项重要技术环节。正确地进行母鹿的发情鉴定，对适时配种或人工授精，提高受胎率具有重要作用。鹿的发情鉴定方法目前常用的有如下两种。

（1）直接观察法。直接观察母鹿的发情表现，可确定其发情处于哪一期。采用此种方法应注意每日定时多次细致观察，重点放在早晚时间上，每次观察1h左右，以便准确认定发情的变化过程。

（2）试情法。用试情公鹿每日早晚各试情一次，每次30min左右。试情公鹿追逐并爬跨母鹿，母鹿亦愿意靠近公鹿，接受爬跨的为发情旺期。试情公鹿可选用性情温驯、结扎输精管的、扎试情布的或做了阴茎扭转手术的。

7. 配种前的准备工作

于7月中旬开始提高种鹿营养水平，加强饲养管理，结束鹿茸的采收工作后种用公鹿单圈饲养；8月下旬做好母鹿与幼鹿的断乳分群，参加配种的母鹿一般为20只左右为一群；制定配种计划与方案，做好人员培训；准备好配种记录、工具及所需药品；做好检修圈门、固定好饲槽、饮水器具、平整运动场等工作，避免出现意外。

8. 种鹿的选择

（1）公鹿应为高产种公鹿的后代，主要遗传性状稳定。体质结实，强壮彪悍，驯化程度高，膘情上等，产茸量既高又好，精力充沛，睾丸发育良好，性欲旺盛，年龄3～7岁为宜。

（2）母鹿也要是高产鹿的后代，体质健康，体躯较长，腰背平直，臀大，四肢粗壮，乳房和乳头发育良好，被毛光滑，膘情中上等，母性强，繁殖力高，无恶癖，年龄为2～6岁为宜。

9. 配种方法

配种方法分为自然交配法和人工授精两种。

（1）自然交配法。自然交配法的配种方式又分为群公群母配种、单公群母配种与试情配种等。

①群公群母配种法。第一种是群公群母一次合群，配种期间不替换种公鹿的一配到底的配种方法。在母鹿群中，按1：（3～4）的公、母比例放入种公鹿，配种期间每天早、中、晚定时轰赶鹿群，为其他公鹿创造参配的机会，以提高母鹿的受孕率。在配种的后期，可将部分公鹿拨出，只留精干的公鹿继续配种，以利于已配母鹿的妊娠。第二种是先向可繁殖母鹿群中按1：（5～7）放入种公鹿，在配种旺期到来时，用第二批种公鹿替换第一批种公鹿，此法适合于放牧的鹿场使用。

②单公群母配种法。将选择好的种公鹿放入20头左右的母鹿群中一配到底的方

法。此法优点是后代系谱清楚，能提高种公鹿的利用率，但不易掌握交配情况。也可采用旺期替换种公鹿的方法，能提高母鹿受胎率，但必须准确观察，保证后代系谱清晰。还可以单公群母白天配种，晚上将种公鹿拨出或早晚配种，其余时间将种公鹿拨出。其优点是便于做好配种记录，系谱清楚，利于鹿的休息，不发生漏配。

③定时试情配种。在母鹿圈内放入1头种公鹿试情，并与发情旺期的母鹿配种，一般每天早晚试情配种3次。在配种的初期和末期利用初配种公鹿，而在旺期使用经常配种的主配公鹿；或用试情公鹿挑出处于发情旺期的母鹿，再与种公鹿配种。

（2）人工授精法。人工授精能有计划地利用种公鹿，减少公鹿的争斗，并可有效地防止生殖疾病的传播，加快鹿群改良的速度，充分发挥种公鹿的种用价值。1头种公鹿的精液可供100头母鹿输精并使之受孕。鹿的人工授精技术包括对公鹿的保定、采集精液、精液稀释与冻存、母鹿发情鉴定与授精技术等。

①鹿的保定。可采用保定器进行机械保定或用麻醉药物保定。采精方法有电刺激采精与假阴道采精，目前常采用电刺激采精法。采精的器具必须经过消毒，采精结束后要进行精液品质的检查，如精液色泽、气味、精子密度与活力的检查、精子畸形率与精子顶体异常的检查等。合格的精液加入稀释液稀释后在液氮中冷冻保存。

②授精。一般采用子宫颈输精法。输精前先准备消毒好的各种输精器械，将发情旺期的母鹿保定，助手握住其尾巴，并用开膣器缓慢插入阴道并打开，输精器吸取稀释5～10倍的鲜精液2ml对准子宫颈口输精，输完精后缓慢抽出开膣器及输精器。输精前要检查精子的活力，冻精活力应在0.3以上，鲜精活力应在0.6以上。

③妊娠与妊娠诊断。从母鹿最后一次配种或输精之日算起到仔鹿产出的一段时间就是鹿的妊娠期。母鹿妊娠后不再发情，并随着胎儿的生长发育，在形态、生理、新陈代谢、行为上发生相应的一系列变化，食欲明显增强，食量增大；至妊娠中期，食欲更加旺盛，膘情渐增，被毛平滑光亮，对饲料的消化利用率明显提高；妊娠后期，母鹿行动谨慎，变得沉静安稳，腹围日见增大，乳房逐渐膨大起来，活动量明显减少，常回头望腹部，喜静卧群居。梅花鹿妊娠期为231～236d。常根据母鹿的形态变化和行为表现来判断是否妊娠。如母鹿配种后不再出现发情现象，可作为妊娠诊断的依据。

④分娩与分娩前征兆。梅花鹿产仔的时间一般在5月至7月初，产仔的旺期在5月中旬到6月中旬。预产期的推算为交配月减4，日减13，准确率达90%左右。梅花鹿在分娩前的2～7d喜舔食精料渣，不愿意离开饲槽，到临产前1～2d，食欲减少或拒食。乳房膨胀明显，乳头变红增粗，阴门肿大外露、柔软潮红、皱褶展开。频舔臀、背和乳头，排尿次数增加，阴道口流出蛋清样的黏液，反复趴卧、站立，几经反复间歇之后，产出胎儿。经产母鹿产程为0.5～2h，初产母鹿产程为3～4h。

⑤分娩期的注意事项。确保产仔圈与周边环境安静，保持圈舍清洁卫生并进行

消毒。圈棚内铺上干净的垫草，在棚内一侧设仔鹿护栏，为仔鹿建造舒适良好的生活与栖息环境。准备好各种备品，初生仔鹿及时称重并记录，打耳号，让仔鹿及时吃上初乳。

四、梅花鹿的饲养管理

（一）饲料与营养价值

1. 饲料

梅花鹿是草食动物，饲料分粗饲料与精饲料。一般以青粗饲料为主，精饲料为辅，喂配合饲料时应以当地的青绿多汁饲料和粗饲料为主，尽量利用本地价格低、数量多、来源广、供应稳定的各种饲料，如树木枝叶、青草、干草、农作物的荚壳类、藤、蔓、瓜果类、秧、秸、豆渣以及青贮饲料等。精饲料可用玉米、高粱、大麦、大豆、豆饼、豆粕、米糠、麦麸等，还要添加矿物质与维生素类。

2. 各种饲料的营养价值

（1）粗饲料。包括树木枝叶、青干草、秸秆类、荚壳类、青绿多汁饲料等。①山区植物的枝叶是粗饲料的主要来源，营养成分比较丰富，含有粗蛋白、粗脂肪、粗纤维、维生素、矿物质及微量元素。②青干草含粗蛋白、胡萝卜素、维生素和矿物质，在草原地区，青干草是粗饲料的主要来源。③农业区域的秸秆类如稻草、谷草、豆秸、麦秆、玉米秸、大豆荚皮和其他豆类的荚皮来源广、数量多，也是梅花鹿很好的粗饲料。④青绿多汁饲料类营养丰富，富含蛋白质、维生素、钙和磷等，幼嫩多汁，适口性好，消化率最高。

（2）精饲料。为农作物种子或其加工副产品，富含能量、蛋白质、维生素和多种微量元素。①玉米、高粱、大麦主要成分是淀粉，但缺乏赖氨酸、蛋氨酸和色氨酸。②大豆是优质的蛋白质和能量饲料，富含赖氨酸，但钙少磷多。③大豆饼与豆粕中赖氨酸、精氨酸、苏氨酸、色氨酸、异亮氨酸等必需氨基酸的含量高，而蛋氨酸含量低，可与玉米配伍使用。④米糠、麦麸各种养分的含量都较高，特别是B族维生素含量丰富，矿物质元素磷的含量达1%以上。

因为饲料中营养成分的不平衡性，为满足梅花鹿生长发育需要，最大的发挥饲料中的营养价值，精粗饲料间、精饲料间都要配合使用。

（二）饲养管理

1. 常规饲养管理

饲喂要形成规律，避免不当应激。具体是固定饲养员，固定饲喂次数，每天定时、定量喂给多类饲料，每次喂量要适当，不要忽多忽少。鹿视、听、嗅、味等感觉器官发达，对外界环境条件的变化异常敏感。建立固定的饲喂条件反射，对提高梅花鹿的采食量和消化率具有特殊意义。饲养的过程中应严格遵守饲喂的时间、顺序和次数，不能随意改变。一般情况下饲喂时间随季节而变化，但应保持相对稳定。饲喂顺序在圈养方式下，以先喂精料后喂粗料为宜，饲喂次数为每天3次，冬季则白天2次，夜间1次为佳。

梅花鹿对采食的饲料具有一种习惯性，瘤胃中的微生物对采食的饲料也有一定的选择性和适应性，当饲料组成发生骤变时，不仅会降低梅花鹿的采食量和消化率，而且还会影响瘤胃中微生物的正常生长和繁殖，进而使梅花鹿的消化机能紊乱和营养失调而发生疾病，所以如更换饲料时要逐渐进行。夏季应随时添加清洁的饮水，冬季有条件要提供温水，并防止结冰，保证鹿群自由、充分的饮水。

2. 公鹿的饲养管理

饲养公鹿的目的主要是获得高产优质的鹿茸和优良的种用价值，提高鹿群整体生产水平。因此必须根据公鹿的生物学特性、各生产期的营养需要、体质状况等特点进行科学的饲养管理。公鹿的饲养管理可分为4期，即生茸前期、生茸期、配种期和恢复期。

（1）生茸前期。在1月末，要逐渐增加精料的喂量，提高饲料适口性和增强消化机能，以尽快恢复膘情。

（2）生茸期。在4—8月，鹿茸生长较快，需要营养物质较多。因此除保证精粗饲料供应，要加喂优质青绿饲料，补充微量元素、维生素、酵母等。加强管理，保持鹿舍安静，检修圈舍使其牢固，防止损伤鹿和鹿茸。观察、记录脱盘时间，对压在鹿茸上的花盘要及时除掉，收完茸的公鹿单独组群饲养。

（3）配种期。在9—11月，饲料要少而精，营养全价，适口性好，粗料以青绿多汁饲料为主。不参加配种的公鹿要减少精料或停止精料的供给，但粗饲料要供给充足，11月上旬再恢复常规饲养。管理上要对棚舍、运动场地面进行修整，清除异物，定期消毒，减少外伤引起感染。配种期间严格控制饮水，严防公鹿在顶架、配种后过度喘息时马上饮水。

（4）恢复期。在12月至次年的3月，日粮配合既要满足越冬御寒，也要兼顾增重复壮的营养需求。精饲料中玉米等能量饲料应占50%～70%，豆饼或豆粕类蛋白饲料占17%～32%，以粗饲料为主。

3. 母鹿的饲养管理

母鹿的饲养管理可分为配种期、妊娠期与产仔泌乳期。

（1）母鹿的配种期在9月中旬至11月上旬，此期以容积较大的粗饲料和多汁饲料

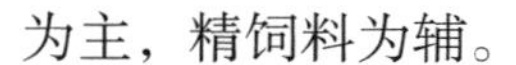

为主，精饲料为辅。

（2）在妊娠后期的3个月，需补充大量的蛋白质和矿物质，此期应喂给体积小、质量好、适口性好、多样化的饲料，并加强管理，保持鹿群安静，圈舍内的母鹿头数不宜过多。

（3）母鹿产仔泌乳期饲料要营养全面，多样化，喂一定数量的青绿多汁饲料，以利母鹿泌乳并改善乳汁质量。要做好圈舍的清洁卫生和消毒，完备各种记录。

4. 仔鹿的饲养管理

仔鹿出生15～20d开始能随母鹿采食一些粗、精饲料，可在仔鹿栏内设小料槽，投喂营养丰富的混合饲料，随日龄的增加，补饲量也应逐渐增加。仔鹿的断乳时间一般是80～110d，可采取逐渐增加补饲量到期一次分群断乳的方法，每群30头为宜。饲养员应经常进入圈舍内呼唤，做到人鹿亲和，做好人工调教工作，为随后的饲养管理打下良好的基础。仔鹿饲料配合要适当，钙、磷比例合理，其他营养全价，使仔鹿能健康成长，顺利度过断奶期。

5. 育成鹿的管理

出生后第二年的幼鹿叫育成鹿。处于生长发育的旺盛阶段，管理上应按性别和体况适时分群，防止发生早配。把它们拨到能充分运动、休息和采食面积较大的圈舍内。饲料营养物质要丰富，增加粗饲料容积，并注意调整精饲料喂量。

五、梅花鹿常见疾病的防治

（一）布鲁氏菌病

该病是一种慢性、高度接触性、人畜共患的传染病，病原为牛、羊、猪3个类型的布鲁氏菌。该病以流产、子宫内膜炎、乳腺炎、睾丸炎、腱鞘炎以及关节炎为特征。感染布鲁氏菌的鹿、牛、羊、人是本病的主要传染源；接触病畜的排泄物或交配是主要传播途径。本病呈慢性经过，初期症状不明显，日久可见食欲减退、消瘦、淋巴结肿大、生长发育缓慢。

诊断与防治：发现母鹿出现流产、死胎、不孕、乳腺炎；公鹿发生睾丸炎和关节炎，可初步诊断。通过细菌学、血清学和动物接种等诊断方法可以确诊。鹿群每年检疫2次，每年用羊5号弱毒疫苗接种1次；鹿舍要定期消毒，发现病鹿及时淘汰，工作人员做好个人防护。

（二）巴氏杆菌病

该病是由多杀性巴氏杆菌引起的一种急性出血性、败血性传染病。呈散发或流行，发情配种后期的公鹿比较多发。作为主要传染源的病鹿能把该菌传染给各种年龄的鹿。当气候骤变、鹿体质下降或有其他应激影响，该菌就会通过消化道、呼吸道或伤口感染。病鹿体温升高至41℃以上，食欲废绝，呼吸、脉搏加快，鼻镜干燥，反刍及嗳气停止，后期下痢，便中带血，3～4d死亡。

诊断与防治：发病初期诊断困难，死亡后经剖检和细菌学检查才能确诊。防治措施是每年注射多杀性巴氏杆菌疫苗进行防治；搞好鹿场的饲养管理，提高鹿群的抗病能力；搞好清洁卫生，注意消毒；发现病鹿立即隔离，并用卡那霉素（10～15mg/kg体重，2次/d，连用2～3d）、庆大霉素（2～4mg/kg体重，2次/d，连用2～3d）、氨苄青霉素（4～7mg/kg体重，2次/d，连用2～3d）等抗菌药物进行肌内注射治疗；也可口服土霉素（30～50mg/kg体重，2～3次/d，连服3～4d）。

（三）大肠杆菌病

该病是一种由埃希氏大肠杆菌引起的仔鹿及幼鹿急性肠道传染病。多在春、夏季发生，患病仔鹿和带菌母鹿为传染源。腹泻和脱水为其主要特征。患鹿病初食欲减退，而后废绝，饮欲增强，体温升高，鼻镜干燥，后期排血样及水样便。

诊断与防治：鹿发病后能排除饲料因素时可初步诊断，确诊还需进行细菌学检查。预防措施是搞好母、仔鹿圈的环境卫生，保持圈舍的清洁和干燥，对食槽、饮水器定期消毒；发现病鹿及时口服磺胺脒（100～200mg/kg体重，2次/d）、土霉素或氯霉素（30～50mg/kg体重，2～3次/d，连服3～4d）或静脉注射5%葡萄糖500～1 000ml，维生素C 200～300mg，连用1～2次；也可肌内或静脉注射庆大霉素（2～4mg/kg体重，2次/d，连用2～3d）、环丙沙星（2.5mg/kg体重）进行治疗。

（四）结核病

该病是由结核分枝杆菌引起的一种慢性、消耗性、人畜共患的传染病。近年来在国内外鹿场广为流行。其临床特征是体表淋巴结肿大和化脓，进行性消瘦、咳嗽、贫血，在机体组织中形成结核结节。传染源为患有结核病的鹿、其他动物和人，主要通过呼吸道和消化道传播，各年龄段的鹿均可感染，以仔鹿和营养差的鹿易感。病初临床变化不明显，随着病情的发展，食欲减退，渐进性消瘦。

诊断与防治：根据临床症状和病理剖检可作初步诊断。预防措施是仔鹿出生后于3～5d内颈部皮下注射卡介苗0.75ml，以后每年1次，连续3年。定期检疫发现病鹿应及时淘汰；对鹿场在春、秋两季各进行2次大消毒；平时加强饲养管理，饲料配制要营养全价。

（五）肠毒血症

鹿采食了被魏氏梭菌污染的饲料或饮水时就会发病。高发期多在6—10月，因饲料的突然改变，最易引发本病，呈散发或地方流行。在同一鹿群中膘肥体壮、采食

量大的鹿发病率高。发病特点是突然发病，一般10h死亡，很少见到明显症状。病程稍长的鹿表现精神沉郁、离群、卧地、鼻镜干燥、腹围膨大、反刍停止、流涎、体温升高、呼吸困难、粪便带血、口吐白沫，倒地而死。

诊断与防治：急性病例不易确诊，根据亚急性病例的临床症状与病理剖检可作初步诊断。预防上每年定期注射一次疫苗；加强饲养管理，防止饲草和饮水被污染；不要到低洼地割水草喂鹿，饲草最好喂前晾晒一下再喂；避免饲料及环境因素的突然改变。发现病鹿要及时隔离，可用青霉素（1万～2万单位/kg体重，2次/d，连用2～3d）、庆大霉素（2～4mg/kg体重，2次/d，连用2～3d）进行肌内注射治疗；同时采用强心、解毒、补液等措施对症治疗。

（六）口蹄疫

该病是偶蹄动物共患的一种急性、热性、高度接触性传染病。病原体为口蹄疫病毒，以口腔黏膜、舌、唇的表面及蹄部最初形成水疱随后发生糜烂和溃疡为特征。仔鹿比成年鹿易感，多于春、夏季节流行，死亡率高，仔鹿在感染后2周内死亡。该病传播快，症状明显，体温高达40℃以上、精神沉郁、食欲废绝、流涎、反刍停止。

诊断与防治：根据流行特点、临床症状、剖检变化，可作出诊断。当鹿场发生口蹄疫时，立即进行隔离封锁，严格消毒，用口蹄疫疫苗紧急接种；给予易消化的饲料；口腔、唇、舌面的溃疡先用0.1%高锰酸钾溶液冲洗，然后涂以碘甘油或紫药水；皮肤与蹄部的溃疡先用3%～5%的来苏尔或浓盐水冲洗，后敷上鱼石脂软膏或者敷抗生素软膏，同时口服或肌内注射抗菌药物，以防继发感染。

六、相关药材的采集与加工

（一）鹿茸的采集与加工

1．鹿茸的采集

鹿茸是名贵药材，必须在其骨化前采收。采收时间一般在鹿茸最有商品价值的生长阶段。在采收鹿茸之前须随时观察鹿茸的生长情况和成熟程度，根据梅花鹿的年龄、个体长茸特点等综合情况，适时确定每头鹿的具体采收日期。一般梅花鹿2岁，即头锯应全部采收二杠茸；3岁即二锯在饲养管理良好的鹿场，可采收三权茸；4岁以上的公鹿应全部采收三权茸。

采收鹿茸的保定方法有器械保定法和药物保定两种，一般多采用药物保定法。锯茸时间应选择在天气凉爽、环境安静的早饲前，锯茸时要从珍珠盘上2～3cm处锯茸，速度要快，要防止撞裂茸皮，要求锯口的断面与角盘平行，切勿损伤角盘及掰裂茸皮。锯茸后要立即止血，止血方法有锯前结扎鹿茸基部的止血带法和药物止血法。应在锯口涂以5%的碘酊，以防止感染。

2. 鹿茸的加工

鹿茸加工设备有真空泵、炸茸锅或自动控温炸茸器、烘干箱（电、微波、远红外线）、操作台及相应的工具等，以及风干室等。采收的鹿茸要及时编号、称重、测尺及登记、加工，以防腐败变质。

根据采收和加工的方法不同，鹿茸又分为排血茸、带血茸与砍头茸3种。

（1）排血茸的加工。先将鹿茸洗刷干净，用真空泵或打气筒排出鹿茸内的血液，然后将鹿茸固定在茸架上，置于炸茸锅内时锯口要露出水面，在沸水中烫20s，取出后对有破损的茸皮涂以面粉或鸡蛋清，经如此多次处理至锯口排出的血沫减少，茸色由深红变为淡红色结束。第2d操作与第1d相同，至茸血排干净，鹿茸尖有弹性时结束。第3d与第4d达到鹿茸尖由软变硬，又由硬变软，富有弹性即可结束炸茸工序。鹿茸每次结束煮炸后，剥去蛋清面或敷面，用毛刷将茸体刷净，用软纱布擦干，炸茸水要经常更换，保持锅内清洁。随后用烘箱或“土烤箱”烘干，温度控制在70～80℃时放入，直至鹿茸完全干燥为止。加工后的鹿茸要达到茸皮完整，茸毛鲜艳，形状完美。

（2）带血茸的加工。将茸内血液的干物质完全保留在茸内的成品茸，要求其带血液充分、均匀、血色鲜。其加工方法是封住锯口、不排血，主要靠连续的水煮和烘烤。

（3）砍头茸的加工。是将头部进行初步修整、排血、煮炸、烘烤及回水，最后进行头皮与头骨的修整。

除上述传统的鹿茸加工方法外，下面介绍一种新的鹿茸加工方法。需要的设备有冰箱、水浴消毒器和冻干机。将采收的鹿茸迅速放入−24～−15℃冰箱内冷冻贮藏，可保鲜1～8个月，保鲜的鹿茸色泽鲜艳，鹿茸形状不变，质量好。如要获得冻干茸，可将保鲜的鹿茸放入预冷−40～−38℃的冻干机内，冷冻脱水72h即可。

（二）鹿胎的加工

鹿胎为妊娠母鹿腹中取出的水胎（包括胎儿、胎盘、羊水）、流产的胎儿和出生后3d内死亡的乳鹿。鹿胎的加工又有两种方法，一种为干鹿胎的加工方法，另一种为鹿胎膏的加工方法。

1. 干鹿胎的加工

将鹿胎或乳鹿去毛、洗净，浸入60℃白酒中2～3d后，取出风干2～3h，整形到初生仔鹿睡卧时的姿态，用麻绳固定，放入烘干箱内80～90℃烘烤2h左右，放出腹内气体，接近全熟时停止烘烤，凉后取出风干，反复多次，直至干燥为止。也可将鹿胎加工成鹿胎粉保存。

2. 鹿胎膏的加工

将鹿胎或乳鹿去毛、洗净放入锅内煮到骨肉能分离时，将骨与肉取出在80℃下烘干，粉碎成胎粉保存；煮胎儿的水纱布过滤，即成胎浆，低温保存。熬膏时先将保存的胎浆煮沸后，加胎粉搅拌均匀，按胎粉和红糖1：1.5的比例用文火加热，不断搅拌，浓缩至不沾手为止，倒入事先抹有豆油的方盘内放置于阴凉通风处，凝固后即成鹿胎膏。

（三）鹿尾的加工

将鹿尾去毛洗净，刮净绒毛和表皮，缝合尾根皮肤，风干即可。

（四）鹿鞭的加工

鹿鞭即公鹿的阴茎与睾丸，将阴茎与睾丸用水洗净，包皮卷至龟头2／3处，将龟头钉在木板的一端，将阴茎适当地拉长，连同睾丸固定在木板的另一端，然后用开水烫煮后，自然风干即可。

（五）鹿茸血与鹿血的加工

鹿茸血是锯鹿茸时或加工排血茸时收集的血液，鹿血是从活体鹿静脉采集的或是屠宰时收集的鲜血。

1. 鹿茸血酒或鹿血酒的加工

将新鲜鹿血液与50° 白酒按1：9的比例配制而成。

2. 血粉的加工

将鹿茸血或鹿血倒入方盘中，摊成薄层晾晒至完全干燥保存即可。

（六）鹿心脏、肝脏、肾脏的加工

1. 心脏的加工

将心脏的动静脉全部结扎，去掉心包膜和脂肪，在80℃烘箱内烤至干燥、保存。

2. 鹿肝、肾的加工

将鹿肝或鹿肾放入开水内煮至用针刺不冒血时取出，切成薄片或小块，于80℃烤至干燥即可。

（七）鹿筋的加工

将鹿筋腱上的大块肉剔除洗后换水浸泡1～2d，刮洗2～3次，再浸泡1～2d，直至筋腱上的残肉刮净为止，然后将筋腱挂起风干即可。

（八）鹿肉与鹿骨的加工

1. 鹿肉干的加工

将鹿肉剔除大块脂肪，切成1～1.5kg的小块，放入锅内煮或蒸至六七成熟时取出，切成薄片，放入85～90℃烘箱中，烘干即可。将带肉的骨头在锅内煮熟，剔下的残肉撕成丝或切成碎块，放入锅中炒成黄色，在烘箱中烘烤或晾晒风干即成肉干。

2. 鹿骨的加工

将剔净的鹿骨，锯成小段，除去骨髓，洗净，制成鹿骨胶或冻存保鲜，也可80℃烤干保存。

第二节　麝

麝（*Moschus moschiferus*）为哺乳纲、麝科动物。人工养殖的麝主要有林麝（*Moschus berezovskii*）、马麝（*Moschus chrysogaster*）和原麝（*Moschus moschiferus*），是珍贵的药用动物。麝主要分布在亚洲，我国是分布最广、种类和数量最多的国家，并以盛产麝香而闻名世界。

一、麝的药用与经济价值

（一）药用价值

麝的主要药用部位为公麝香腺的分泌物，药材名麝香。其肉和香腺囊的皮亦供药用，药材名分别为麝肉和麝香壳。

麝香性味辛温，具有开窍醒神、活血通经、消肿止痛的功效，对热病神昏、中风痰厥、气郁暴厥、中恶昏迷、经闭、难产死胎、心腹暴痛、痈肿瘰疬、咽喉肿病、跌打伤痛、痹痛麻木等疾病有很好的疗效。近年来的深入研究表明，麝香在治疗肝病、癌症和心肌梗死等方面显示了很好的作用。由于麝香的疗效迅速，是目前临床上唯一可用作急救药的中药。

（二）经济价值

以麝香为原料的著名品牌中成药很多，如安宫牛黄丸、麝香保心丸、六神丸、片仔癀、云南白药、麝香止痛膏等都是我国金牌中成药，国家的重点保护品种。这些中成药不仅每年救治成千上百万病重患者，而且创造了巨大的经济效益。

麝香又是名贵的香料。在其化学成分中有一种麝香酮的物质，具有很强的定香

性。因此在日用化学工业中常作高级香水、香皂、香粉及糖果烟酒的定香剂。

我国麝香产量、质量居世界第一位，但近年来由于森林植被的破坏，人们对野生麝的乱捕滥猎，使野生麝的资源急剧减少，供求矛盾很突出。为了既能保护野生资源，又能满足市场对麝香的需求，只能走人工养麝之路。发展养麝业不仅满足国内市场对麝香的需求，也能快速脱贫致富。

二、麝的生物学特性

（一）形态特征

麝外形似鹿，体型小，体重10kg左右，身长65～95cm，高55cm左右。母、公均无角，耳长大而竖立，眼大。四肢较细，前肢短、后肢长，蹄小。尾极短，仅3～5cm，隐在毛内。公麝有特别发达的犬齿，形成獠牙露出唇外，是争偶的武器。公麝脐与生殖器开口之间有麝香囊，外观椭圆形略隆起，长2.5～4cm，囊内麝香腺分泌颗粒状、粉状的麝香，有浓厚的冲鼻香味。在发情季节公麝香腺特别发达。

1. 林麝

在3个亚种中林麝体型最小，数量多，麝香质量好，是我国养麝场内的主要养殖种类，主要分布于四川阿坝地区，山西中条山区和陕西秦岭地区，另外在新疆维吾尔自治区、西藏自治区、青海、甘肃、贵州、湖南等省（区）也有分布。林麝毛色较深，可随季节与周围环境的不同而改变。从林麝的眼至胸部，有两条白色或黄白色毛带。在四肢部位的下面前呈灰棕色，后呈浅褐色。仔麝背部有斑点，成年麝背部无斑点，副蹄发达。

2. 马麝

马麝主要分布在青海省、西藏自治区、甘肃省南部和四川省西部及西北部等地区的密林或高山草原中。马麝的眼眶周围有黄色圈，在颌下及颈下部位的毛色呈黄白色。耳竖立边缘毛呈褐色，吻长。马麝体后部颜色较深，成年马麝无斑点，颈背面有黑色斑点，并成一线。和林麝相比善于奔跑，但不能攀上斜树。

3. 原麝

原麝有北原麝和安徽原麝2个亚种。原麝被毛上终生有斑点。原麝的分布很广，在我国安徽省的大别山，俄罗斯的西伯利亚地区都有分布。

（二）生活习性

麝属于山地森林动物，栖息在海拔1 000～4 000m的针叶林、阔叶林和森林草地等环境中。人工驯养下在海拔500m左右的山区、盆地、平原等地也能正常生活、繁殖和分泌麝香。麝善于跳跃、攀岩、爬斜树干。有明显的领域性行为，采食、饮水、哺幼等活动都有固定的路线。当受到外界因素干扰时，路线作短时性变更，但不久又回到原处，因此被猎人称为“舍命不舍山”。

麝的活动有明显的季节性，即炎热夏季迁移到高山地带，寒冷冬季则迁移到低山河谷。麝多在晨昏活动，刮风和大雨天停止活动，但在细毛雨的白天和下雪天仍外出采食。除繁殖季节外，麝常单栖，不集群。即使哺乳母麝也不和仔麝同窝栖居，母仔总是相隔一定距离。仔麝饥饿时，常发出叫声，母麝听到后，靠近仔麝哺乳，随后很快离开仔麝。由于麝孤僻无群性，故喜欢咬斗。麝胆小易惊，嗅觉、视觉均很灵敏，对异物突然出现和音响均反应灵敏，往往立刻全身被毛逆立，凝视，鼻孔喷气，跺足，淋尿，进而全身抖动，发出尖锐的叫声，呼吸和心跳频率明显增加，精神极度紧张。人工饲养条件下，1头麝的受惊常会引起全群狂奔，发生碰伤或死亡。因此在捕麝、治病、取香时，要尽量缩短时间，减少不必要的刺激。麝抵御敌害的主要武器是獠牙，但多数情况下依靠其灵活跳跃和攀岩、上树等本领逃避。

麝为草食性反刍动物，以植物的茎、叶、花、果实、种子、菌类、苔藓类等为食，尤其喜欢采食有苦、涩味的植物。不同的季节，麝采食植物的种类和部位以及采食量均有较大的变化，这与气候和它的不同时期的生理活动有关。家养条件下日需精料100～200g，粗料1kg左右，采食后30～40min开始反刍。

（三）繁殖习性

1. 配种年龄

公麝一般3岁半；母麝发育好、体健壮的1岁半左右可以配种，但最好在2岁半后配种。

2. 发情季节与发情周期

麝为季节性多次发情动物。林麝的发情期为10月中旬至次年3月上旬，原麝为10月中旬至次年1月，马麝为11月下旬至次年1月上旬，11—12月是发情配种盛期。在一个发情季节中母麝可出现3～5个发情周期。

（1）母麝发情时多烦躁不安，频繁活动，食欲减退，排尿频繁，阴门潮红并有黏液流出，臀毛竖立，翘起尾巴暴露外阴，允许公麝接近和爬跨，高潮期还会发出低沉的求偶声，每次发情持续24h左右。

（2）公麝发情时食欲减退，接近或追逐发情母麝，常仰头吹气，并发出“嘶、嘶”声，口喷白色泡沫，兴奋不安，接近或追逐发情的母麝，并发出叫声，嘴里流出泡沫，臀毛竖立，睾丸变大，阴茎勃起，出现高度性冲动。

母麝妊娠期为175～190d，平均180d。妊娠3～4个月母麝活动小心谨慎、迟缓、性情安定、易疲倦、好躺卧。产前1～2个月，由于胎儿快速生长，母麝腹围显著变粗。临产前乳腺体积也明显增大。分娩一般在5—6月，每年1次，每胎1～3仔，产双仔比例较大，圈养条件下达80%左右，多为1公1母，初产母麝多产1仔。母麝产仔后吃掉胎衣，舔去仔麝体表的黏液，仔麝很快站立，缓步行走并开始吮吸母乳。一般每日哺乳3次，哺乳期为3个月。仔麝初生重350～650g，以后生长很快，半岁体重可达6kg。

三、麝的人工养殖技术

（一）养麝场建造

养麝场一般选择在背风向阳、地势高燥、排水良好和树木较多的地方。其四周砌上2.5～3m高的围墙，墙顶设25～30cm宽的横檐，以防麝爬墙外逃。圈舍门高1.6m，宽60cm，窗高50cm，宽70cm。在每个圈舍内可分为4～6个栏舍，每个栏舍长2～2.5m，宽1.5m，高2～2.5m，栏舍与栏舍隔墙高1.2m。舍前设运动场，每只麝占20m^{2}左右。地面应铺些砾石，增加蹄夹的磨损，以防止生长过长而变形。

笼养要建造长2m、宽1.2m、高0.8m的立体笼舍，适合于育成麝、初捕麝、成年公麝和病麝的饲养。也可将幼麝像牛、羊一样戴上笼头拴养，喂食或人工牵引放牧，驯化为自由放养，这样使麝非常温驯，有利于取香和交配繁殖。

（二）引种

可通过经有关部门批准捕捉野麝和从别的养殖场购买种麝两个途径引种。因为野生资源锐减，所以引种基本不会捕捉野麝，大多从其他养殖场引进。一般挑选1岁左右体质好、健康、性特征明显、驯化程度高的作为种麝。

（三）配种管理技术

为了提高麝群的质量，养麝场应建立育种核心群，实行选种选配。首先应选择优良的种公麝，并组织适当公、母比例的配种群。要求公麝体质好、抗病力强、年龄适宜、性欲旺盛、精液品质优良、受胎率高、睾丸左右对称、泌香量高、肥瘦适宜、驯化程度高、遗传力强；母麝要体型高大、被毛光滑、体质健壮、抗病力强、母性好、驯化程度高、双胎率高、所产仔麝生长发育良好。

麝交配时间短、速度快。1头公麝每天可配2头母麝，刚刚交配完毕的公麝，因呼吸速度较快，不宜立即饮水，配种后应立即将公、母麝分开，精心饲喂，使其充分休息，迅速恢复体力。

目前我国养麝业多半采取自然交配方式，即单公群母配种法和群公群母配种法。

1. 单公群母配种法

首先根据生产性能、年龄、体质状况将母麝分成若干小群，一般4～6头为一小群。每一小群放入1头种公麝，直到配种期结束为止。如配种圈紧张，也可采用1头种公麝与12～15头母麝同群饲养，这种配种方法后代系谱清楚便于选种。

2. 群公群母配种法

在组织配种群时，按1公4母的比例一次放入。在整个配种期内，只要公麝体质好，性欲旺盛，可以混养到配种期结束为止。如果个别种公麝体质变弱，性欲降低或患病时，可以随时替换。

四、麝的饲养管理

（一）饲料准备

麝食性广泛，可根据各地饲料资源提供日粮。杨、柳、榆、杏、桑、梨、苹果等各种树叶，白菜、黄瓜、甜菜、南瓜、胡萝卜等各种蔬菜和水果等均可作为青粗饲料。玉米、高粱、豆饼、黄豆、麦麸及矿物添加剂等作为精料。

参考饲料配方：树叶嫩枝43%，多汁饲料45%，精料12%，钙2g，食盐2g，适量的血粉、骨粉。家养成麝供给精料100～150g/d，供给青粗料500～700g/d。精料配方为玉米40%、豆类20%、大麦15%、稻谷10%、糠麸13%、食盐和钙粉各1%。

（二）饲养管理

1. 初期驯化

对新引进的麝首先要求其饲养环境绝对安静，场地宽大并有隐蔽的地方。饲养员要态度温和，逐步做到能接近、接触、抚摸等，建立条件反射。一般幼小麝较容易驯化。对一些野性特别大的麝，可以使用一些镇静药物如安定，0.1～0.5mg/kg体重，每天1次，连用数日。驯化方法多采用食物引诱，即进圈时先呼唤，然后逐头给麝喜欢的新鲜饲料，随即抚摸。对个别顽固拒食和拒摸的要耐心诱食，不能强迫。每天应专人定时饲喂和抚摸。

2. 饲喂

应根据麝的生活习性合理安排饲喂时间。一般每天喂3次，夏、冬季可喂2次。饲喂要定时定量，早、中、晚分别喂日粮的30%、20%、50%。精料每天喂1次，夏、秋季在傍晚喂，冬、春季在中午喂。饲料搭配要合理，变料和改变饲喂方式时

要逐渐进行。注意供给充足、洁净的饮水。

3. 公麝饲养

性成熟的公麝每年夏季香囊红肿，食欲减退甚至废绝，体况下降容易患病，要提前喂蛋白质含量丰富的精料和新鲜草料，以提高对疾病的抵抗力。香囊出现肿胀后，配种前1个月和配种期也要喂高蛋白精料和鲜嫩、多汁饲料，以促进体质恢复。配种结束后，根据体况恢复情况逐渐转入正常饲养。

要保证配种公麝充分运动，成年公麝可按年龄、体质、大小分小群圈养，特别凶猛的公麝单圈饲养。为减少咬伤、咬死事故，可将公麝獠牙剪掉或进行磨钝处理。

4. 母麝饲养

配种期母麝食欲下降，饲料要多样化，少而精，多投喂青嫩多汁饲料，以保证其良好体况，利于受孕。妊娠期要增加精料、矿物质和维生素，以保证胎儿生长发育的需要，而且要适当运动，以利于分娩。

临产前产房要彻底消毒，分娩期间和分娩后都要保持安静。如母麝母性不强或没有产仔经验，可进行人工接产。要及时清除仔麝呼吸道和身上的黏液，处理好脐带。产后几天内，必须加强饲养，供给新鲜、营养丰富易消化的饲料。哺乳期母麝食欲比平时增加30%～50%，要逐步增加投料量，每天中午加喂一次精料，断乳后继续维持一段时间，以利母麝体况恢复。

5. 仔麝饲养

出生1周内的仔麝抵抗力较弱，要注意保暖（25～30℃为宜）和防止被母麝踩压。分娩后5～7d以内的乳汁叫做初乳，应让幼仔在出生后1～2h内吃上初乳。初乳呈黄色浓稠黏液状，含有大量抗体，能增强仔麝免疫力，促进胎粪排出，仔麝易于直接吸收。如果母麝因受惊或其他因素而迟迟不给仔麝哺乳，可用按摩乳房等办法训练母麝的哺乳能力。不能用带异味的手抚摸仔麝，以防母麝嗅到其身上异味而弃仔。当母麝拒绝哺乳或乳汁不足，可找产仔时间相近、产单仔的母麝或母山羊代乳或人工哺乳。人工乳可用鲜牛奶、羊奶、奶粉或炼乳调制。用羊代哺乳或人工哺乳时，要经常用温毛巾按摩仔麝肛门和尿道口，以促进仔麝排粪和排尿。

20日龄后仔麝开始采食饲料，应及时供给鲜嫩、优质的青绿饲料。泡软或煮软后的精料容易消化，但要防止采食过量。刚断乳的仔麝，由于恋奶，容易在圈内急剧奔跑，要加强管理。阴雨天要将仔麝关进圈舍内，防止受到雨淋和饮不清洁的雨水。出生1个月左右，可开始调教。调教要循序渐进，逐步进行，使之最终不怕人，能适应新的环境，养成群集性。调整圈舍要分期分批进行，一批只调3～4头，间隔2～3d再调第2批，防止仔麝因环境生疏急剧奔跑，相互咬斗而引起意外伤亡事故。

五、麝常见疾病的防治

（一）坏死杆菌病

由坏死杆菌感染皮肤、趾脚、口腔、皮下组织伤口后所致。症状为局部呈化脓性、坏死性病灶。

防治方法：切开病灶，清除坏死组织，用3%克辽林或0.1%高锰酸钾或3%过氧化氢溶液清洗，然后涂上抗生素软膏，必要时结合抗生素全身治疗。平时要保持笼舍清洁，定期消毒，减少惊吓。

（二）巴氏杆菌病

由多杀性巴氏杆菌感染引起。临床特征为急性、败血性和出血性炎症变化，最急性的无任何临床症状即突然死亡。剖检可见内脏出血、肺出血性炎症等。

防治方法：临床往往来不及治疗已经死亡，以紧急消毒、加强饲养管理为预防措施。慢性病例可用抗生素治疗。

（三）胃肠炎

因饲喂发霉、腐败、污染的饲料和饮水不洁引起，饲料突变或采食过量也能诱发。表现为精神沉郁，食欲不振，下痢，粪便不成颗粒，常带有黏液或血液，迅速消瘦，后期严重脱水衰竭而死。

防治方法：治疗用合霉素、次硝酸铋片内服，2～3次/d，连用3d。严重脱水的可静脉注射5%葡萄糖生理盐水，预防主要是加强饲养管理。

（四）软骨病

因饲料中钙、磷等矿物质和维生素D缺乏，或钙、磷比例失调引起。常见于妊娠期和哺乳期的母麝。症状为病初消化紊乱，有异食癖，以后逐渐消瘦，跛行，喜卧懒动，站立不稳，站立时四肢集于腹下或张开状，或频频作踏步运动，后期卧地不起。

防治方法：在饲料中添加钙、磷等矿物质。每日喂服维生素A、维生素D，或静脉注射葡萄糖酸钙。也可将多维钙片或钙盐类药物混在饲料中喂饲。为保证治疗效果，加快康复，哺乳期母麝要断乳。

六、相关药材的采集与加工

（一）麝香

麝香是位于公麝腹下的阴囊与脐部之间麝香囊中（简称香囊）的分泌腺体所分

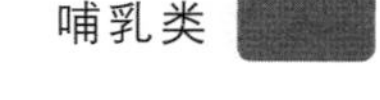

泌的。麝的泌香最早在5月下旬，最迟在7月下旬，分为初期、盛期、末期3个阶段，泌香期的全部时间为4周。泌香期内麝会表现出一系列行为和生理变化。

在泌香初期，公麝阴囊、睾丸发生肿大，在肿大10d左右之后，到达泌香期。泌香初期时间大约为12d。

泌香盛期的麝出现喜欢安静站立，饮水和食欲减退，不愿随意走动等现象。此时的阴囊、睾丸肿大更加明显，香囊体则发生有规律的收缩，此时麝如果受到外界条件的干扰，会造成香液大量流失。

泌香末期大约为10d，此时麝发生的生理和行为变化都将逐渐恢复正常。在泌香期开始2～3d香囊内的香液逐渐变稠并变为白色豆腐渣状；10d之后则变为有正常颜色香气的麝香。

根据公麝有特定的泌香反应，取香应在每年的3—4月和7—8月各进行1次。取香之前准备好取香器具和相关药品，并停食半天。

（二）麝香的采集

助手先抓住麝四肢，横卧保定在取香床上。取香者左手食指和中指将香囊基部夹住，拇指压住香囊口使之扩张，右手持挖勺伸入囊内，徐徐转动并向囊口拉动挖勺，麝香即顺口落入盘里。取香动作要轻巧，挖勺深度适中，防止挖破香囊。当遇到大块麝香时不要用力挖出，应该先用小勺将其压碎，或者在香囊外用手将其捏碎，之后再取出。取香时用力应适当，以免损坏香囊。取香后用酒精消毒，若囊口充血、破损，可涂上药膏消炎，然后将公麝放回圈内。

（三）麝香的加工

刚取出的麝香，大多混有皮毛杂物，需将杂物全部挑出，再用虑纸自然吸湿干燥，或放在干燥器内干燥，干燥后的麝香装入瓶中密封保存。

1. “整货”的加工

死后的公麝割取香囊后，去掉残余的皮肉及油脂，将毛剪短，由囊孔放入纸捻吸干水分。将含水较多的麝香放入干燥器内干燥，也可放入竹笼内，外罩纱布，悬于温凉通风处干燥，避免日晒，以防变质。香囊周围仅留0.7～1cm边皮即可。这种加工方法所制成的成品，叫做“整货”。

2. “毛货”的加工

剥去外皮，拣净皮毛杂质后阴干，这种方法加工的麝香叫做“毛货”。

第三节 黑 熊

黑熊（*Selenarctos thibetanus*）在动物分类上属于食肉目、熊科、黑熊属。黑熊别名狗熊、熊瞎子、黑瞎子、月牙熊等，已列为国家二级重点保护动物。因为熊胆较高的药用价值和自然生存环境遭到破坏，野生黑熊种群数量急剧减少。因此人工养殖黑熊对于保护熊类野生动物资源，具有重大的经济效益和生态意义（注：取得当地主管部门“野生动物驯养繁殖许可证”及“野生动物经营利用核准证”，方可养殖）。

一、黑熊的药用与经济价值

黑熊全身是宝，是药用价值和经济价值均极高的经济动物。

（一）药用价值

黑熊全身有以下部分入药，是极其珍贵的中药材。

1. 熊胆

具有清热、解毒、平肝、明目、镇痛、解痉的功效，可消炎、抗疲劳，治疗口疮、舌炎、跌打损伤等。还具有稳定细胞膜，增加肝血流量，提高免疫机能，抗动脉硬化、脂肪肝及降低血清胆固醇等作用。在医药上广为利用，以熊胆入药的中成药已有11种剂型、8种成药、100余个验方。

2. 熊掌

其蛋白质水解物能产生10余种人体必需的氨基酸，有除风湿、健脾胃之功效，故自古以来被视为珍品，也是名贵佳肴。

3. 熊骨

一般多用四肢骨，有祛风除湿的功效。

4. 熊脂

可治疗局部烧伤、烫伤，有立刻止痛且不留痕迹之功效，还有补虚损、强筋骨、润肌肤等功能。

5. 熊皮

可以制革，具有很高的经济价值。

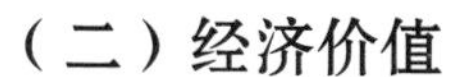

（二）经济价值

黑熊虽是食肉类动物，但耐粗饲，对环境的适应能力强，易于饲养，熊胆粉具有较高的经济价值。随着人工繁殖技术及引流技术的成功与完善，熊产品的开发利用已由入药为主转向保健、食用、化妆品和皮用系列方面发展，市场需求旺盛，开发前景极为广阔。

二、黑熊的生物学特性

（一）形态特征

黑熊为大型兽类，在熊类中属中等体型。体躯粗壮，体重130～250kg，体长150～190cm，肩高65～80cm。颈部短粗，双肩隆起，臀部大而圆，尾短，四肢粗壮，前后足皆有弯曲的5爪，脚掌的足垫厚实无毛。全身被毛为黑色，胸部有一“V”字形白斑，极为醒目。颈部两侧毛特长而弯曲，形成毛丛。黑熊的被毛一年换一次，因地区或季节的不同，被毛长密程度有很大差异。幼熊毛色淡些，鼻面部淡棕色，背部毛蓬松，呈棕黑色，臀部和四肢皆为黑色，胸部的白斑也很明显。

（二）生态与生活习性

黑熊主要栖息于山地阔叶林和针阔叶混交林中，也出入于林缘疏林、天然次生林和柞树林中。喜单独活动，除冬眠和繁殖期外没有固定的巢穴与栖息地，常到处游荡觅食。黑熊听觉和嗅觉敏锐，视觉较差，故被称为“黑瞎子”。黑熊主要在白天活动，以早上和黄昏较为活跃，但偷食庄稼多在夜间。善于爬树，也能游泳。行动较为缓慢，但在遇到危险时也能快速奔跑或上树。发觉可疑动静时，能两脚站立起来，环视四周，确定有危险后，才迅速逃入丛林或进行自卫性的攻击。黑熊一般不主动伤人，但受伤或护仔时则异常凶猛。黑熊有冬眠的习性，入冬后便开始寻找合适的树洞冬眠。黑熊的冬眠又叫“蹲仓”，有时黑熊也在地洞或岩洞中冬眠。开始冬眠的时间与气温、降雪的早晚以及秋天食物的丰富程度有关，通常在11月初至11月中旬开始冬眠。冬眠期蹲伏在洞中不吃不动，处于半睡眠状态，依靠体内积存的脂肪维持其很低的基础代谢。此时如受惊动，立刻爬出洞外，另寻洞穴冬眠。黑熊出洞的时间在次年3月初至4月中旬，成年公熊出洞较早，带仔母熊出洞较晚。

（三）食性

黑熊是杂食动物，以植物性食物为主，主要有嫩枝、嫩叶、青草、蘑菇、苔藓及松子、橡子、榛子、山梨等植物茎叶、块根、野果、种子，也吃鼠、兔、獾、鱼、蛙、鸟蛋、蚂蚁和昆虫等，特别喜欢舔食蜂蜜和蚂蚁，常在林中扒倒树木寻找蚁窝和到蜂场偷食蜂蜜。

（四）寿命与繁殖特点

野生黑熊的寿命约30年，在人工饲养条件下寿命可延长20年。通常在6—8月间发情交配，妊娠期为6～7个月，于次年1—2月在蹲仓的洞中产仔。每胎通常产2仔，也有1仔和3仔的。幼崽刚出生时很小，不足1kg，双眼紧闭，35～45日龄才睁开眼睛，3个月左右即可跟随母熊活动，哺乳期约6个月。

（五）地理分布

黑熊仅分布于亚洲，我国主要分布于黑龙江、吉林、辽宁、河北、陕西、甘肃、青海、四川、湖北、湖南、安徽、浙江、江西、福建、广东、广西壮族自治区、贵州省、区以及我国台湾地区。

三、黑熊的人工养殖技术

（一）养熊场建设

1. 场址的选择

选择场址时既要根据熊的生活习性考虑到地形与地貌，又要考虑到饲料来源及水、电、交通与社会环境。理想的场址应建在地势高，开阔而平坦，向阳背风，又有利于通风，地面干燥，排水良好，地下水位低的地方。最好有向南或东南倾斜的小坡度，以便于排水和保持场地干燥。在日常生产过程中熊场需要大量的饮用水和生产用水，必须有充足的水源，水质还应符合卫生标准和无公害食品畜禽饮用水水质要求。照明、饲料加工、饲养管理、产品加工都离不开电力，所以场址要选在用电方便，价格合理，交通便利的场所。除此之外还要遵循社会公共卫生准则，既不能成为社会的污染源，也要注意不能被周围环境所污染。因此场址要远离居民生活区、工矿企业以及养殖场、屠宰场、公共设施等。

2. 养熊场的建筑

应根据饲养目的和数量决定熊场建筑形式。一般有场舍结合方式、圈养方式及舍内笼养方式。但随着近年来野生动物保护力度的加强，舍内笼养方式正被淘汰。

（1）场舍结合方式。基本建筑包括熊舍和运动场，为钢筋混凝土结构。运动场内设有水池、假山和一些运动娱乐设施，并有遮阴设备，场地周围的墙体高度必须达到4m，围墙的厚度为30～50cm，墙壁应光滑，以防止其攀爬逃走。在围墙上建以带栏杆的人行道，以便于观察和观赏。熊舍为封闭式，面积为6m×2.5m，可在舍内采食、取胆或做产房，是集繁殖、取胆及观赏为一体的建筑结构，比较实用。

（2）圈养方式。饲养场靠山而建，在地面下挖4m深的坑，一侧以山为墙壁，另三面砌以光滑的围墙，面积为400～1 000m^2，靠山侧建有熊洞或挖一个山洞，面积以6m×2.5m为宜或在平地上挖4m以下的深坑，四周砌以光滑的围墙。运动场内设有假山、水池，供熊玩耍与运动的设施和树木等。围墙上设1.2m高的护栏和人行道，以供人观赏。此种饲养方式适合于断奶后幼熊的饲养。

（3）舍内笼养。在饲养舍中设多排饲养笼，饲养笼的规格长150～180cm，宽80～120cm，高80～100cm，笼脚高50～70cm，在笼具的一角设固定的饲槽。笼具应以钢筋为材料焊接制作。以坚实牢固，经久耐用，保证饲养人员安全为原则，还要操作方便，能满足熊的活动需求。熊舍应采光充足，通风良好，具有混凝土地面和排水沟。舍内笼养适合于取胆熊的饲养。

熊场建筑除熊舍外，还应具备胆汁加工室、分析化验室、手术室、饲料加工室、仓库等。

（二）人工繁殖技术

1. 性成熟

生长发育到一定阶段，母熊的卵巢和公熊的睾丸能够产生成熟的具有受精能力的卵子和精子，并开始表现出第二性征和性行为，这种现象称为性成熟。一般情况下母熊3岁左右，公熊4岁左右达到性成熟。但机体的器官、系统尚未发育成熟，还没有达到体成熟，不宜进行配种繁殖。

2. 发情表现与繁殖年限

黑熊4～6岁进入适配年龄，每年5—8月进入发情期。黑熊的适配年龄为4～15岁，繁殖年限为20～25年。

（1）公熊发情时食欲减退，睾丸增大，明显下垂，阴茎经常裸露，频频排尿，追逐母熊，舔母熊的外阴，并爬跨交配，每次持续交配约30min，公熊在整个发情季节都能持续发情和配种。

（2）母熊发情时，性情狂躁不安，食欲减退，发情初期阴唇微红肿大，到发情盛期阴唇开张、外翻，并有许多黏液附着其上，主动接近公熊，舔公熊的头或颈部，发情一般持续5～10d，可接受多次交配，但受孕后则拒绝交配。

3. 配种方法

人工饲养的黑熊配种方法有自然交配和人工授精两种方法。

（1）自然交配。又分单公单母配种法和单公多母配种法及多公多母混群配种法。参加繁殖的熊应进行选种，挑选体质健壮，繁殖性能高，生产性能好，性情温驯留为种用。最好将系谱与后裔及生产性能和体型外貌结合起来进行选择。公熊应体高身长，胸宽腹小，性欲强，体重在100～150kg；母熊应体形匀称、母性强，体重在100kg以上为宜。在发情季节将公、母熊放入同一圈中，自行交配，并认真做好配种记录。在预产期前1个月将母熊放至产室内待产。

（2）人工授精法。将发情的公、母熊同时麻醉，外阴部用生理盐水冲洗干净，采精后立即将稀释好的精液输入到母熊阴道适宜位置。

4. 妊娠与产前护理

母熊的妊娠期为210～220d，12月底或次年2月左右产仔。妊娠初期母熊无明显变化，妊娠至5个月后食量增加，喜卧，腹围有所增大。产前1个月左右食欲明显下降，行动缓慢。临产前10～30d开始拒食，一直持续到产仔。妊娠熊的产房应提前进行清扫和消毒，并在产房内铺以干燥的稻草或锯末。室内光线宜暗淡且柔和，周围环境要保持安静，严禁不良因素的干扰。

5. 产后护理

母熊产仔后会立即将幼仔搂入怀中，并舔净其身上的黏液，将胎衣吃掉。此时应为母熊提供易消化和高蛋白的流体饲料（可将奶粉和鸡蛋溶于温水中）和饮水。分娩后1个月母熊食欲恢复正常。母熊产仔后要尽量避免外界环境的不良刺激，严禁查看仔熊或围观，以防发生食仔或弃仔行为。母熊母性非常强，在产后1周内搂着幼熊一动不动，甚至拒食。产后1个月内产房最好不要清扫，但地面应有排水沟，可使尿液自动流出。饲养人员要保持稳定，不要随意更换，工作时动作要轻。熊仔在生后2周内，终日在母熊怀中吃奶与睡眠，2个月后可行走与玩耍，并开始采食，3个月后可断奶进行人工饲养。断奶的幼熊要单独饲养管理，以散放饲养为最好，以使其充分活动，加强人熊亲和。刚断奶时可喂奶粉或鲜牛奶，以后逐渐补加易消化的高营养饲料，1个月后可喂流食。母熊与仔熊分离后，也要单独饲养管理，加强营养，使其尽快恢复体况，以促进其当年发情与配种。

四、黑熊的饲养管理

（一）饲料及营养成分

黑熊是以植物性饲料为主的杂食性动物，易于饲养。可供给的饲料多种多样，如各种谷物的配合饲料、块根类、瓜果蔬菜类、肉、蛋、鱼、乳等。成年黑熊每天可供给由配合饲料制成的窝头3～4kg，蔬菜、水果1.5～2.0kg。其喂量须根据不同年龄、季节、生理要求做适当调整。熊的饲料根据其来源和营养成分可分为动物性饲料、植物性饲料和添加剂三大类。

1. 动物性饲料

动物性饲料具有蛋白含量高，必需氨基酸较全面，消化率高，维生素和钙、磷含量丰富等特点。目前黑熊常用的动物性饲料有肉、蛋、奶、蜂蜜及畜禽副产品等。

（1）肉类。肉类是营养价值很高的全价蛋白质饲料，黑熊几乎能食用所有动物的肉。瘦肉中各种营养物质含量丰富，适口性强，消化率也高，是饲料中的理想佳品。新鲜肉应生喂，适口性和消化率都较高，对来源不明或失鲜的肉则要煮熟后再饲喂。

（2）禽蛋。主要是鸡蛋，是生物学效价最高的蛋白质饲料，蛋黄中还含有丰富的维生素A和维生素D，蛋壳的主要成分是矿物质，每个蛋壳平均含2g钙和0.12g磷。

（3）奶类。为全价蛋白质饲料，消化率高，适口性强。牛奶和羊奶是母黑熊繁殖期和幼熊生长发育期的优良蛋白质饲料，其中各种营养物质黑熊都易于消化和吸收，如蛋白质、脂肪、多种维生素和矿物质等。另外奶粉也是极佳的代乳品，消化吸收率很高。

（4）新鲜蜂蜜。含果糖及葡萄糖、蛋白质、矿物质、维生素、酶等。黑熊非常喜欢舔食，可直接吸收。

（5）畜禽副产品。畜禽副产品主要包括畜禽的头、蹄（爪）和内脏，是黑熊良好的动物性饲料。①肝、肾及心脏含有丰富的蛋白质、维生素及矿物质，是全价的动物性饲料。②脑中含有大量的卵磷脂和各种必需氨基酸也是很好的饲料，但要注意其中的激素对发情期黑熊的影响。③血的营养价值也较高，含蛋白质和大量的无机盐，还有少量维生素。④肝渣粉，喂前应经过浸泡与其他动物性饲料搭配饲喂。⑤蚂蚁粉、蚕蛹或蚕蛹粉也是黑熊喜食的蛋白质饲料，营养价值较高，但不易消化。⑥鱼粉营养全面，一般占日粮总量的比例较高。

2. 植物性饲料

植物性饲料又分为谷物性饲料和青绿多汁饲料。

（1）谷物性饲料。营养丰富，适口性强。常用的谷物性饲料有玉米、高粱、麦麸、大麦、大豆、豆饼、豆粕、向日葵饼等，有时也用黑熊类喜食的橡子。①玉米和高粱都是黑熊的基础饲料，淀粉含量高。玉米中含有两种蛋白质，一种为玉米醇溶蛋白质，另一种为玉米谷蛋白，二者都可以直接被机体消化利用。可将玉米和高粱磨成面与大豆粉、麦麸等饲料按比例混合煮成粥状或蒸成窝头饲喂，以弥补蛋白质的不足。②麦麸包括小麦、大麦等的麸皮，是来源广、数量大的一种能量饲料。麦麸营养丰富，粗蛋白的质和量均高于禾本科籽实。麦麸的适口性较好，质地膨松，具有轻泻作用，是妊娠母黑熊后期和哺乳母黑熊的良好饲料。③大麦是一种重要的能量饲料，含粗蛋白、赖氨酸，钙、磷含量比玉米高，硫胺素、烟酸含量丰富，饲喂时稍加粉碎即可。④大豆是常用的蛋白质饲料，营养价值高，特别是赖氨酸含量较高，磷多于钙。大豆需浸泡变软后饲喂，或将大豆粉碎后，与玉米面搭配煮成粥或蒸成窝头饲喂。生大豆的喂量要适当，不宜过多。⑤豆饼（豆粕）是最常用的一种植物性蛋白质饲料，营养价值较高，豆饼含粗蛋白质、粗脂肪、粗纤维，磷多而钙不足，富含核黄素和尼克酸。

（2）青绿多汁饲料。常用的青绿多汁饲料有白菜、菠菜、甜菜叶、萝卜茎叶、苜蓿、三叶草、胡萝卜、茄子、冬瓜、南瓜、马铃薯及各种水果。这些饲料含多种蛋白质、矿物质和维生素，适口性强，易消化吸收，利用率高。

3. 添加剂

为补充饲料中微量元素、维生素和其他营养物质的缺乏，配制的补充性饲料。包括多种矿物质，又分为常量元素与微量元素两类，常用的主要有食盐、贝壳粉、骨粉、石粉等；维生素A、维生素D、维生素E等也是机体不可缺少的，为满足黑熊对各种矿物质及维生素的需要，除利用各种矿物质饲料及富含维生素的青绿饲料调配日粮外，还必须注意在日粮中添加维生素及微量元素。

（二）饲养管理

人工饲养黑熊的目的在于进行人工繁殖和保护野生黑熊类资源，获取黑熊胆汁。目前大部分养黑熊场都采用笼养或圈养等方式进行人工饲养，这不仅改变了黑熊的生活习性，还使黑熊的生存环境也发生了很大变化，打破了黑熊在长期的自然选择过程中所形成的适应性和建立起来的条件反射。加之对取胆黑熊实施手术而产生的强烈刺激，又使其产生了不同程度的应激反应。因此实行科学的饲养管理对提高育龄黑熊的繁殖性能和取黑熊胆的胆汁产量及促进幼黑熊的生长发育，都具有重要的实际意义。

1. 常规饲养管理

为了使黑熊在日常管理中能建立稳定的条件反射，在饲养过程中，要定时定量投给精、粗饲料，一般每天饲喂2～3次，投喂顺序是先喂配合精饲料，后投以青绿多汁的粗饲料。每日应供给清洁的饮水，供水量可根据季节、饲料性质、黑熊的年龄及生理特点而灵活掌握。夏季气温较高，饮水量可适当增加，最好采用自动饮水装置；冬季气温较低，以饮温水为宜。在无自动饮水设施的情况下，春、秋两季每日应供水2～3次，夏季应增加供水次数，并将水槽放在荫凉处。冬季应将水槽放在向阳处，以防结冰。日粮可采用多种饲料合理搭配，既营养全价，又要适口，还要根据黑熊在不同生理时期的营养需要合理调配。在变换饲料时必须逐渐进行，使黑熊的消化机能有一个适应的过程，以免造成消化机能紊乱，发生疾病。

在生产区的布局上，幼黑熊应占上风头，位于地势较高的位置，生产黑熊应在下风头，并位于地势较低的位置。粪便处理场要设在最低处和下风头。黑熊在野生状态下多独居，因此人工饲养条件下也应按性别、年龄分群饲养，使处于不同年龄阶段的黑熊都能得以正常生长、繁殖，并充分发挥其生产潜力。

加强卫生防疫工作，贯彻预防为主、防重于治、防治结合的方针，切实建立健全卫生防疫制度，并严格执行。黑熊场大门应设消毒池，供来往车辆及工作人员进出时消毒。笼舍应按时打扫，及时清除粪便，粪便应堆积在距离黑熊舍较远的贮粪池内。路边及场外要有排水沟，以便及时排除场内的污水。平时要经常观察黑熊的健康状况，发现病黑熊要及时隔离治疗，其排泄物要深埋或焚烧，死亡黑熊的尸体也要深埋或焚烧。严格执行定期消毒制度，每天都要洗刷食槽、水槽，保证饲料和饮水的清洁卫生，定期检疫并及时注射疫苗。

黑熊舍应保持通风良好、凉爽干燥、空气新鲜。夏季注意防暑，冬季注意防寒保暖。要保持场舍内安静，尽量减少外界环境中不良因素的侵扰，为黑熊创造适宜的生活条件。加强运动和日光浴，以增强黑熊心脏和肌肉的功能，加速血液循环，增强新陈代谢和抗病能力。

2. 成年黑熊的饲养管理

3岁以上的公、母黑熊即为成年黑熊。黑熊的管理按其生理特点，又分为配种期、妊娠泌乳期、取胆期和维持期的管理。

（1）配种期。在此期间黑熊的食欲下降，野性增强，又正值夏季，发情与配种消耗大。所以日粮要适口性好，易消化，富含蛋白质。最好能加喂蜂蜜、复合维生素及水果等多汁饲料。

（2）妊娠泌乳期。此期为满足胎儿发育的需要，要供给优质饲料，并逐渐增加饲喂量和青绿多汁饲料。特别要注意保证蛋白质和矿物质的供给。妊娠后期在保证质量的前提下，适当缩小日粮的容积，临产前要供给一些豆浆、鲜奶或奶粉水溶液，以促进其产后泌乳。母黑熊产后可及时为其补充鲜奶或奶粉等易于消化的流体饲料，母熊产后1周内一般不采食，开始采食后食量逐渐增加，因此要逐渐增加饲喂次数和饲喂量。饮水器具等不能有香水或香皂等异味，否则会引起母黑熊弃仔或食仔。

（3）取胆期与维持期。取胆汁的黑熊由于增加了肝脏的代谢和多种营养物质的消耗，因而应供给丰富的动、植物蛋白质饲料，添加有利于肝脏代谢和胆汁生成的物质。并增喂一些黑熊喜食的蚂蚁粉、蜂蜜、海菜、黄豆、小麦等蛋白质含量高的饲料及微量元素和维生素添加剂等。公黑熊除配种期外，母黑熊在繁殖期和取胆期以外都为维持期。维持期内，公黑熊在配种前、后1个月的饲养标准应接近配种期；母黑熊在断乳后20～30d内，仍按上一个时期日粮标准供给，使其体况尽快得到恢复，以后再按维持期标准进行饲养。

3. 育成黑熊的饲养管理

育成黑熊是指6月龄至3岁以下的黑熊。此期黑熊正处于身体生长发育较快时期，且消化机能已健全，对营养物质的需要量较大，特别对蛋白质、维生素和矿物质要求较高。因此，要满足其营养需求及适口性。管理上要进行调教与驯化，形成固定的条件反射，让其主动接近人，并训练其定点饮水、采食和排泄。

4. 幼黑熊的饲养管理

一般将6月龄前的黑熊称为幼黑熊。第一个月主要由母黑熊哺乳，到2月龄时可适当补饲，随着日龄的增加，补饲量可逐渐增加。补饲的饲料不仅要全价，而且要尽量接近母乳，新鲜易消化，并要保证维生素和矿物质的供给。饲养方式以圈养为宜，以让其充分运动。圈舍应保温，干燥，通风良好，光照充足。对母性不强，产后缺乳、无乳或遭母黑熊遗弃的仔熊进行人工哺乳，并注意保温。早期可供给鲜奶、糖、少量抗体和添加剂，日喂10次，40日龄后逐渐添加配合饲料、水果和蔬菜。随日龄的增加，饲喂次数可逐渐减少，每次喂量可逐渐增加。奶瓶要经常消毒，苹果和蔬菜洗净切碎后可直接饲喂。

五、黑熊常见疾病的防治

（一）胆囊炎

引起胆囊炎的病原菌主要有大肠杆菌、绿脓杆菌等，主要由于手术时没能做到无菌操作或取胆汁时没有严格遵守操作规程，使细菌侵入胆囊感染所致。感染初期食欲减退，精神沉郁。创口红肿，并有炎性分泌物，胆囊发炎，胆汁浑浊，胆汁内有大量絮状物，严重时胆汁有臭味。

防治方法：可用丁胺卡那霉素1～3g或卡那霉素200万单位肌内注射，2次/d，连用3～5d。在200ml生理盐水中加20万单位庆大霉素或丁胺卡那霉素反复冲洗胆囊，冲洗完毕将胆囊内的洗液排出，胆囊内注入150万～200万单位的庆大霉素或丁胺卡那霉素，连用3～5d。也可肌内注射绿脓杆菌免疫球蛋白，每次10ml，连续使用1周。

（二）巴氏杆菌病

由多杀性巴氏杆菌感染所致的急性败血性传染病。病初精神沉郁，常卧地不动，咳嗽，呼吸困难，不安，体温升高至39℃，全身颤抖。随后食欲减少或废绝，结膜充血，从鼻中流出浆液性或脓性鼻涕，腹泻，而且粪便带有血液及黏液，一般2周内死亡。剖检可见全身出血性、败血性变化。

防治方法：必须隔离治疗，可肌内注射氨苄青霉素10～20mg/kg体重，每日2～3

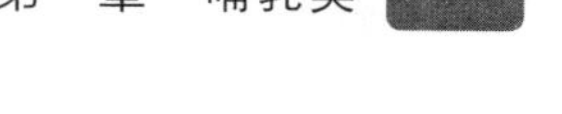

次，连用2～3d；或卡那霉素10～15mg/kg体重，肌内注射，2次/d，连用2～3d。也可用环丙沙星2.5mg/kg体重肌内注射，2次/d，连用2～3d。

（三）皮肤病

多由真菌或寄生虫感染引起，或因饲料营养不足或重金属中毒所致。病黑熊被毛脱落，皮肤发痒，皮屑增多，断毛或脱毛。渐进性消瘦，食欲下降，生产能力降低，严重者呼吸困难，大小便异常。

防治方法：真菌感染可用达克宁软膏涂擦患部，每日1～2次直至痊愈。如果是由寄生虫感染引起的，可皮下或肌内注射伊维菌素0.2mg/kg体重，1周后重复用药1次，直至痊愈。如由饲料引起的要更换饲料，调整饲料中各营养成分比例。

（四）肺炎

主要于感冒后继发，也见于支气管炎、异物或刺激性气体吸入时所致。病黑熊烦躁不安，食欲减退，咳嗽，呼吸急促，体温升高。

防治方法：青霉素2万～4万单位/kg体重，肌内注射；丁胺卡那霉素200万单位，2次/d肌内注射，连用2～3d，同时喂服氯化铵，0.2～0.3g/10kg体重，1次/d。预防措施是加强饲养管理，防止发生感冒或异物、不良气体的刺激。

（五）胃肠炎

多由饲养管理不当，饲料、饮水变质或被病菌污染等原因所致。患病黑熊精神沉郁，食欲减退或废绝，渴欲增加，水样便，初期呕吐，后期严重脱水，消瘦，体温升高至39℃以上。

防治方法：由饲料原因所致的应立即更换饲料，饲喂少量新鲜、易消化的饲料，同时供给口服0.9%浓度的淡盐水。每100kg体重酵母片20～30片，胃蛋白酶10～20片，拌入饲料中饲喂。病情严重者静脉补液，加碳酸氢钠调整酸碱平衡。

（六）佝偻病

日粮中钙、磷缺乏或比例不当引起的疾病，小黑熊比较常见。病黑熊消化紊乱，异嗜癖，跛行；骨骼及关节变形，尤其四肢关节、椎骨、肋骨变形较为明显。

防治方法：在日粮中添加钙质如骨粉、矿物质添加剂等，或调整日粮钙、磷比例。口服鱼肝油，注射维生素D等，多晒太阳以促进钙的吸收。预防主要是注意日粮中钙含量及钙、磷比例［（1.5～2）：1］，增加光照及运动。

（七）感冒

多因管理不善或气温骤变等引起，常在早春、晚秋气候剧变时发生。病黑熊精神沉郁或烦躁不安，食欲下降，体温升高，呼吸加快，流清鼻涕，有时咳嗽。

防治方法：可用安乃近1g/10kg体重，肌内注射；青霉素2万单位/kg体重，肌内注射；或用庆大霉素10～15mg/kg体重和安痛定，混合注射，2次/d。

六、相关药材的采集与加工

（一）黑熊胆汁的采集

1. 活黑熊引流取胆汁手术

活黑熊引流取胆汁是在黑熊胆囊内埋植永久性导管，将黑熊胆汁引流出体外采集的一种方法。

手术过程包括黑熊的保定与麻醉、胆囊造瘘术等。手术一般选择在冬、春季节上午为宜，术前一天停饲，但不禁饮水。先将黑熊推压到保定笼的一侧站立保定、麻醉，然后将黑熊移至手术台，仰卧保定。在黑熊剑状软骨区，自剑突后3～5cm，局部剪毛、消毒后，覆盖创巾。腹中线右侧2cm处作为切口起点，切口长12～15cm。切开腹腔后在肝脏边缘下方找到胆囊，并小心牵引至腹壁切口之外。用无菌纱布将胆囊体隔离，从胆囊底部用注射器抽出大部分胆汁，在该处做1～1.5cm的小切口，切口大小以能放入导管为宜。将消毒的导管头部从小切口处塞入胆囊内，在切口两端结节缝合胆囊壁，再在导管周围做浆膜层荷包缝合。用生理盐水冲洗胆囊，确认胆囊不漏时送回腹腔。在腹壁切口右侧约3cm处再做2cm的小皮肤切口，在此切口处拉出导管尾部。导管做3层固定：大切口内与其周围腹膜、肌肉缝合；小切口处皮下将导管固定缝合；小切口处做荷包缝合。检查导管固定牢固后，用生理盐水冲洗术部，关闭腹腔，创口处敷止血消炎粉。趁黑熊尚未苏醒时，反复用生理盐水冲洗胆囊，直至排出液中无血凝块为止。给黑熊穿上铁甲衣，将胆囊导管接上贮存袋，置入铁甲衣上铁盒中。扎紧背部皮带，关上铁盒插门，将黑熊放入笼内，此为外固定法。内固定法是将导管出口用消毒好的塞子密封在肌层固定或在皮下层固定，可不穿铁甲衣。出于对野生动物保护目的出发，外固定法将逐渐被淘汰。

2. 术后护理

术后每天肌内注射青霉素、链霉素2次或庆大霉素，连用5～7d。术后2周内，每隔3d用青霉素生理盐水冲洗胆囊1次，以后每2周冲洗1次，防止胆囊发炎。待黑熊完全清醒后，可给予饮水和半流体食物，加喂白糖水、蜂蜜水、水果或新鲜蔬菜，术后第3d转入正常饲养。

3. 胆汁的采集

根据导管固定的方法不同，有以下3种取胆汁方法。

（1）定时取胆汁法。饲喂8～10h后取胆汁，每天可取胆汁2～3次。取胆汁时先将黑熊加以保定，并投给蜂蜜或糖水。消毒术部和导管的出口，小心取出塞子，让胆汁自行流入消毒好的容器内。胆汁停止流出后，再用细胶管沿导管插入胆囊内，连接注射器抽净胆汁，塞好塞子，消毒术部，计量胆汁量。

（2）穿刺取胆汁法。使用兽医用肠骨透骨针沿引流导管中心部位向胆囊方向穿刺7～8cm深，即有胆汁流出。胆汁量平均可达70～80ml，高产黑熊可产200ml，此法能明显提高胆粉质量。

（3）贮胆袋取胆汁法。采集胆汁时间在早晨饲喂前或饲喂过程中进行，将黑熊赶至笼的一边保定，打开铁盒，更换贮存袋即可。

（二）胆汁的加工

采集的胆汁要及时加工成干品。加工方法有两种，一种为干燥箱干燥法，另一种为真空冷冻干燥法。

1. 干燥箱干燥法

将鲜胆汁经过预处理后置容器中在恒温干燥箱中干燥，干燥箱温度控制在45～55℃。干品贮藏于棕色瓶中密封保存。一般一只黑熊日产胆汁100ml以上，可获干品8～10g，年单产干品量在2kg以上。

2. 真空冷冻干燥法

将预处理好的胆汁置于容器中，放入-60℃真空冷冻干燥箱内干燥30h即成金黄色粉末状干晶。熊胆粉的产量除与黑熊体重、体型、饲料及饲养水平直接有关外，还与季节、性别、取胆方式直接相关，一般1—3月产量最低；而7—9月产量最高；公黑熊产量明显高于母黑熊，引流取胆汁法产量高于一日数次取胆汁法。

（三）其他药材的采集加工

1. 熊掌

在杀黑熊时采集，将足掌砍下，糊以泥土挂起晾干或微火烘干，干燥后去净泥土即成。

2. 熊肉

宰杀后新鲜食用。

3. 熊筋

鲜用或泡酒。

4. 熊脂

将黑熊的脂肪在锅中熬炼去渣即得。

5. 熊骨

剥去皮肉，剔净残存的筋肉，阴干即得。

第四节　獾

獾属食肉目、鼬科动物，有狗獾（*Meles meles*）、猪獾（*Arctonyx collaris*）之分。狗獾形如家狗，脚短而粗壮，体躯肥硕，体重10～12kg；猪獾像小猪，体型肥胖且行动迟钝，听觉较差。

一、獾的药用与经济价值

（一）药用价值

獾是一种珍贵野生经济动物，可提供皮、毛、肉、药多种产品，其药材名为獾肉、獾油和獾骨等。

1. 獾油

内服补中益气、杀虫润肠、止咳血，主治中气不足、子宫脱垂、咳血；外用主治水火烫伤、冻疮、痔疮、疳疮、疥癣、白秃等。

2. 獾肉

味甘酸，性平。有补中益气、杀虫功效。主治小儿疳瘦、蛔虫等症。

3. 獾骨

獾的干燥骨骼，有祛风湿、止痛的功能。主治风湿筋骨疼痛、皮肤瘙痒等症。

另外獾的肝、胆可以直接入药，具有清热解毒的作用；獾膀胱可治遗尿；爪泡酒可治神经衰弱、补肾；骨也是很好的制药原料。

（二）经济价值

獾毛皮较好，绒毛密度大，皮板致密，经加工、揉制后毛色光亮紧密，其皮是制作高级裘皮服装的原料。獾毛还可制作高级胡刷和油画笔。肉质细嫩、鲜美可口，营养丰富，是美味的佳肴。獾的人工养殖方法简单，而且生长快、疾病少、饲料来源广、投资少、成本低、效益高，是发展前景广阔的一种特种养殖业。

二、獾的生物学特性

（一）形态特征

1. 狗獾

狗獾是鼬科中较大的一种，体长45～55cm，体重10～12kg。体型肥壮，颈部粗短，鼻端尖；鼻垫与上唇间有被毛；耳短、眼小；四肢短而粗壮，前后足均具强有力的角质长爪，前爪比后爪长；尾较短。

被毛分为针毛和绒毛。身体背面有粗而硬的针毛，针毛的基部白色，近末端黑棕色，尖端白色，俗称“三节毛”，因此背部在外观上为黑棕色与白色混杂；体侧针毛黑棕色部分较少，白色居多，绒毛白色、柔软而细短。头部被毛短平，有3条白色纵纹，在颜面两侧从口角到头后各有一条，中间一条由吻端向上，通过额顶直达枕部，两侧的白纹由口角斜上而达耳基部。在3条白色纵纹中隔以两条黑棕色纹，从吻端两旁向后，穿过眼部到头的后部与背部深色部分相连。耳背及耳后缘黑棕色，耳上缘白色。下颌、喉部及腹面直至尾根以及四肢均为黑褐色，尾背与体背面同色，尾端为黄白色。

2. 猪獾

体长60～70cm，体重达10kg。猪獾与狗獾的体形相似，区别在于鼻垫与上唇之间裸露，喉部白色，尾较长，呈白色。

头部有一白色纹从鼻垫向后沿额的中央延伸到颈部，在面颊沿着眼下方到颈侧亦各有较短白纹。眼周围近于黑色，下颌及喉白色，耳缘白色，四肢棕黑色，爪为淡黄色。身体毛色变异较多，有些个体的喉与颈部有白色纹，有些喉部白色延伸到颈侧。

（二）生活习性

1. 狗獾

狗獾多栖息于森林、林缘灌木丛、田间荒地、坟地、沙丘草丛及河湖沿岸等各种环境中。狗獾以洞穴为居住场所，洞多挖于人迹罕至的地方，洞深达几米，支洞甚多，尤其是越冬洞穴更为复杂，有的多年在其中修整藏身。狗獾洞穴内光滑整洁，洞与洞之间互相通连。居住洞的直径可达40～60cm，内铺垫干草，窝穴距地面3～5m。狗獾的临时洞穴洞道短而直，四壁粗糙，洞内有少许干草，多数仅1个出口。狗獾挖洞迅速敏捷，以前爪挖洞，后爪和鼻把浮土推出洞外，故新洞的洞口周围多有松软新土，而且常见有新鲜足迹。狗獾爱清洁，洞内无杂物和粪便，其粪便排在洞口周围的浅坑中。

狗獾有冬眠的习性。每年11月入洞冬眠，次年3月初出洞活动，冬眠时多为一个家族在一起。狗獾多在黄昏和夜间活动，活动时间一般在晚上8—9时至第2d凌晨4时左右，白天偶尔可以见到，狗獾的活动在夏、秋季节最盛。出洞活动时先以头慢慢试探伸出洞外，观察四周然后再缓慢出洞，回洞时先在洞口停一会儿然后才进洞。

狗獾视觉差、嗅觉灵敏、跑得慢、会游泳、性凶猛、勇于自卫。狗獾食性很杂，其食物包括植物的根茎、果实以及各种小型动物如青蛙、小鱼、鸟卵、蚯蚓、鼠类等；有时亦在村庄附近偷袭家禽以及掘食埋入土中腐烂的动物尸体；也会到农田边采食玉米、薯类、豆类和瓜类。

狗獾每年繁殖1次，发情期多在夏季温暖时期，于次年4—5月产仔，每胎2～5仔。6—7月幼仔跟随母獾出洞活动觅食，秋季幼獾离开母獾独立生活，大约3年后性成熟。全国各地几乎都有狗獾分布，以东北地区为多，西北地区较少。主要分布地区有黑龙江、吉林、辽宁、内蒙古自治区、青海、陕西、山西、河北、河南、江苏，以及浙江、福建、广西壮族自治区等省、区。

2. 猪獾

猪獾的生活习性与狗獾很相似，栖息在岩洞或挖洞而居，从平原到3 000m左右的高山上都有其足迹。我国的辽宁、甘肃、陕西、山西、河北、安徽、江苏，以及浙江、湖北、湖南、福建、四川、云南等省、区都有分布。白天隐藏起来，夜间外出活动。食性较杂以植物的根茎、果实以及爬虫、鱼、小鸟、小兽等为食，也吃蚯蚓、蜈蚣等。视觉弱，嗅觉灵敏，寻食时主要依靠嗅觉。性情凶猛，受到侵犯时会发出像猪叫的声音，能以牙和爪猛烈地回击。每年春末产仔，胎产4只。

三、獾的人工养殖技术

（一）养獾场建设

应选地势平坦，背风向阳，安静，排水良好，环境较僻静的地方建舍，可采用棚舍，笼箱结合的方式。棚舍一般长25～50m，宽3.5～4m，高1.4～1.7m。棚舍只起防风雪、雨淋和太阳直晒的作用，不需严格保暖，棚舍周围用石头、水泥、砖砌2m左右高的围墙。棚舍内一端放置笼箱，规格为60cm×30cm×40cm，笼门开设在笼顶部，操作方便又可防止獾逃走，笼箱间距10cm左右，一个笼箱内可养一公一母或一公多母；另一端用石头做成小的假山，假山周围垒砌若干个洞穴作为窝室，洞穴上端要严实，以防漏水，洞内放些柔软的干草或树叶等供保暖之用。棚舍内还要放置几个食盆、饮水器。圈舍面积、假山大小及洞穴数量的多少要视饲养獾数量而定。

（二）繁殖技术

1. 引种

多数是从野外捕捉，首先是找到其洞穴，用网袋堵住出口，再用烟熏的方法使獾出洞，窜入网袋，戴上手套捕捉即可；也可到人工养殖成功的养殖场引种。

2. 繁殖特性

在人工饲养的条件下，母獾在1岁左右，公獾在1岁半左右达到性成熟，每年繁殖一次。性成熟的獾每年7月底至8月上旬发情1～2次，每次发情持续3～4d，发情时公、母獾性欲都很强烈，每日要交配10次以上，每次交配时间长达10～60min之久。受精后胚泡滞育时间很长，受精卵有4—5个月的时间不在子宫内附植，而处于游离状态，直至次年1月胚胎才着床发育。妊娠期210～240d，3—5月产仔，一般每胎产仔3～4只，最多为7只。仔獾初生体重15g左右，体长13cm，尾长3cm，被毛呈乳白色，33～38日龄睁开眼睛，与母獾在洞穴里同居3～4个月，经过5～6个月的生长发育，到秋季幼獾基本长大，体形与母獾相同。人工养殖的仔獾，可在2个月龄时断奶分窝饲养。

3. 繁殖技术

一般在每年5—6月将公、母獾合群饲养。一般将1只公獾和1只或3～4只母獾合群，以诱导发情配种。挑选种獾要求体质健壮，性欲旺盛，繁殖力高。公獾配种受精率高，后代健壮，生长发育快；母獾母性强，产仔率高。繁殖期要保持饲养场安静，避免惊扰。

四、獾的饲养管理

（一）饲料

獾是杂食动物，其饲料来源非常广泛。人工养殖条件下可以选用玉米面、米糠、麦麸、豆饼、豆腐渣甚至剩饭、米粥和各种瓜果、蔬菜与畜、禽下脚料，如头、爪、血、内脏及杂鱼、鱼粉等混合煮熟后饲喂，日饲量为300g/只。日粮基本配方为：谷物55%～60%，果蔬类8%～10%，豆浆10%～15%，鱼、肉类10%～15%，矿物质、维生素等适量。

（二）管理技术

獾的管理和其他动物没有太大差异，主要是根据其所处不同生理时期，对营养和环境等条件的要求不同，加以区分对待，满足需要即可。

1. 非繁殖期

这一时期应按年龄、性别、用途等分群饲养，日常管理要注意清洁卫生。窝箱内的粪便、剩食要及时清理，饮食、饮水用具要经常清洗消毒。夏季注意防暑降温，可以用喷凉水或在棚舍上铺盖青草等办法。冬季要防寒保暖，向窝箱内增添垫草。保持环境安静，定期检查笼舍，修补破损，防止逃跑。本时期饲料主要以谷物、蔬菜等为主，适当搭配一些蛋白质饲料即可，既满足需要，又降低了饲养成本。入冬前则要增加饲料中蛋白质比例，使獾膘情达到较好，以利安全越冬。

2. 繁殖期

配种期要合群饲养，并针对以下不同时期的生理特点做好管理。

（1）配种前期。此时应为配种做好准备，适当调整獾的体况。日粮以植物性饲料为主，日喂量以吃饱为原则，动物性饲料占10%左右，加强驯化，增加与人的接触，促进运动，以增强对环境的适应力，有利于繁殖。

（2）配种期。由于性兴奋，食欲下降，而交配又要消耗大量体力。所以要求日粮质量高、营养全价、适口性好、易于消化，以保证其配种能力和精液质量。日粮中蛋白质饲料应占40%左右，碳水化合物占50%左右，蔬菜类占10%左右。还应补充麦芽、酵母、维生素E等。配种中、后期要对多余的和配种能力不强的公獾及时淘汰。

（3）妊娠期。给母獾创造安静舒适的环境，以利于胎儿发育。妊娠期母獾对饲料质量要求更高，蛋白质应占50%左右，而且要新鲜和多样化，为保证胎儿在体内的生长发育和母獾的身体健康，还要适当补充矿物质和维生素。

（4）产仔哺乳期。临产前注意做好产箱保温、消毒工作，保证产房安静、舒适、温暖，产仔期最好昼夜值班观察，保证仔獾及时吃到初乳。遇到难产和需要代养的仔獾，要及时采取措施。人工哺乳可用鲜牛奶加适量葡萄糖、水等配成人工乳，用消毒的注射器抽吸，接一小节气门芯乳胶管放入仔獾口中，随仔獾吮乳动作缓慢推注，每日喂6～8次。对母獾要保证饲料营养全面，并增加饲喂量，使母獾吃饱、吃好，能分泌充足的乳汁。仔獾长到1个月龄左右，要训练采食饲料，仔獾长到60～80日龄时，可以断奶分窝饲养。

（5）仔獾的饲养。主要把好“三关”：一是温度关，仔獾出生一般在4月，虽然气温回升，但北方天气与仔獾要求的温度不适应，因此要保持产仔箱内温度达到25～30℃；二是母乳关，由于仔獾靠母乳生长发育，而且仔獾生长又快，为此一定要增加母獾的日粮营养水平，动物性饲料最高达到50%～55%，以免发生母獾叼仔、吃仔现象；三是分群关，仔獾生长快，初生时全身无毛，6日龄体重达60g左右，10日龄达100g，14日龄达135g，60日龄可独立生活，因此仔獾60日龄要与母獾分开饲养。

（6）科学饲喂。人工饲养要做到定时、定量、保证充足饮水。定时，每天喂1次，一般为下午6—8时；定量，日粮量应随着日龄的变化而变化，成獾每日喂300g左右；保证充足、洁净清水，让獾自由饮用。

（7）严格管理及防疫。獾抗病力较强，在管理上应做到预防为主，防疫结合。一是饲料要新鲜无污染；二是要经常打扫饲养场地，保持干燥卫生，并定期消毒；三是饲养场要保持安静，避免外人进入，同时还要防止家狗和野狗的侵袭；四是疾病治疗，獾免疫力强，但在人工驯养条件下，已发现常见病有肠炎、肺炎等，一经发现应及时治疗。

五、獾常见疾病的防治

獾很少患病，人工养殖中一般不发生疾病。但如果消毒差、卫生条件不佳则可能发生以下几种疾病。

（一）犬瘟热

犬瘟热是由犬瘟热病毒引起的一种传染病，狗獾对犬瘟热病毒比较易感。患病时的表现为腹泻，稀便带血，结膜发炎，眼角有大量脓性分泌物。食欲减退，精神不振，严重病例后期可能出现痉挛、抽搐等神经症状。成年獾病情一般较轻，未成年獾病情重，且死亡率高。

防治方法：每年定期接种犬瘟热疫苗可以预防本病的发生。发病的早期可以注射高免血清进行治疗，但须注意应用高免血清在发病早期疗效尚可，中后期疗效不佳。其次可用抗生素防止继发感染，结合静脉输液进行对症治疗。

（二）胃肠炎

该病多因饲料品质不良或变质引起，某些传染病（如犬瘟热）也常继发本病。主要表现为腹泻，食欲减退，呕吐，精神沉郁，严重病例饮欲、食欲废绝。

防治方法：保持环境卫生清洁、饲料品质良好。治疗用肠道抗菌消炎药，如氯霉素、庆大霉素等，同时应用止泻药，效果良好。

（三）皮肤疥癣病

该病是由寄生虫疥螨引起的皮肤疾病。主要表现为被毛脱落，皮肤发痒，尤以冬、春季节发病较多。但是本病需认真与真菌性皮肤病和营养缺乏性脱毛症相区别。

防治方法：笼舍和窝室内彻底消毒，更换新的垫草，保持干燥和清洁卫生。治疗的特效药是依维菌素，也可用疥癣膏。

六、相关药材的采集与加工

（一）獾油

獾油为狗獾的脂肪，成年狗獾在越冬前（秋季）最为肥壮，皮下脂肪蓄积增加，此时臀部的脂肪层厚达3.5cm，腹腔油脂重量高达850g左右，本时期是取獾油的最佳时期。具体方法是先捕捉狗獾，屠宰后取脂肪，置于锅中，用小火将油炼出，先除油渣，放凉后为浅黄色油膏状，即为医用獾油，密封、放干燥处保存即可。

（二）獾肉

虽然四季都能收取，但仍以越冬前，结合獾油采集、加工，一同收集最佳。剥皮、去油、剔除骨骼，獾肉即得。

（三）獾骨

獾的干燥骨骼。将獾捕杀后，剥皮，剔净筋肉，取四肢骨，挂起晾干即成。

第五节 灵 猫

全世界灵猫科的动物有许多种，分布在我国的有9属11种，其中只有大灵猫（*Viverra zibetha*）、小灵猫（*Viverricula indica*）具有药用价值。大灵猫和小灵猫属哺乳纲、食肉目、灵猫科。小灵猫别名七节狸、香狸、斑灵猫、乌脚狸，大灵猫别名九节狸、麝香猫、青鬃。

一、灵猫的药用与经济价值

（一）药用价值

灵猫的药用部分主要是其香腺囊中的分泌物，药材名灵猫香，是我国传统的名贵中药材，其药理作用近似麝香。其肉亦可药用，药材名灵猫肉。此外灵猫的头、骨、鞭也可入药。

灵猫香性温，味辛，能辟秽，宣窍，行气，止痛，主治腹痛、疝痛等症。灵猫香中含有一种特殊的香猫酮，它是一种良好的兴奋药和镇痛药。用它代替麝香可制成“六神丸”“七厘散”等中成药，在临床外科和咽喉病症中应用效果良好。

（二）经济价值

灵猫香除药用外，还是香料工业的贵重原料，是香料工业上的重要定香剂。与麝香、海狸香、龙涎香并称世界著名的四大动物香料，可用于食品香料工业和美容化妆产品开发。由于国内麝香资源不足，每年要从国外进口大量的灵猫香，其需求量呈逐年上升趋势，价格也不断上涨，每千克在4 000元左右，甚至达到1万元以上。

此外，灵猫还是一种经济价值很高的毛皮动物。例如小灵猫的针毛挺拔且富有弹性，适于制作各种书画用笔，因而小灵猫也叫“笔猫”。拔去针毛后的灵猫皮是一种上等裘皮，是制作华丽的皮衣、皮具及装饰品的好原料。随着灵猫产品需求量的与日俱增，灵猫驯养业在我国南方各地迅速发展。人工驯养灵猫不但可以保护我国野生灵猫资源，还能解决香料和药用等多种需求，同时经济价值也十分可观。

二、小灵猫

（一）生物学特性

1．形态特征

小灵猫主要分布于我国的湖南、湖北、江苏、浙江、四川、广东、海南、广西壮族自治区、云南、福建、台湾等省、区。

小灵猫体形与家猫相似，成年体重2～4kg，体长46～61cm。吻部尖而凸出，额部狭窄，耳短而圆，眼小而有神。小灵猫的基本毛色以棕灰、乳黄色多见。眼眶前缘和耳后呈暗褐色，从耳后至肩部有2条黑褐色纹，从肩到臀通常有3～5条颜色较暗的背纹，背部中间的两条纹路较清晰，两侧的背纹不清晰。小灵猫的尾部较长，尾长一般超过体长的一半，尾巴的被毛通常呈白色与暗褐色相间的环状，尾尖多数为灰白色；四肢健壮，后肢略长于前肢；四足深棕褐色，足具五趾，但前足的第三趾和第四趾没有爪鞘保护，有伸缩性，能从足垫中间伸出；在其会阴部有高度发达的囊状香腺，闭合时外观像1对肾脏，开启时形如一个半切开的苹果，雄性的香腺比雌性的略大。

2．生活习性

小灵猫喜欢幽静、阴暗、干燥、清洁的环境。主要栖息在山地，丘陵地带的灌木层、树洞、石洞、墓室内，甚至出没于村落住家的仓库或住房下。小灵猫为独居夜行性动物，昼伏夜出，活动主要集中在下午3时至晚上10时这段时间，性格机敏而胆小，行动灵活，会游泳，善于攀缘，能爬上树捕食小鸟、松鼠或采摘果实。

小灵猫食性较杂，主要以动物性食物为主，以植物性食物为辅。动物性食物如老鼠、小鸟、蛇、蛙、小鱼、虾、蟹、蜈蚣、蚱蜢、蝗虫等；植物性食物如野果、树根、种子等。小灵猫的活动范围与其食性和季节的变化有关，秋季是各种果实成熟的时候，小灵猫常常在树林中活动，采食野果；冬季多在田边、林缘灌丛觅食小动物；夏季，两栖类动物繁多，则多在小溪边、水塘边及翻耕的田间活动觅食。

小灵猫有擦香的习性，外出活动时，常将香囊中的分泌物擦拭在树干、石壁等凸出的物体上。野生灵猫擦香主要是标记领地和吸引异性灵猫。遇到敌害时小灵猫能从肛腺中排出一种黄色而奇臭的分泌物自卫。

（二）人工养殖技术

1. 养殖场地建设

根据小灵猫野性强，机敏而胆小，穴居、畏寒等特点，在人工饲养条件下，养殖场的环境应该尽量与小灵猫的野外生活环境相似。养殖场址宜建在远离居民区、地势较高、地面干燥、背风向阳、环境安静、具有充足的水源和饲料（特别是动物性饲料）资源的地方。饲养场周围应建较高的围墙，以防止小灵猫逃跑和外界环境的干扰。

（1）活动式笼舍。可用角铁、铁皮等制成100cm × 100cm × 70cm的活动笼；笼舍中间用木板、铁板等分开，使之成为两部分。里面部分四面用木板等围成卧室，外面是活动场。每只小灵猫活动的场地为1m^2，卧室的面积与活动场地基本一致。

（2）箱式水泥笼。根据小灵猫的特点设计的用砖砌成主体，水泥砂浆抹面，正面用直径0.6cm圆钢做成铁栅，顶部用水平式铁栅，活动场为露天式，面积为0.8m^2，设活门与窝箱相连，窝箱面积0.5m^{2}的水泥笼箱也很好用。笼高0.6m，宽1m，深0.8m，为保持窝箱干燥，窝箱设有通风窗口，笼底距地面0.3m，便于清理粪便及杂物。这种结构有利于小灵猫健康，经济耐用，便于管理和取香。

2. 繁殖技术

人工饲养条件下小灵猫到2岁时，体重达2kg以上，达到性成熟即有发情表现，可以进行交配。小灵猫的繁殖期分为春、秋两季，但以春季为主，一般集中在2—4月，少数可延迟到5月，而秋季仅在8月，为期较短，繁殖的少。小灵猫发情时会发出“咯咯咯”的求偶叫声，十分明显。发情的母灵猫外生殖器有不同程度的充血、肿胀现象。当小灵猫有发情表现时，在晴天选择体型大小相当，身体健壮的成年公、母小灵猫迁入繁殖笼舍，进行交配，并笼后母、公小灵猫大多能和睦相处。此时应结合每天打扫笼舍，注意其行为的变化。小灵猫交配时间短促，并多在夜间进行。已怀孕的灵猫要单独在安静地方饲养，防止受惊造成流产。小灵猫的妊娠期一般在69 ~ 116d，平均90d。产仔期多集中在5—6月，一般在夜间或凌晨产仔。每胎产仔2 ~ 5只，多数为3只。仔猫出生1周后睁眼，半月后出窝活动，仔猫断奶前应诱导其舔食母猫饲料，使其习惯吃饲料提早开食，为断奶培育健壮小灵猫分窝饲养做好准备。

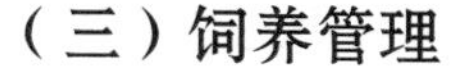

（三）饲养管理

1. 饲料

小灵猫是以动物性食物为主的杂食动物，其食性随季节变化和不同生理时期的需要而不同。人工养殖条件下，配合饲料应根据当地条件灵活搭配，以满足其生长、繁殖、哺育和泌香的需要。动物性饲料可捕捉或专门养殖青蛙、泥鳅、黄鳝、蛇、鱼、虾、田螺，也可喂家畜、家禽的内脏等。植物性饲料如小麦、大麦、玉米、薯类、瓜果、菜叶、豆粉等。动物性饲料一般占到66%～70%，且鱼类和肉类应占一定比例。

参考鲜料配方为：鲜鱼40%、泥鳅15%、猪肺15%、鸡蛋5%、玉米12.5%、麦麸2.5%、豆粉2.5%、蔬菜2.5%、食盐0.5%、骨粉（或磷酸氢钙）3.5%、酵母0.5%、维生素（维生素A、维生素D、维生素E等）微量。

饲料加工过程应先将各种饲料称好、绞碎、煮熟，然后加入添加剂拌匀。调制时要注意水的添加量，一般夏季宜稀，冬季宜稠。

2. 初捕驯养期

人工养殖小灵猫的引种多到野外捕捉，需要经过一段时间的驯养，才能适应人工饲养环境。驯养初期多因捕捉时受伤、过度惊恐、生活环境的改变，以及饲养管理不当导致死亡，故初捕期的饲养管理对提高小灵猫成活率关系极大，应特别小心谨慎。初捕小灵猫的饲养管理原则是管理为主，饲养为辅，尽可能减少人为干扰，避免外界刺激。在保持环境相对安静的前提下，辅以适量的饲料和饮水，促使捕获的小灵猫尽快适应人工养殖的环境与条件。

初捕驯养期小灵猫的笼舍不宜过大而且需幽暗环境。活动场地也不宜过大以达到控制其运动量，迫使其休息为目的。如果窝室和活动场地面积过大，光线太强会使小灵猫常处于奔跑、碰撞舍壁以及过度惊恐状态中，轻则影响其休息和进食，重则导致严重的内外伤，甚至死亡。

对新捕捉的小灵猫，首先进行进食人工饲料的训练，一般可用小鸡、鸡蛋、鲜肉等诱其进食，如效果不好可改投小白鼠等活食。对有病个体应禁止捕捉检查与药物注射，更应让其安静，减少惊扰，选取其爱吃的活食投喂，以增加其食欲。若遇病情较严重者，可利用动物反射性张口攻击的习性进行药物口服，即把药物与葡萄糖调成羹状，然后以一细棒前端扎一纱布小球，蘸上“葡萄糖药物羹”刺激挑逗，使其张口反抗咬住纱球，以达到吸食药物的目的。驯养1个月后，用药物进行驱虫1次。

3. 一般饲养管理

初捕小灵猫正常进食后，就进入了小灵猫的一般饲养管理阶段。根据其夜行特点，在每天下午4—5时饲喂1次即可。一般冬季日粮量为500～600g，春、夏季为

400～500g，注意做好冬季防冻、夏季防暑工作。寒冷的冬季窝箱内应该铺垫干燥、清洁的垫草保暖，并堵住窝箱的通风口，窝箱内的温度以16～18℃为宜。次年春天气温上升到20℃，可清除所有的垫草。

小灵猫喜欢清洁干燥，应注意笼舍清洁卫生。每天上午打扫笼舍一次，保持其清洁干燥、运动场上的水槽供给充足、洁净的饮水。

4. 繁殖期

小灵猫的配种期一般在2—4月，这个时期不但要保证种猫产生成熟的精子和卵母细胞，还要保持精力进行配种。日粮要求优质全价、适口性好、易消化，一般在平时饲料的基础上适当增加维生素A、维生素B、维生素C、维生素D、维生素E，并补饲鸡蛋。养殖环境保持安静，尽量避免嘈杂的音响和惊恐的刺激。

5. 妊娠期

母灵猫妊娠期间除了维持自身生理活动所需的营养外，还要为胎儿的生长发育及产后泌乳储备大量的营养，因此应增加动物性饲料的比例，保证蛋白质及多种矿物质元素、维生素的供给。各种饲料互相搭配使营养物质互相补充，保证母灵猫能从饲料中获取多种必需的营养物质。日粮中动物性饲料占60%～65%，谷物饲料占35%～40%，并适当添加一些水果、蔬菜和矿物质饲料，保证水槽内有清洁的饮水。临产前食欲减退，每天可补给牛奶60～70ml，鸡蛋1个。管理上要细心照料母灵猫，确定母灵猫妊娠后，应将公灵猫隔出，保证笼舍安静，避免惊扰，以防流产。临产前1周停止打扫笼舍，并对运动场适当遮光，使母灵猫产仔时有安全感。

6. 产仔哺乳期

母灵猫产仔后自行咬断脐带，自食胎盘。这个时期母灵猫需要从饲料中获取大量的营养物质，供自身及泌乳哺育幼仔需要。因此日粮要求营养丰富、全价、品质新鲜。在常规饲料中添加鲜鱼、肉、鸡蛋和牛奶并适当增喂钙片，以防止母灵猫产后缺钙。饲料要调稀，保证充足、洁净的饮水。安排昼夜值班，严禁外人参观，防止别的动物进入场内，保持安静。通过观察判明是否产仔：如窝箱中长时间发出“咪咪”的叫声，说明母灵猫缺乳，可进行人工哺育。人工哺乳可喂给用温水稀释3倍的脱脂稀牛奶，1周龄内每日喂8次，每次4～5ml；2周龄内每日喂6次，每次10～15ml；3周龄内每日喂4次，每次20～30ml；1月龄后每日喂3次，2月龄后每日喂2次，也可用狗代养。人工哺乳用具应清洁、干净、经常消毒，奶水的温度要与灵猫母体温度接近；窝箱的温度应保持在25～30℃，防止猫仔冻死。

7. 灵猫仔养育

初生的猫仔一般体长20～30cm，重75～120g。初生时眼未睁开，能爬行，毛色比成体深而呈暗黑色。斑纹不明显，外形和成年小灵猫相同。1周后睁眼，半月后可

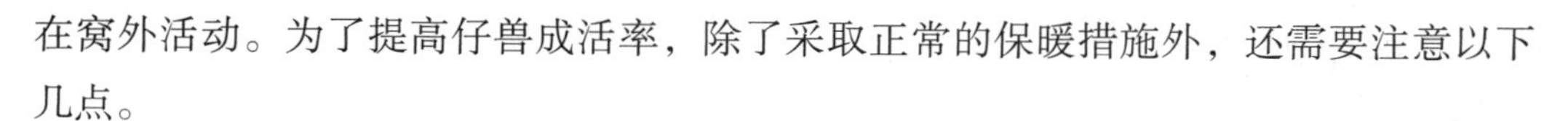

在窝外活动。为了提高仔兽成活率，除了采取正常的保暖措施外，还需要注意以下几点。

（1）早补饲。仔猫的补饲时间应早些，在20日龄以后较合适，因为此时仔猫的身体逐渐长大，母灵猫的泌乳量逐渐减少，单靠母乳已经不能满足仔猫生长发育的需要，应该进行补饲。刚开始可将牛奶混入少量的碎肉放入食盆中给仔猫采食，30日龄后可以用70%的牛奶加10%的碎肉和20%的米粥放入食盆中给仔猫采食。

（2）适时断乳。3月龄的仔猫即可断奶分窝饲养。分窝时先将母灵猫分开，让同窝幼灵猫在一起生活一段时间，待天气变暖，适应性增强后再分开单养。分窝后的幼灵猫每天可喂2次，把饲料拌成粥状，并且多加新鲜鱼、肉，补加500ml牛奶、0.5g钙片、0.6g酵母，饲喂优质、大量的动物性饲料，补充营养，促进发育。

（3）保持环境安静。母灵猫母性强，应避免生人窥视或惊扰，饲养员护理饲喂时，动作一定要轻快，防止母灵猫受到惊吓。

（四）灵猫香的采集

1. 泌香规律

小灵猫肛门与生殖器官之间有一囊状香腺，囊内壁有白色绒毛，中央有2条浅沟和乳状凸起，其上有许多肉眼看不见的小孔，近后上方有一较大的孔，香膏由这些孔排出。但要注意在小灵猫肛门两侧各有一个臭腺，受到刺激时常有臭液排出，取香时应避免这种液体污染香膏。初分泌的香膏为油质黄白色，不久氧化而色泽变深，最后变为褐色。刚分泌的香膏带有腥臊气味，储藏日久，腥臊味逐渐淡化消失。小灵猫的泌香量与体型大小、香囊大小、外界环境温度、年龄、营养状况及取香间隔时间有直接的关系。一般2～7岁灵猫自身新陈代谢旺盛，泌香量高，公灵猫的泌香量略高于母灵猫。饲料中蛋白质含量高、品质好，灵猫香产量高。寒冷的冬季产量高，而盛夏锐减。取香时间每半月1次，效果较好，每次取香量平均1g，每只年产量可达30g以上。

2. 取香

取香前先准备取香笼，就是保定用的笼。一般长80cm，宽20cm，高25cm，两头有活板，三面为木板，右侧一面为结实金属棒4根。因为取香方法不同，所取的香又分为囊香、刮香和泌香3种。

（1）囊香。取香时先将小灵猫放入取香笼保定。拉出尾部，紧握后肢，暴露香腺，用食指和拇指轻轻挤压，使香囊口外翻，油质状香膏即可自然流出。再以一光滑的小勺轻轻插入香囊内，刮出浓厚的香液，盛放在不透气的深色玻璃瓶中，并立即用蜡封口保存，此种方法称“挤香”。挤香是一种强制性取香法，小灵猫易受惊，操作极易损伤腺组织，特别是热天，伤口容易感染发炎，影响灵猫香的产量和质量。挤香后应在贮香囊上涂些甘油，若有充血应涂抗生素或磺胺油膏防止发炎。取香动作要轻、快，最好在2～3min内完成。

（2）刮香。若小灵猫死亡，可从香囊中直接刮取香膏，称“刮香”。

（3）泌香。灵猫有在笼舍四壁擦香的习惯，尤其是夜间，此种香与香囊香气味相似。可用刀或薄竹片从笼舍四壁上刮下后，平抹至瓶中，每5天刮取1次，每次可得0.3g左右。

三、大灵猫

（一）生物学特性

1. 形态特征

大灵猫体形细长，比家猫大得多，大小与狗相似，成年体重6～10kg，体长60～80cm。头略尖，耳小，额部较宽阔，吻部稍突，前足第三、第四趾有皮瓣构成的爪。体毛为棕灰色，带有黑褐色斑纹，口唇灰白色，额、眼周围有灰白色小麻斑。背中央至尾基有一条黑色的由粗硬鬃毛组成的纵纹，颈侧和喉部有3条显著的波状黑颈纹，其间夹有白色宽纹，腹毛浅灰色。四肢较短，黑褐色，尾长超过体长的一半，尾有5～6条黑白相间的色环，末端黑色。雌、雄大灵猫的肛门与外生殖器间均有高度发达的囊状香腺，腺口有一片状薄瓣，可启闭，开启雄性香囊似梨形，雌性香囊似方形。

2. 生活习性

大灵猫生性孤独，喜夜行，生活于热带、亚热带林缘灌木丛。常以灌木丛、草丛、土穴、石洞等处为窝穴。在活动区内有固定的排便处，可根据排泄物推断其活动强度。遇敌时可释放极臭的物质，用于防身，胎产仔2～4只。大灵猫食性较杂，既包括鼠类、小鸟、蛇、蛙、鱼、蟹、鸟卵、昆虫、蚯蚓和野禽等动物性食物，也包括茄科植物的茎叶、多种无花果的种子以及山楂果、酸浆果等，但大灵猫对植物的消化能力差。大灵猫主要分布于秦岭、长江以南的云南、贵州、四川、陕西各省。

（二）人工养殖技术

1. 养殖场建设

饲养笼可采用网板笼结构，长、宽、高为90cm×45cm×43cm，笼架用5cm×5cm的角铁，四周网板最好用厚0.5cm、宽2cm的扁铁焊成竖百叶窗样式，也可用点焊或铁丝编成。交叉行距2cm，网板中央由钢筋穿过固定在左右两边的角铁柱上，网板即可翻转180°。笼顶和笼底可用14号铁丝编制。笼舍离地面60cm左右，最好用砖砌4个底柱，铁笼安放其上，笼舍地面应保证一定坡度，修筑好排粪沟。

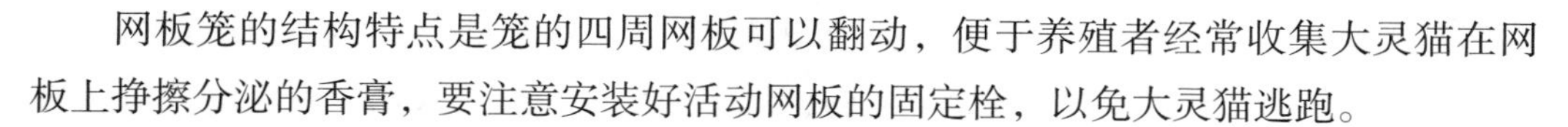

网板笼的结构特点是笼的四周网板可以翻动，便于养殖者经常收集大灵猫在网板上挣擦分泌的香膏，要注意安装好活动网板的固定栓，以免大灵猫逃跑。

2. 繁殖特性

野生状态的大灵猫生后13～15月龄时，就可达到性成熟。人工养殖条件下大灵猫一般在2岁，雄性体重达到6kg以上，雌性约5kg才具有繁殖能力。发情期多集中每年的1—3月，妊娠期为70～74d，每年的4—5月为产仔高峰期。

（三）饲养管理

由于大灵猫与小灵猫的生活习性非常相似，因此饲养管理可参照小灵猫的饲养管理进行，只是大灵猫日粮中动物性饲料比例要比小灵猫略高。

（四）大灵猫香的采集

1. 香腺和产香习性

大灵猫的香腺为全浆性分泌，细胞成熟破裂即可形成香膏，幼体、成体、雄性、雌性均可分泌，香膏不断产生，没有一定的间隔，而且有活动即有分泌，在野生情况下自行擦在树干或凸出的石头上；在人工饲养下，擦在笼舍壁上，但泌香次数比小灵猫少，而且多在夜间，香膏排出导管后，并不立即擦香，而暂留在唇形香囊内，形成一个小团，不像小灵猫有活动即有分泌并擦在笼舍上。雄性香膏产量比雌性多3倍左右，若每周取香1次，每只成年雄性每次可取香0.7～1.5g，年产50g左右；雌性每次仅可取香0.3～0.5g，每年产20g左右。大灵猫出生后虽然可以泌香但数量很少，随着月龄的增加囊香量逐渐增加，幼体泌香量仅为成年的一半，2岁左右基本能达到成年的泌香水平。每年的3—9月为泌香的旺季，囊香量较多；处于发情交配和妊娠期的香量比非繁殖期有明显增加。泌香量与饲料品质有很大关系，当动物性饲料过少或完全缺乏时，泌香量明显降低；然而完全喂给肉食，大灵猫泌香量并不显著增高，增加了饲料成本，大灵猫还易患消化道疾病。

2. 取香方法

取香方法有两种，从活动场上收割下来的香膏称为擦香，从灵猫的香腺中直接刮取出来的香膏称为囊香，取香方法与小灵猫的基本一样。

四、灵猫常见疾病的防治

（一）胃肠炎

饲喂变质、污染的饲料或饲喂过饱都会引起胃肠炎。表现为食欲下降或拒食，精神沉郁，有时弓腰时出现呕吐，排出异常的稀便或胶胨状粪便。

防治方法：庆大霉素肌内注射或喂服，每次8万～16万单位，2次/d；严重的先以温水灌肠，再用鞣酸蛋白和合霉素各0.5g，溶于葡萄糖生理盐水10ml中灌肠。拒食的可用5%～10%葡萄糖注射液20ml分点皮下注射。

（二）香囊炎

取香时局部消毒不彻底，动作粗暴，用力过大，导致香囊皮肤受伤，感染细菌所致。表现为贮香囊皮肤表面充血发炎，严重者呈紫色，甚至糜烂化脓，泌香减少或不泌香。

防治方法：停止取香，局部涂擦磺胺或青霉素软膏，待炎症消除后再取香。预防主要是无菌操作，动作轻柔，每次取香后，涂擦消炎膏。

（三）脚垫出血

多因梅雨季节，气温高，湿度大，卧室内发霉，使灵猫感到不适，频频活动，引起脚垫出血、糜烂或者脚垫受伤感染霉菌所致。表现为精神不振，跛行，脚底出血，溃烂。

防治方法：每日喂服氯丙嗪10～20mg，以减少活动；在活动场铺上垫草，减少摩擦，溃烂处涂消炎膏。预防主要是保持笼舍干燥，减少惊动。

第六节　水　獭

水獭（*Lutra lutra*）又名獭、獭猫，分布在北非和欧亚大陆及其邻近的岛屿，我国各地都有栖息，以长江下游的江苏、浙江等多水域地区为主要栖息地，以西藏和东北大、小兴安岭地区所产的水獭个体大而且皮毛质量好。水獭共有10多个品种，我国有5个品种。水獭为世界珍贵的毛皮动物，是国家二级重点保护动物。

一、水獭的药用与经济价值

（一）药用价值

水獭的主要药用部位为其肝，药材名为獭肝。其足、肉、骨、皮毛、胆亦供药用，药材名分别为獭四足、獭肉、獭骨、獭皮毛、獭胆。

1. 獭肝

性平、味甘咸。具有养阴、除热、宁嗽、止血等功能。主治虚劳、骨蒸潮热、盗汗、咳嗽、气喘、咯血、夜盲、痔疮下血等疾病。

2. 獭四足

可用于手足皮皲裂和食鱼骨鲠的治疗。

3. 獭肉

主治虚劳骨蒸、水肿胀满、二便秘涩、妇女经闭等疾病。

4. 獭骨

主治呕吐不止和食鱼骨鲠。

5. 獭皮毛

治疗水阴病。

6. 獭胆

可用于眼翳黑花、视物不明、结核瘰疬等疾病的治疗。

（二）经济价值

水獭皮针毛油亮，弹性极好，外观华丽，手感轻柔，皮板坚韧，底绒丰厚，几乎不为水浸湿，保温性能极强，是制作名贵大衣、领子、帽子的上等原料，具有较高的经济价值。

二、水獭的生物学特性

（一）形态特征

身躯略为细长，偏圆筒状，体长60～80cm，尾长35～50cm，尾较粗而有力，略呈扁形，尾尖细，体重4～9kg，公兽稍大于母兽。另外有一种加拿大的水獭体型很大，公水獭体重可达18kg，母水獭体重可达10kg。水獭头形宽而较扁，吻部短，鼻垫上缘分成三叶，呈“W”形；嘴角的口须粗硬而长，眼睛很小；耳壳也小而短圆。四肢短，前肢腕垫后面生有数根刚毛，即为触毛；趾间有蹼，爪短而尖利。鼻孔和耳道生有小圆瓣，潜水时能关闭，防水入浸；全身毛短而致密，油亮光泽，淋水不湿；毛色呈深棕色；喉、颈、胸部的被毛浅淡色，略带灰色，上唇白色，腹部被毛浅栗棕色，略有乳黄色。也有人发现有野生的白色水獭，全身被毛白色，可能是白化突变形成的个体。

（二）生活习性

1. 栖息地

水獭属半水栖、水陆生活的动物，多栖息在河流、湖泊和山涧溪水，在有林间溪流中的深潭而流水缓慢、水质透明、水生植物稀少和鱼类多的水域中较多见。常在水边陆地上行走，由于四肢较短，陆地上不能快走，故见人就迅速下水潜逃。但在人工笼养下，能沿铁丝网爬高而逃跑。

水獭为穴居性动物，除产仔哺乳期外，一般没有固定的洞穴。多在堤岸的岩缝中或树根下挖洞或利用狐、獾、野兔的旧巢。水獭的洞穴一般有两个洞口，出入洞口直径约50cm，多在水面之下。通气洞露出地面，洞道深浅不一，深者甚至达20～30m。栖息的主洞宽阔，常铺有少许干草树枝。若雨后河水淹没洞穴，则迁至地面浓密的灌木丛中。一般单居，或公、母配对同居，在仔獭未分离前，一个家族最多5～6只。根据水獭的栖息地特点，可以较容易地捕获野生水獭。

2. 活动规律

水獭属昼伏夜出性动物，尤其在有月光的夜晚活动频繁。水獭善于游泳、潜水，主要靠后肢划水，尾巴摆动配合前进。在潜入水中时鼻孔和耳内瓣膜均可关闭，以防呛水。寒冬季节河流冰冻时，既能在冰下追捕鱼群为食，又能上岸捕捉鼠类充饥。水獭不定居，往往随鱼群而迁移。每天可行走12～20km。在鱼群较多的地区，停留时间较长，但无侵占领地的行为。水獭性格非常勇猛而机灵，嗅觉、听觉、视觉都十分发达。

3. 食性

水獭在野生状态下，以鱼类为食，也捕食蛇、青蛙、水禽、鼠类、螃蟹及其他甲壳类动物。捕食时多在岸边或水中岩石上静等观察，一旦发现食物，立即追捕。人工饲养通过食性驯化也给予部分其他动物性饲料和苜蓿、蔬菜及麦苗等植物性饲料。水獭在野生或人工饲养条件下均有储存食物习性和定点排便的特点。

三、水獭的人工养殖技术

（一）养殖场建造

养殖场由运动场、水池、饲养室和窝箱组成。运动场面积10～50m^2，高2～3m，水泥地面，四周和顶棚用铁丝网封闭。场内可设面积2～10m^2，水深0.4～0.7m的水池。池内建造一些假山和洞穴，放置树墩供水獭隐蔽和栖身。运动场和饲养室相连，室面积为4～8m^2，室内备有1m×0.6m×0.8m规格的木制窝（产）箱，出入孔设在靠近运动场的一侧，箱顶留一观察孔，箱内垫上干草。养殖场必须牢固，无漏洞，铁丝网一定要扎紧，以防逃跑。

（二）引种

种獭可从其他养殖场引入。驯养水獭应该在光线较暗、通风良好、安静的环境下进行，并给其充足的饮水与食物。由于刚引进的水獭对环境不熟悉，往往会出现

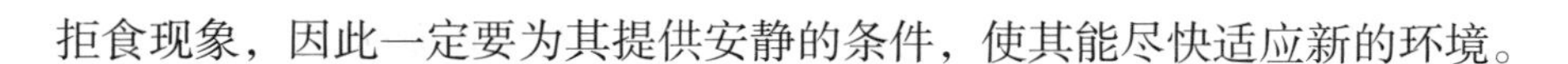

拒食现象，因此一定要为其提供安静的条件，使其能尽快适应新的环境。

（三）繁殖技术

野生水獭3岁以上性成熟，但在人工饲养条件下，多半在1周岁以上就可以繁殖。全年均可繁殖，春、秋季为繁殖旺季，北方水獭每年春季2—4月发情，云南水獭每年可发情2次，春季在3—5月，秋季在9月至11月上旬，发情持续时间13～25d。

发情母獭阴门红肿，食欲减少；发情公獭睾丸肿大，追逐母獭。公、母獭神态不安，互咬被毛，在水中一起游戏、翻滚，并发出“吱吱”的断续、刺耳的尖叫声。交配多在水中进行，但当气温很低时也在陆地上交配，交配时间多在夜间或清晨。交配时公獭先咬住母獭的头部皮毛，在水里翻来覆去地翻滚，每次交配时间5～10min，最长不超过30min。

母獭受孕后不再发情。妊娠期变动范围较大，一般为54～58d，最短52d，最长71d。妊娠1个月后，食量增加，运动量减少，腹部稍膨大。产前卧于小室内不出，并叼草做巢，性情变得凶猛。在母獭妊娠后期，应为其设置产箱，并在箱内放进柔软的干草，以供做巢用。

水獭分娩时间因地区而异。我国北方地区多于春、夏季产仔，并且每年只产1胎。每胎产仔1～5只，以2仔多见。初生仔獭重54g左右，体长14.5cm，7d后体色变为烟灰色，15日龄开始脱去胎毛。1个月龄时体重可达80g左右，50日龄可断乳。断乳后幼獭可缓慢爬行，2个月龄左右时幼獭便可自己游泳和捕鱼，3个月后可完全独立生活。

四、水獭的饲养管理

（一）饲料准备

以新鲜的淡水杂鱼为主，水獭喜食活的淡水鱼如鲫鱼、鲤鱼、鲢鱼、鲶鱼等。亦可喂少量的谷物、蔬菜、肉、动物内脏等，或以碎肉、鱼粉等代替鲜鱼。

（二）驯养

目前种水獭主要来自人工饲养的野生水獭。水獭容易驯养，尤其是幼龄水獭在光线较暗、通风良好而且安静并有充足的饮水、浴水下可生长良好，适应了新环境后可移到笼舍饲养。

（三）幼獭养护

水獭出生后主要由母獭哺乳饲喂，偶尔需要人工哺乳。一般经过2～3d驯喂，水獭就能慢慢适应。乳汁开始以1：1稀释，10d后可改喂普通牛奶，温度保持37℃左右，开始每天喂6次，1个月后减少到每天2次，逐渐喂鱼。

断乳后的幼獭应搬到另一池塘里，每池可养8～9只。饲料以鲜鱼为主（80%），配以新鲜猪肉和动物内脏、谷物和蔬菜等。每只水獭日喂量为0.8～1.2kg，分4次投喂。

幼龄期参考饲料配方：杂鱼45.0%、牛肝3.5%、禽下杂25.0%、熟玉米面20.0%、麦芽1.5%、青菜3.0%、酵母粉1.0%、骨粉1.0%。

育成期参考饲料配方：杂鱼36.0%、牛肝3.5%、禽下杂30.0%、熟玉米面25.0%、麦芽1.0%、青菜3.0%、酵母粉1.0%、骨粉0.5%。

（四）成獭饲养管理

每只水獭日喂量按1.0～1.3kg计算，分上、下午2次投喂。严冬季节饲喂量可增加到最高限量的125%，分3次喂。饲料要多样化，也可养蛙、泥鳅等饲喂。因为淡水鱼含有硫胺素酶，能破坏饲料中维生素B_1，许多鱼缺乏维生素A，所以饲料中需要补充维生素，尤其维生素B_1和维生素A，还要注意供给充足清洁的池水。

（五）孕獭饲养管理

繁殖期饲料配方可参考幼龄期配方。

五、水獭常见疾病的防治

（一）犬瘟热病

该病由犬瘟热病毒引起。主要表现为急性发作，精神沉郁，体温升高，呈双相热，眼、鼻有脓性分泌物，有的出现肠炎和血便，后期出现神经症状。

防治方法：先隔离病獭，肌内注射犬瘟热高免血清，0.2～0.5ml/kg体重，每天1次，连用2次。同时肌内注射青霉素、链霉素各10万单位，防止继发感染。由于本病治疗效果差，应重点放在预防上，可用犬瘟热疫苗1头份皮下或肌内注射，第一年连续接种3次，以后每年接种2次，间隔2～3周。

（二）胃肠炎

该病主要因饲喂变质饲料或冰冻鱼肉引起。主要表现为精神不振，食欲减退，严重时食欲废绝，拉稀，粪便灰色、混有黏膜和血液。

防治方法：氯霉素每日0.25g，分2～3次内服或肌内注射。吡哌酸每日0.25g，分2次塞入鱼腹中投喂。同时改喂新鲜饲料，减少饲喂量，待病愈后逐步恢复至正常定量。

（三）肺炎

该病主要因气候骤变，剧烈运动，受凉呛水或误咽等引起。患有其他传染病

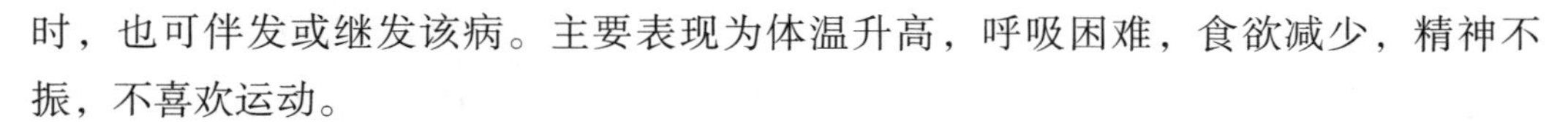

时，也可伴发或继发该病。主要表现为体温升高，呼吸困难，食欲减少，精神不振，不喜欢运动。

防治方法：肌内注射链霉素20万单位或硫酸卡那霉素15万～20万单位，2次/d。肌内注射复方新诺明注射液，每次0.7ml，2次/d。

（四）维生素B_1缺乏症

该病主要因日粮中长期缺乏维生素B_1或补充不足引起。主要表现为食欲降低，厌食或废食，身体虚弱、消瘦，步态不稳，有时抽搐或痉挛。

防治方法：每天用维生素B_1 10mg加入饲料中喂服，连喂10～15d。重症可肌内注射维生素B_1注射液10ml和庆大霉素注射液8万单位，1次/d，连用1周。

六、相关药材的采集与加工

（一）獭肝采集

水獭的主要药用部位为其肝，一般在每年11—12月选择成年的水獭，捕杀取皮时采集。即捕杀水獭，剖腹后取其完整的肝脏和胆囊。

（二）加工

将新鲜肝、胆去净油脂，洗净之后干燥保存。有两种干燥方法：一是放在干燥器中用石灰吸收水分使其干燥；二是在秋、冬季节挂置于通风处晾干。然后将加工干燥后的肝、胆保存在干燥处，注意防止潮湿发霉。

獭肉：鲜用或炙干入散剂。

獭骨：去净肉、脂，置于通风处晾干。

獭皮毛：鲜用。

獭四足：鲜用或晾干后研末。

第七节　麝　鼠

麝鼠（*Ondatra zibethicus*）在动物分类上属啮齿目、仓鼠科、田鼠亚科、麝鼠属。别名水耗子、水老鼠、青根貂、麝香鼠。麝鼠原产于北美洲，从阿拉斯加、加拿大直到墨西哥湾，凡有沼泽和溪流的地方均有分布。由于其经济价值高，从20世纪初开始，欧洲国家相继从北美引种进行散养。目前麝鼠的分布很广，我国主要从前苏联扩散而来，分布在黑龙江、新疆维吾尔自治区、内蒙古自治区等地。近年来因自然生态环境的破坏及一些主产区的乱捕滥杀，致使这一资源骤减，现几乎到了面临绝种的地步。因此通过大力发展人工饲养麝鼠，对保护麝鼠资源具有重要的生态意义。

一、麝鼠的药用与经济价值

麝鼠是一种小型珍贵毛皮兽。雄性麝鼠在4—9月繁殖期间从香腺分泌出麝鼠香，具有浓烈的芳香味。

（一）药用价值

麝鼠香既可以代替麝香作为名贵中药材，又是制作高级香水的原料。麝鼠香中含有麝香酮、十七环烷酮等成分，除具有与天然麝香相同的作用外，还能延长血液凝固的时间，可预防血栓性疾病。

（二）经济价值

麝鼠油脂可用来制皂、制革和餐具的涂料、燃料和油漆工业的附加剂等。麝鼠还是一种经济价值很高的毛皮动物，毛皮质量可与水貂皮相媲美，毛皮丰密柔软，有特殊的防水功能，防寒保暖性能好，是制裘的上等原料。麝鼠已被国家列为重点发展的毛皮动物，国际市场的贸易量在千万张以上，而我国年收购量仅几十万张，因此麝鼠毛皮打入国际市场的前景看好。

麝鼠属于草食动物，适应能力极强，繁殖快，可栖息于不同的自然地带和各种不同的环境中。易饲养，成本低，管理方便，经济效益高。

二、麝鼠的生物学特性

（一）形态特征

麝鼠外形像老鼠，比田鼠体型大，为田鼠亚科中体型最大的一种。公鼠比母鼠大，外形无明显的区别。身长35～40cm，尾长23～25cm，成年体重一般为1 000～1 500g。麝鼠头较扁平，嘴钝圆，有胡须，臼齿呈封闭的三角形。眼小，耳短隐于毛中。体形椭圆而肥胖，后肢较长，趾间有半蹼，尾约为身长的2／3，远端侧扁，其上有小而圆的鳞片和稀疏的黑褐短毛。麝鼠周身绒毛致密，被毛由棕黄色到棕褐色，背部中央黑褐色毛较多。

（二）生活习性

麝鼠常栖居在低洼地带、沼泽地、湖泊、河流、池塘两岸，这些地方水草茂盛，环境清静。麝鼠喜欢在水边穴居，它们的洞穴主要分布在岸边，在浅水的芦苇和香蒲的草丛中，也有的在水上漂浮的物体上筑巢。洞穴有许多盲道分支，其中有几个贮存食物的粮仓，并有几个通道直通有水的地方。

麝鼠爱活动，但由于身体肥胖，四肢短小，身体伏地，在陆地上行动相当笨拙。因此其活动范围也相对固定，区域性很强，而且活动的时间、次数、路线也有一定的规律性。麝鼠善于游泳，在水中活动自如，头露出水面，用后肢划水，尾如船舵左右摇摆着前进，泳速为每分钟30多米，潜水能力也很强。夏季多在浅水区，秋、冬季在深水区。麝鼠多在白天睡觉，于清晨和傍晚前后活动，春、秋两季活动频繁，而冬季多在白天出来活动。

麝鼠好斗，行动比较隐蔽，而且多以血缘关系结群而居，不同家族的鼠群很难以友好相处。麝鼠的视觉和嗅觉相当迟钝，但听觉却很灵敏。生活习性属半水栖生活。野生麝鼠的寿命不长，很少能活到3岁以上，人工饲养时，寿命为4～5年，最长可达10年，适宜繁殖时间只有2～3年。其天敌很多，包括猛禽、黄鼬、狗獾、野猫、狐狸、野狗和貉等。麝鼠防御天敌的能力很低，以逃避为主。

（三）食性

麝鼠为草食动物，所食植物范围比较广，包括树枝、嫩叶、野草、野菜、水生植物、瓜果蔬菜以及植物根茎等。当冬季食物缺乏时，也捕食小鱼虾、田螺、青蛙等小动物。在多数情况下，把食物搬运到一个比较固定的场所进食。麝鼠还有贮存食物的习性，将一些食物拖回窝内贮存，供越冬期及哺乳期食物缺乏时食用。

（四）地理分布

麝鼠原产于北美洲森林沼泽地区，20世纪初欧洲国家相继从北美引种进行散放饲养。因其适应力极强，繁殖率高，扩散快，目前麝鼠已栖居于不同的自然地带，分布较广。我国分布的麝鼠有两种来源：一是由前苏联自然扩散到黑龙江省、内蒙古自治区及新疆维吾尔自治区等地；二是1957年和1958年从前苏联引种后人工散放的。

三、麝鼠的人工养殖技术

（一）繁殖技术

1. 性成熟与发情规律

幼鼠一般在4～6月龄达到性成熟，但因受季节、营养等因素的影响，个体间性成熟年龄差异较大。麝鼠是季节性多次发情繁殖的多胎次动物，一般年产2～4胎，每胎6～9只，适宜的繁殖期在4—9月。

2. 发情表现

公、母鼠在发情表现上有些差异。公鼠发情盛期在3—10月，表现为焦躁不安，异常兴奋，睾丸膨大，明显下坠，龟头有时露出。进入繁殖期，香腺开始分泌黄色油性黏液即麝鼠香，散发出浓烈香味。其功能主要是通过香味传递兴奋信息，引诱母鼠发情，母鼠发情高潮期时，公鼠的泌香量也最大。进入11月公鼠香腺停止分泌，睾丸也缩回腹腔内。母鼠的发情表现一般在4月上中旬才开始，母鼠发情周期一般为15～22d。发情期可持续2～3d，表现为鸣叫、不安、兴奋、尿频，食欲明显减退，外阴部充血膨大，阴门口张开呈紫红色并有大量黏液流出。发情的母鼠喜欢在水中追逐公鼠，交配多在清晨或傍晚水中进行。母鼠交配后第2d清晨，其阴道内可检查出公鼠精囊腺分泌物所形成的白色阴道栓，此后母鼠不再接受交配。

野生麝鼠保持“一夫一妻”制，交配后同居一室。母鼠分娩后，公鼠仍和母鼠生活在一起，哺乳期间母鼠为幼仔哺乳，而公鼠外出觅食，共同养育幼鼠。初生仔鼠体重差别很大，一般重10～22g，全身无毛，双眼紧闭，1周后长毛，15d左右睁开双眼，18～20d开始采食，并能下水游泳，20～25d断奶与母鼠分开而独立生活，30d体重可达240g左右。

3. 麝鼠公、母鉴别方法

麝鼠由于第二性征不明显，与其他多数啮齿类动物一样，除繁殖期母鼠阴道口张开外，一般都封闭，因此在外形上不易区分性别。常用的鉴别方法有如下几种。

（1）不论成鼠还是幼鼠，一般公鼠肛门到阴茎口之间的距离比母鼠肛门到尿道凸起之间的距离长1/3左右。

（2）公鼠会阴部被毛致密，可完全覆盖皮肤；而母鼠会阴部被毛稀疏，尤其靠近尿道凸起后方，有明显的秃毛区，这个特征成年母鼠更为明显，而幼鼠2月龄后才能见到。

（3）将鼠保定后，用拇指和食指按压尿生殖孔的两侧，使其外翻，露出紫红色圆形龟头即为公鼠；而母鼠则为粉红色空洞，此方法可用于1月龄后的幼鼠的鉴别。

（4）公鼠多向头部方向排尿，而母鼠则多向后臀部方向排尿。公鼠排尿后，尿道口滞留有浓厚气味的乳白色分泌物，母鼠却没有此特征。另外还可通过行为特性观察及繁殖季节触摸公鼠的睾丸和香腺等进行综合鉴别。

4. 配种方法

野生麝鼠是“一夫一妻”制，家养麝鼠可进行人工选配。留作种鼠的血统要远，繁殖力强，年轻体壮，体型大。母鼠乳头多而均匀，母性强。配种方法有一公一母配种法、一公多母配种法及多公多母群养配种法等。

（1）一公一母配种法。可根据公、母鼠的同居时间分为一公一母长期同居法和公、母临时搭配配种法。①一公一母长期同居法为传统的配种方式，即在繁殖季节将选好的一公一母麝鼠放入同一舍内饲养，让其自由交配。配对时让它们有一个互相熟悉的过程。可将选好的母鼠放入笼中，连笼带鼠一起放入公鼠笼内，让它们看得见，嗅得到，但咬不到。过3～5d无敌对表现时，再将母鼠放出到公鼠笼内，连续观察1～2d，能和睦相处即可。②一公一母临时搭配配种法则是将做过发情鉴定的母鼠在发情旺期到来之前及时与选好的公鼠放在同一舍内配种，配种结束后，将公鼠放回原舍备用，该配种方式可提高母鼠受孕率和种公鼠的利用率。

（2）一公多母配种法。在繁殖季节里，将挑选好的1只种公鼠和数只母鼠同舍饲养，任其自由交配，公、母比例以1：4为宜。

（3）群公群母群养配种法。以1：1或1：2的公、母比例进行群养，让其自由配对。这种方式的优点是饲养密度大，受配率高，劳动强度小，但系谱不清，产出的后代不宜留种。

5. 妊娠与产仔

母鼠的妊娠期为24～28d。妊娠前期无明显的形体变化，到妊娠后期尤其在产前1周左右，母鼠采食量增加，体态变得肥胖，腰围增大，后躯粗圆，活动减少，行动迟缓，喜静卧于窝室内休息，很少外出活动。临产前1～2d，母鼠开始叼草做窝，公鼠也前来相助，并用草堵住出口，还将走廊通向运动场的出、入口堵住。母鼠多数每胎产仔5～8只，也有产10多只的。母鼠分娩后5～7d不出窝，由公鼠向窝内送食物，并负责守门。产后母鼠大部分时间用来护理仔鼠，舔仔鼠肛门，有时用前爪托着仔鼠并用下颌快速地在仔鼠腹部按摩，产后10多天公鼠也参与护理幼仔。

（二）养殖场建造

1. 场地选择

饲养场应建在僻静、背风、地势高易排水，水源充足，常年流水没有任何污染又远离居民生活区、公共设施、畜禽饲养场、公路和铁路，但交通便利，饲料来源充足，天敌较少的场所。

2. 笼舍设计

在人工饲养条件下，麝鼠的饲养方式可分为散养、圈养及笼养。根据饲养方式的不同，可建造不同的笼舍。

（1）散养方式。一般散养的场所多选择在自然沼泽地带、人工湖、天然湖等水域之中。水深应在1m以上，常年不干枯并且水位变化不大。岸边土质应松软并有发达的植物根系，周边环境无污染，水中、陆地植物丰富，以保证为麝鼠提供充足的食物来源。还要远离人类的活动区域和天敌的伤害，为麝鼠提供安静舒适的生态环境。散放饲养的种鼠最好是青年鼠或成年鼠，散放的时间应选择在晴天的黄昏时分。散放时每隔一定距离放一鼠笼，笼内为选好的一公一母或一公两母的麝鼠。麝鼠放出后仍将鼠笼放在散发地附近，笼内应放置一些青草或饲料，直到麝鼠不再回笼采食和休息。为使麝鼠能安全越冬，在散放地还应人为设置一些土墩、漂浮的筏子等以供麝鼠筑巢。放养地周围应用铁丝网或围墙围起，以防麝鼠逃走。还要认真观察，随时掌握麝鼠的生活情况，及时采取相应的措施，使麝鼠能正常活动和繁殖。

（2）棚舍。用来遮挡雨雪、防止烈日暴晒的简单建筑，顶盖可以是人字形的，也可以根据地势建成一面坡式的。棚舍的上盖可用石棉瓦、油毡或茅草等能防雨物质遮盖。规格大小根据实际情况而定，但应便于饲养员操作和通风。

（3）圈舍。由窝室、运动场和小水池组成，窝室分为内、外两室，窝室多用砖垒成。内室面积45cm×50cm，上盖留有观察孔；外室35cm×50cm，内、外室之间及外室与运动场有直径为15cm的过道相通。运动场可用砖或水泥建成，面积为1.2m^{2}左右，在运动场的一侧建一水池，但必须用水泥砌成，规格为45cm×45cm，池深20~30cm，过深不利于公鼠的配种。水池的进水孔要高于排水孔，形成一定的坡度，以便于脏水的排出。窝室的顶盖和围墙及地面之间不能留有空隙，砖之间要用水泥勾缝。运动场和水池外周用砖砌成1m高的围墙或用铁丝网围住，在其上罩以铁丝网，以防麝鼠逃跑及敌害进入。在网上留一个活动门，以便投喂饲料或清扫。

（4）笼舍。包括鼠舍和鼠笼，鼠舍是放置鼠笼的场所。鼠笼即可多行排列，也可排列成上下两层。鼠笼由窝箱、网笼及水池3部分组成。网笼的规格一般为100cm×50cm×35cm，中间用砖或铁丝网隔开，前半部做运动场，后半部做窝室。网笼用钢筋等制成，四框以铁丝网围住，窝室也可用砖砌或水泥建成。运动场下建有水池，下水口设在运动场与窝门连接处，并搭一个梯子通往水池。为投食、打扫卫生和便于管理可在窝室和网笼间设置投食架。

四、麝鼠的饲养管理

（一）饲料及营养成分

麝鼠的饲料可分为植物性饲料、谷物性饲料、动物性饲料及添加剂四大类。

1. 植物性饲料

植物性饲料是麝鼠的主要饲料，包括水生植物，如芦苇、水草、水冬青、水浮莲、金鱼藻等；陆地植物，如车前草、蒲公英、稗草、野菜、作物的嫩芽、茎叶以及榆树、柳树等的幼芽、嫩叶；根茎、蔬菜类饲料，如甘蓝、萝卜、胡萝卜、马铃薯、甜菜等。该类饲料营养成分比较丰富，含有粗蛋白、粗脂肪、粗纤维、维生素、矿物质及微量元素等。

2. 谷物性饲料

谷物性饲料有玉米、小麦、大豆、豆饼、豆粕、米糠、麦麸等。玉米、小麦主要成分是淀粉，但缺乏赖氨酸、蛋氨酸和色氨酸；大豆是优质的蛋白质和能量饲料，富含赖氨酸但钙少磷多；大豆饼与豆粕中赖氨酸、精氨酸、苏氨酸、色氨酸、异亮氨酸等必需氨基酸的含量高，而蛋氨酸含量低，可与玉米配合使用；米糠、麦麸各种养分的含量都较高，特别是B族维生素含量丰富，矿物质元素磷的含量达1%以上。

3. 动物性饲料

动物性饲料包括淡水鱼类、虾、田螺、鱼粉及牛奶、蛋类等。动物性饲料中蛋白质含量高，必需氨基酸较全面尤其是蛋氨酸，维生素和钙、磷含量丰富。

4. 添加剂

添加剂有维生素类、矿物质和抗生素类等。

（二）饲养管理

1. 常规饲养管理

麝鼠为草食动物，喜食水生植物和近水植物；其门齿发达，啃咬咀嚼能力很强。麝鼠在人工饲养条件下，最好能满足其生理特性，将配合饲料制成颗粒饲料饲喂或在笼内放入硬木磨牙棒供其啃咬磨牙。麝鼠的饲料有粗饲料（植物性）与精饲料（谷物性、动物性）之分，应以粗饲料为主，精饲料为辅，粗饲料应占日粮的80%～90%。成年麝鼠粗饲料日喂量在265～550g，精饲料为30～60g。精饲料调配好后可蒸成窝头饲喂，或直接饲喂粮食颗粒。喂食应定时定量，每天早、晚各喂1次。繁殖期日喂量应提高，越冬期可减少，冬季也可一次投喂多日的饲料。

麝鼠的窝室要每天打扫，垫草要定期更换，水池要经常冲洗和换水，保持水质清洁。夏季要防暑，圈舍要用草席或树枝遮阴，多喂青绿多汁饲料，池水要充足；冬季要防寒，窝室上覆盖茅草或草帘，增加垫草供给量，并适当增加精料喂量。

2. 静止期的饲养管理

静止期是指每年10月底至次年1月，此期麝鼠的性器官萎缩，处于静止状态。此时正值冬季，身体的热量消耗较大，所以在饲养上应增加能量饲料如玉米等谷物饲料的供给。管理上要搞好越冬前的圈舍检查和维修，窝室的四壁要结实无缝隙、不透风，上面用草或草帘覆盖严实，窝内多铺干草。在北方地区结冰前应将池水放干净，并用草或锯末等铺在水池中防冻，以免水池冻裂。

3. 配种前期的饲养管理

1—3月属于配种前期，饲养管理的重点是促进麝鼠生殖器官的发育。因此饲料要尽量多样化，日粮中增加维生素A、维生素E的供给或每日加喂4g麦芽和胡萝卜50～100g。管理上应及时将母仔断奶、分窝和公、母鼠配对，及时淘汰老、弱、病残。因麝鼠的运动多在水中，在气温允许的情况下尽早供水，增加麝鼠运动量，但应防止池水结冰。

4. 配种期的饲养管理

时间为每年的4—9月，此期种鼠的食欲下降，体力消耗较大；为了保证精液品质，饲养上应提高饲料的营养水平和日粮的适口性，增加精料、优质干草、动物性饲料和维生素A、维生素E。配种期要保持安静及谢绝参观。夏季池水每天换2次，春、秋季节每日换1次。夏季圈舍内加设遮阴措施，以防中暑。

5. 妊娠期的饲养管理

母鼠交配后即进入妊娠期。此期饲料应新鲜多样，以保证饲料品质。精料中增加鱼粉、黄豆粉的比例，并添加适量骨粉，青草应任其自由采食。妊娠期应保持环境安静，不要随意捕捉母鼠，以防止流产，并提供柔软干草让母鼠做窝。

6. 产仔哺乳期的饲养管理

母鼠分娩后要喂给一定量的米汤或糖水，以促进乳汁分泌。产仔后1d内最好不要开窝检查，在10～18d检查时也要在母鼠外出时进行；否则会引起母鼠受惊咬死仔鼠。此期除了保证饲料的品质外，还应增加精料的饲喂量，青草供应充足，任其采食。仔鼠在16日龄左右开始随母鼠外出活动，18日龄左右仔鼠已能采食，应对仔鼠及时进行补饲。为防止仔鼠游泳后爬不出水池而被淹死，应将池水灌满，保持水面的高度。

7. 幼鼠的饲养管理

仔鼠30日龄后即为幼鼠，应先强后弱分批断奶。断奶后根据实际情况进行一公一母同居饲养或群养。在饲养上应尽量喂给易消化的幼嫩青草，精料仍按哺乳期水平供给。管理上要加强卫生防疫，池水要每天更换，运动场及水池应定期消毒。此期还应加强人与幼鼠的接触，以利于幼鼠的驯化和管理。

8. 取皮鼠的饲养管理

对于不预备留作种鼠的麝鼠，应尽快淘汰，将它们转入取皮鼠进行饲养管理。此期的饲养管理原则是满足精饲料的供应，使其尽快催肥。麝鼠越肥，皮张面积越大，质量越好，鼠皮的价格也越高。

五、麝鼠常见疾病的防治

（一）巴氏杆菌病

麝鼠的抗病力强，只要饲养管理得当，搞好卫生防疫工作，麝鼠很少生病。当营养不良，管理不善时，麝鼠极易患上巴氏杆菌病。

巴氏杆菌病是由多杀性巴氏杆菌引起的一种急性、败血性传染病。临床症状为病鼠消瘦，体温升高、食欲废绝、渴欲增加、呼吸困难、腹泻、便中带血。病程很短，最后卧地不起而死。剖检主要是全身出血性败血性病变。

防治方法：发现病鼠，立即隔离治疗，用青霉素5万单位，链霉素3万单位肌内注射，2次/d，连用3～5d；氨苄青霉素30mg肌内注射，每天2～3次，连用3～5d。用消毒药对笼舍、围墙及周围场地彻底消毒。预防措施是保持饲料的营养全价，搞好卫生防疫工作，加强管理，严格执行定期消毒制度。

（二）皮肤病

引起皮肤病的原因较多，如感染疥螨、霉菌或饲料中微量元素缺乏等均可发生本病。病鼠脱毛较重，皮肤瘙痒，经常在墙壁上蹭痒或不停地挠痒。

防治方法：感染疥螨病的可用伊维菌素皮下注射，0.04ml/kg体重，1周后再注射1次，直到痊愈为止；感染霉菌病的可用克霉唑软膏敷于患处。预防措施是要保证饲料营养全价，注意添加微量元素，保持笼舍通风干燥，定期消毒。

六、相关产品的采集与加工

（一）麝鼠皮的采收

1. 采集时间

麝鼠是常年不明显地进行换毛的动物，全年的皮张均有利用价值。但是仍然以冬季的皮张质量最佳。剥皮的适宜时间以11月下旬到次年的2月上旬为好。

2. 屠宰方法

为了不污染及损伤皮毛，常采用水淹法、棒击法、心内注入空气法、药物处死、通电等方法处死麝鼠。

3. 剥皮方法

一种是将处死的麝鼠倒挂，从后肢的肘间将皮切开，直到肛门，然后切开后裆，去掉尾巴，切下四肢，从尾部开始向下剥，剥到头部时，切掉两耳，保持头部完整。剥完皮，毛朝里，上楦板将皮展开，用刀刮净脂肪和肉，将皮翻向毛朝外，再上楦板，挂在阴凉通风处晾干即可；另一种方法是从嘴部开始剥皮成圆筒状，刮净脂肪和肉，去除尾巴，用草木灰揉到皮里，到不沾灰为止，再将皮翻向毛朝外，上好楦板后，挂在阴凉通风处晾干。

4. 洗皮与梳毛

当用手摸皮张无柔软和潮湿感觉时，将楦板抽出，用圆木棒轻敲皮张，待皮张的绒毛疏松后，再用锯末或麸皮多次洗皮并梳毛，待清理合格后，放入樟脑球防蛀，并捆成小捆保存即成。

（二）麝鼠香囊的采集

在公麝鼠的鼠蹊部尿道两侧有分泌麝鼠香的香囊，可产麝鼠香4g左右。采集的方法是在屠宰公麝鼠的同时将香囊割下取香，干燥密封保存即可。

第八节 水 貂

水貂（*Mustela vison*）在动物分类学上属于哺乳纲、食肉目、鼬科、鼬属的一种小型珍贵毛皮动物。在野生状态下，有美洲水貂和欧洲水貂两种。我国现在人工饲养的水貂以美洲水貂为主。

一、水貂的药用与经济价值

（一）药用价值

水貂肉、脂肪、心、肝、鞭均可供药用，药材名分别为貂肉、貂油、貂心、貂肝、貂鞭。

1. 貂肉

营养丰富，除供食用外，可治胃病。

2. 貂油

对黄褐斑、单纯糠疹、痤疮、干性脂溢性皮炎、冻疮、烫伤、手足皲裂等均有一定疗效。

3. 貂肝

可用于治疗夜盲症。

4. 貂心

为主药可制成利心丸，用于治疗风湿性心脏病、充血性心力衰竭。

5. 貂鞭

制成貂鞭酒，具有扶正祛邪、滋补强壮之功效。

（二）经济价值

水貂作为珍贵的毛皮动物，其主要商品部分是皮。水貂皮毛绒丰满致密，毛色多样而美观，皮板轻柔耐磨，是高档裘皮服装和华丽装饰品的上等原料。水貂皮下脂肪经加工精炼后制成的精制水貂油含有多种营养成分，其理化性质与人体脂肪极相似，是理想的天然化妆品原料。

水貂产品尤其是貂皮，是我国出口创汇的主要畜产品之一，在国际市场上占有一定的比重。特别是近年来，随着国内外市场对水貂产品需求量的增加，养殖效益明显增加。

二、水貂的生物学特性

（一）形态特征

水貂外貌似黄鼠狼，体形细长而灵活，尾较长。成年公貂体长38～45cm，体重1.8～2.5kg，尾长18～22cm；成年母貂体长34～38cm，体重0.8～1.3kg，尾长15～17cm。水貂头粗短，耳壳小，四肢短，趾基间有微蹼，尾毛长而蓬松。肛门两侧各有一臊腺，遇到敌害或被人捕捉时可分泌臊液，以保护自身。野生状态下，水貂毛色多为浅褐色，人工饲养的水貂毛色除多数为黑褐或深褐色（标准色水貂）外，还有白色、黄色、灰蓝色等彩色水貂。

（二）生活习性

水貂属水陆两栖动物，习惯以水域地区为家。在野生状态下，水貂主要栖息在河边、湖畔和小溪，利用天然洞穴营巢，巢洞长约1.5m，巢内铺有鸟兽羽毛和干草，洞口开设于有草木遮掩的岸边。

水貂为肉食动物，以捕捉小型啮齿类、鸟类、两栖类、鱼类及鸟蛋和某些昆虫为食。水貂听觉、嗅觉灵敏，活动敏捷，善于游泳和潜水，是出色的游泳和潜水能手。水貂常在夜间以偷袭的方式猎取食物，性情凶残，攻击性极强。水貂除交配和哺育仔貂期间外，均单独活动、散居。

水貂每年春、秋各换毛一次。春季换毛时间在4—5月，秋季在9—10月，人工控制光照可缩短换毛期。

（三）繁殖特性

水貂是季节性繁殖动物，每年繁殖1次，2—3月发情交配，平均妊娠期为47d左右，4—5月产仔，一般每胎产仔5～8只，最多可达19只。仔貂9—10月龄达性成熟，当年育成的水貂，次年春天即可繁殖。水貂的自然寿命为12～15年，具有8～10年的繁殖能力，在人工饲养条件下，种貂一般只利用3～5年，以后繁殖率下降。

三、水貂的人工养殖技术

（一）饲养场的建造

水貂饲养场应设在安静、高爽、干燥、避风、向阳、水源充足并远离居民生活区及家畜、家禽饲养场所的地方。貂场周围建2m高的围墙，以防水貂逃跑。貂场内要设有貂棚、貂笼、小室等设备。

1. 貂棚

貂棚的作用在于夏天避风遮雨，防止直射的阳光，冬天不受雨雪的侵袭，以利貂群正常生活。貂棚不建四壁，只设棚柱、棚梁、棚顶。棚宽3.5～4m，棚檐高度为1.2～1.5m，棚顶高度2.5～3.5m，长度根据规模来定。棚与棚的间距以4m为宜。棚顶成拱形，可用瓦顶，也可用草帘、芦苇或山草压泥等，但不宜用油毛毡或石棉瓦。

2. 笼舍

水貂笼舍由貂笼和小室两部分组成，相互连成一体，是水貂生活和繁殖的场所。

（1）貂笼。要求结实、耐用，多采用电焊网或铁丝编织而成。一般种用貂笼的规格为长60～70cm、宽45～55cm、高40～45cm；皮兽笼的规格为长50～60cm、宽40～50cm、高35～45cm。笼底用14号铁丝编制，四周用16号铁丝编制，网眼3.5～4cm^{2}为宜，四周也可用带网眼废铁皮编成。

（2）小室。大小与箱笼相似的小室，用1.5～2cm厚的木板制成，也可用砖砌成。小室开孔通往笼内，如开圆孔，直径为10～12cm，如开长方形孔，高14cm，宽12cm。小室与貂笼紧密相连。安置笼舍时要离地面40cm以上，笼与笼间距5～10cm。

3. 食碗与水杯

食碗与水杯采用大小适中的不锈钢盆和缸，为防止水貂活动时弄翻，常以8号铁丝做成固定卡放在貂笼门口，喂食时将盛有饲料的食碗放在固定卡内或加工干物质含量高、黏稠的饲料涂在饲料盘中，不设食碗。

（二）繁殖技术

1. 引种

以毛色黑、光泽性强、颌下白斑少、针毛毛锋平齐、全身被毛致密蓬松为原则，选择体型大而壮、食欲好又旺、反应敏锐但不暴躁，外生殖器官正常者作为种貂。一般公、母貂比例以1：5左右为宜。

2. 发情

水貂发情期在每年2—3月。一般在发情交配期内母貂可以出现2～3个发情周期，每个发情周期通常是6～9d，发情持续1～3d，间情期是5～6d。母貂发情时表现出入频繁，兴奋活跃，舔外阴部，频排尿液，排出的尿液开始发黄，后浓绿。公貂发情时表现急躁，食欲减退，不断在笼内徘徊，并发出“咕咕”的求偶声。

3. 配种

（1）配种方式。根据母貂发情排卵的特点，目前主要采用周期复配和连续配种两种配种方式。周期复配分为：①前一个周期达成初配，间隔6～9d达成复配。②第一个发情周期达成初配，间隔6～9d连续2d交配2次。连续配种是指在一个发情周期内连续交配2次或2次以上，此种方式用于发情较晚或是初配阶段没有交配的母貂。交配时把母貂放入公貂笼里，交配结束后将母貂捉回原笼。

（2）配种时间。水貂的最佳配种时间受日照时间控制，从冬至后70d左右，当日照延长到11h以上时，就具备了配种能力。日照在11.5～12h是发情旺期，即3月上中旬。在这一时期配种的母貂空怀少，产仔多，仔貂死亡率低，此时要做到适时配种。

4. 妊娠

母貂从最后一次受配到产仔这段时间为妊娠期，一般为47d左右，但个体间差异很大，妊娠期的变动范围较大，最长者可达83d，最短者仅37d。母貂妊娠初期食欲旺盛，体躯丰满；妊娠中期腹围增大，行动小心，活动减少并开始换毛；妊娠后期腹围明显增大，不愿活动，喜欢晒太阳，饮水和排尿次数增加。

5. 产仔

母貂的产仔期一般从4月下旬到5月中旬。母貂临产前2～3d外阴肿胀，在仰卧晒太阳时，可看到母貂腹部胎儿活动。产前出现尿频，活动减少，时时发出“咕咕”的叫声，骚动不安，并叼草做窝。母貂正常分娩时，先产出仔貂的头部和前肢，随后仔貂身体落地。仔貂出生后，母貂立即咬断仔貂的脐带并吃掉胎衣，舔干仔貂身上的羊水。母貂在产仔后2～4h排出油黑色胎便，说明产仔结束。这时可通过听仔貂的叫声来判断仔貂健康与否，叫声粗短、洪亮者为健康仔，声音嘶哑、有气无力者为弱仔，对吃不上乳的弱仔要进行代养。

四、水貂的饲养管理

（一）饲料的准备

水貂的饲料主要有动物性饲料、植物性饲料、维生素和矿物质。动物性饲料包括畜禽肉、鱼类、乳品、蛋类、蚕蛹及其他小动物，植物性饲料包括谷物类、豆类、果菜类，维生素饲料常指鱼肝油、维生素E、维生素C等，矿物饲料多指骨粉、食盐等。

鲜肉、鲜鱼及副产品要洗净，除去过多的脂肪。冻鱼、冻肉化冻后去脂除污。腌制的鱼肉要脱盐。对不新鲜的动物性饲料，要用0.1%的高锰酸钾溶液浸泡消毒后，洗净再加工，一般应煮熟饲喂。肉粉、鱼粉、骨肉渣、蚕蛹粉等，需用清水浸泡4～6h，待软化后与谷物面粉调和制成窝窝头蒸熟再打成糊状饲喂。牛、羊奶要经煮沸消毒后再拌入饲料。蛋类要对水打匀，蒸成嫩糕状或煮熟后去壳、粉碎均匀拌入饲料。果菜类要去杂、洗净，适当绞碎拌入饲料。

（二）水貂不同时期的饲养管理

1. 准备配种期的饲养管理

每年9月下旬至次年2月下旬为准备配种期。这一时期要供给足够的全价饲料，满足水貂生长发育、换毛、生殖器官发育至成熟所需的营养。特别是要保证蛋白质、脂肪、矿物质、酵母及维生素的供应。动物性饲料占65%左右，谷物性饲料占10%～15%，果菜占10%～12%，每日要补给催情饲料：麦芽10g、棉油0.5g、酵母粉3g、鱼肝油500IU。为保证水貂安全过冬，从10月上中旬开始在小室中添加垫草，搞好卫生防疫，种用和皮用貂分别饲养，并保证有充足的清洁饮水。配种前要定期观察母貂外阴部的变化和公貂睾丸的发育情况。在配种开始前10～15d，要基本查清水貂的发情情况并进行异性刺激。

2. 配种期的饲养管理

水貂在配种期，体力消耗大，食欲下降，尤其是公貂。应饲喂质量高、营养丰富、适口性强、易消化的饲料。配种的公貂最好在中午补饲一次肉、鱼、蛋、奶；母貂的饲养也要有充足的蛋白质和维生素。一般日粮中，动物性饲料占70%～75%。并注意防寒保温、卫生防疫、增加饮水、保持安静。

3. 妊娠期的饲养管理

此期是生产的关键期，这段时期营养水平应是全年最高的。要求饲料新鲜、多样而且搭配合理，供应相对稳定。日粮中蛋白质供给应达到25～30g，保证每日供给维生素A 750～1 500国际单位，维生素D 75～100国际单位，维生素E 5mg，维生素C

10～20mg。饮水要清洁卫生、充足，环境保持安静，减少捕捉母貂，防止惊恐。在小室内放垫草供母貂做窝，注意场地消毒与防疫。

4. 哺乳期的饲养管理

此期饲养管理的好坏，直接影响到仔貂的发育和成活率。因此母貂要保证饲料充足、新鲜、易消化、营养价值高。为促进乳汁分泌，应注意催乳饲料的供给，如增加牛乳、羊乳、蛋类或豆浆等。20～25日龄的仔貂要进行人工补喂饲料，一般可将新鲜奶、蛋、瘦肉末调成稀糊状，抹在仔貂口中或摊在木板上饲喂，饲料中要加维生素A、维生素D、维生素B_1等。同时要注意清洁卫生、保温和保持环境卫生。仔貂出生后45～60日龄断乳，转为以饲料为食，可进行分窝饲养。

5. 育成期的饲养管理

断乳后至体成熟这一阶段为仔貂的育成期，是仔貂食量最大的时候，必须有充足饲料供给，以加快仔貂的生长。日粮中动物性饲料应占60%～70%，并增加谷物、蔬菜比例。要注意饲料质量，不要喂发霉变质饲料，还要防止仔貂中暑和发生黄脂肪病及胃肠炎等。进入9月应铺上干净的垫草，起到梳毛作用，以提高裘皮质量。

五、水貂常见疾病的防治

（一）犬瘟热

该病又称水貂瘟，是由犬瘟热病毒引起的一种高度接触性传染病，呈暴发性流行，死亡率高。主要表现为体温升高，化脓性眼结膜炎，鼻炎，呼吸困难，有时出现肠炎和血便。

防治方法：发现该病，立即封锁貂场，对病貂进行隔离，并对全场地面、笼箱、食具、工具和粪便等进行彻底消毒，尸体必须焚烧。用犬瘟热高免血清5～10ml进行皮下分点注射，必要时重复一次，早期可收到一定效果。同时内服土霉素0.25g，肌注青霉素10万～20万单位，对出现浆液性、化脓性鼻炎症状的，可配制青霉素滴剂（1万单位/ml）点眼或滴鼻，2～3次/d，连用5～6d。本病治愈率不高，重在预防接种，在仔貂分窝时和年底配种前各接种一次犬瘟热疫苗。

（二）黄脂肪病

该病又叫脂肪组织炎，多发于炎热的夏季，尤以体肥、采食能力强的幼公貂多见，该病死亡率也较高。病貂表现为食欲不振或拒食，精神沉郁，运动失调，步态蹒跚或出现后肢麻痹症状。口腔黏膜变黄或苍白，腹围增大，拉煤焦油样稀便，排血尿。

防治方法：大群投喂维生素饲料。每日每只喂维生素E 3～5mg，复合维生素B 5～15mg，维生素C 5～10mg，连服1周。增加新鲜动物性饲料和维生素饲料，如鲜肝、小麦芽、酵母、鱼肝油等。

（三）病毒性肠炎

该病由肠炎病毒引起，主要表现为剧烈下痢，粪便中混有灰白色的由肠黏膜、纤维蛋白和黏液构成的管状物。

防治方法：每天分2～3次内服或肌内注射氯霉素0.25g。每天分2次投喂吡哌酸粉0.25g，均匀混在饲料中进行投喂。本病可用水貂病毒性肠炎灭活苗或用犬瘟热、病毒性肠炎二联苗预防接种，于仔貂分窝时和配种前各皮下或肌内注射1次。

六、相关产品的采集与加工

（一）水貂皮的加工

1. 屠宰季节

不同季节屠宰的水貂，获得的水貂皮品质有极大差别，一年四季中以冬皮的毛皮品质最好。人工饲养的水貂理想屠宰季节为每年的小雪到冬至期间。

2. 屠宰方法

水貂的屠宰方法有多种，但要遵循使水貂死亡迅速、不污染毛被、省时省力的原则。常采用折颈法、心脏注射空气法、心脏注射司可林（氯化琥珀酰胆碱）法、废气窒息法。其中以心脏注射司可林法较为普遍。

3. 剥皮

（1）挑裆。先把两后肢固定，用挑刀或剪刀由后肢的爪掌中间沿后肢内侧长短毛分界处横过肛门前缘（离开肛门2.5～3cm）直至另一后肢的爪掌中间挑第一刀，然后从肛门下方沿尾腹面中线向尾尖挑第二刀，约占尾长的2/3处，剥离将尾骨抽出。再去掉肛门前一小块三角形毛皮。

（2）剥离。先剥两后肢和尾巴的皮，剥到趾的第一关节处剪断，使爪留在皮上并被皮包住，然后再剥生殖器周围及臀部皮。最后可将一后肢挂在剥皮台的钉子上悬空倒挂，两手均匀地抓住皮板后端向前剥离。剥耳根和眼时，要将耳壳基部、眼周、鼻尖紧贴头骨割断，使眼、耳、鼻保持完整，剥唇周围时要割断上下唇皮肤。

4. 生皮加工

（1）刮油。将圆筒皮的皮板向外套在胶管上，胶管要洁净不能附有粒状东西，皮在胶管上要铺平。用竹刀或钝刀从尾开始向头的方向刮油。刮油时持刀要平稳，用力要均匀，以刮净脂肪、残肉和结缔组织为好。

（2）洗皮。经过刮油处理的水貂皮要用小米粒大小的硬质锯末或粉碎的玉米面

搓洗，洗去水貂皮的皮板和毛被的浮油，达到毛皮清洁有光泽。

（3）上楦。为了使皮张保持一定的形状、面积和有利于干燥，要将洗好的筒皮分别用公、母楦板上楦。

（4）干燥。可采用自然通风干燥，但要防干燥不及时、干燥不均匀、焖板脱毛现象。还可利用控温鼓风机干燥法，不允许在火炉旁或火炕上烘烤。

（5）包装贮存。干燥后的水貂皮从楦板上取下来，按性别、尺码、颜色不同进行分级验质。同一等级的水貂皮10张一捆，按背靠背捆在一起，每100张水貂皮装一个包装箱贮存备售。在贮存过程中，要注意防潮、防霉、防虫、防鼠工作，确保毛皮的品质优良。

（二）药材的采收

貂肉、貂油、貂心、貂肝、貂鞭等药材多在取皮时采收，鲜用；也可放在装有石灰粉的干燥器中干燥，秋、冬季节则可直接挂置于通风处晾干。

第九节　刺　猬

刺猬（*Erinaceus europaeus*）属哺乳纲、食虫目、猬科动物，别名猬鼠、刺球子、毛刺，在我国很多地区都有分布，特别是黄河流域和长江中、上游地区分布最广。

一、刺猬的药用与经济价值

（一）药用价值

刺猬是一种经济价值很高的药用动物，很早就被作为药材加以利用，其全身皆可入药。刺猬的药用部位最主要的为其皮，药材名刺猬皮，是传统名贵中药材。其脑、肉、脂肪、心肝、胆也供药用，药材名分别为猬脑、猬肉、猬脂、猬心肝、刺猬胆。

1．刺猬皮

又称猬皮、异香、仙人衣，性平，味苦、甘。具有降气定痛、收敛、凉血止血、行气解毒、消肿止痛等功效，主治反胃吐食、疝气腹痛、肠风痔漏、便血、痔疮、子宫出血、呕吐、肝硬化、遗尿、阳痿、遗精、前列腺炎等症。

2. 猬胆

具有消炎、清热的功效。主治眼睑赤烂，化水外涂治痔疮，鲜胆汁可外用。刺猬胆为朝鲜族习惯用药，朝鲜族妇女于产后2～3d，习惯将刺猬胆用酒冲服，每次一个，用以恢复体力。

3. 猬脂

主治肠风便血、耳聋等。外用（涂擦）可治秃疮疥癣，有杀皮肤寄生虫之功效。

4. 猬心肝

可治疗蚁瘘、蜂瘘、瘰疬恶疮等。

5. 猬脑

可治狼瘘。

刺猬的脑、心、肝、胆、肾、鞭浸酒饮之，可提神明目、消除疲劳、健身壮骨。由于刺猬的这些药用价值，使得猎捕野生刺猬的现象日益严重，自然资源遭到严重破坏，野生刺猬数量正在大量减少。所以进行人工养殖不但能解决人们的药用和食用需求，还可以保护野生刺猬资源。

（二）经济价值

刺猬虽是野生动物，但其生长发育快，繁殖能力强，食量少，食性杂，适应性强，容易驯化饲养。人工养殖刺猬设备简单，饲养管理简便易行，经济效益较好，是一项很有前途的特种养殖项目。

二、刺猬的生物学特性

（一）形态特征

我国分布的可供药用的刺猬主要有：普通刺猬、达乌尔猬和大耳猬3种。

1. 普通刺猬（*Erinaceus europaeus*）

普通刺猬主要分布于我国的黑龙江、吉林、辽宁、陕西、山西、河北、河南、山东、安徽、江苏、浙江、湖北、湖南等省。普通刺猬的头、嘴似老鼠，全身长满硬刺，体粗壮而肥胖，头较宽，吻长而尖，眼睛小，耳朵短，耳朵长度不超过周围的刺长。体长15.8～28.7cm，体重400～900g。身体背面及两侧密生粗而硬的尖刺。四肢短而粗，5趾皆具爪，爪较发达，特别是前肢，借以挖掘洞穴之用。刺猬的背部有缩皮肌，所以在遇到天敌时，身体能自由伸缩，并使身体蜷缩成球状，将头、尾及四肢藏于身内，背上棘刺竖立用来自卫，故有刺球之称。刺猬的尾短，只有2cm左

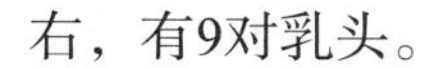
右，有9对乳头。

刺猬面部颜色较深呈褐色。由头顶开始往后一直到尾部均被有硬而尖的棘刺，仅吻端和四肢足垫裸露无棘刺，头部棘刺细而短，背部的又粗又长又硬。全身的棘刺颜色变异较大，大致分为两类。一类为纯白色，为数较少；另一类基部为白色或土黄色，中间棕色或黑褐色，尖端又为白色，因此整个体背呈土棕色。耳前部、脸、身体腹面和四肢无棘刺，但有细而硬的白毛。四足浅褐色，尾上也覆有白毛。

普通刺猬雄性个体较小，雌性个体较大并且吻短而钝，耳极小不明显，刺毛呈黄褐色，可以鉴别其性别。

2. 达乌尔猬（*Hemiechinus dauricus*）

达乌尔猬主要分布于我国的黑龙江、吉林、辽宁、宁夏回族自治区、陕西、山西等省、区。体型较普通刺猬略小，体长17.5～25cm。耳朵较长，其长度超过周围棘刺的长度。刺短而细，棕褐色与白色相间，无纯白色棘刺。体背为浅棕褐色，体侧及腹面长有粗硬的白色毛。

3. 大耳猬（*Hemiechinus auritus*）

大耳猬主要分布于我国的内蒙古自治区、新疆维吾尔自治区、甘肃、宁夏回族自治区、陕西省、区。体型较小，体长17～23cm。吻部很尖，耳朵很大，耳长为37～50mm，耳尖钝圆，明显长于周围之棘刺。身体背面覆盖浓密棘刺，由头部耳后方开始，往后一直伸展到尾根部。体背部的棘刺为暗褐色与白色相间，也有少数全白色的刺，尾极短为棕褐色。

（二）生活习性

1. 普通刺猬

广泛栖息于山地森林，平地草原、荒地、灌木草丛等各种类型的环境中，但以平原丘陵、灌草丛中为多。刺猬喜欢潮湿，畏寒怕热，因此多在低洼地带、放倒的树木旁、树根或石隙、墙脚下阴湿的地方挖洞而居，常在窝内铺以树叶、干草、苔藓等物，刺猬的洞穴冬暖夏凉，年平均气温保持在10～15℃。

刺猬是一种昼伏夜出、胆小怕光、多疑孤僻的小动物，白天躲藏于窝内，夜间出来活动觅食。刺猬在离开洞穴外出觅食的过程中，走出一段路后，总要原路返回，往返多次，确认安全后，才会继续向前推进，直达目的地，并且每次外出时，总是沿着同一条路线活动。因此，有刺猬出没的通道，总是特别光滑而平整。刺猬的视觉和听觉都较弱，但嗅觉非常灵敏，平时出外觅食以及防敌主要依靠其灵敏的嗅觉。

刺猬是以家族群落为单位栖息和繁殖的，一个家族聚居在内部相互连通、有多个不同方向开口的同一洞穴中。随着家族内个体数量的增加，洞穴的规模不断扩大，洞穴加深加长，而且开口增多。这样的结构便于其隐匿栖身和四处出洞觅食，以及逃避天敌危害，除非生活环境遭到破坏或天敌危害，否则每个家庭群体终年都固定群居，极少出现分群现象。

刺猬有冬眠习性，当气温降到0～8℃开始冬眠，冬眠期长达半年，一般自秋季10—11月开始冬眠，到次年3—4月出眠。如果常年温度适宜，也可以不冬眠。

刺猬是杂食动物，主要采食蝼蛄、金龟子、蟋蟀、蝗虫等昆虫。有时也食鼠类、幼鸟、鸟卵、蛙、小蛇、蜥蜴等小动物。另外也吃一些植物的幼果、幼芽、薯类、花生、玉米等植物性食物。

2. 达乌尔猬

主要栖息于干旱地区或草原地带的低洼地及半荒漠地区的灌丛中，其他生活习性与普通刺猬类似。

3. 大耳猬

为荒漠、半荒漠地带刺猬的典型代表。常栖息于农田、庄园、乱石荒漠等处，主要在菜园、芦苇、灌丛中活动，其他生活习性与普通刺猬类似。

三、刺猬的人工养殖技术

（一）养殖场地建设

刺猬的适应性很强，对环境要求不严。人工饲养并不困难，根据刺猬喜潮湿、怕光以及胆小等生活习性，场址应选择在庭院中，周围有大树遮阴，冬季阳光充足，通风良好的安静之处为宜。

1. 室外养殖场

室外建场多选用砖、水泥建成半地下式的池子，再在其内修建刺猬饲养窝。每个池子面积一般为20～40m^2，池深一般为0.8～1m，圆形、长方形、正方形均可。池底用水泥抹面，防止刺猬打洞逃跑，然后在其内部四周用砖、石等修建一个个并排的窝，窝顶和四周要严密，防止漏雨，每个窝相连通或仅个别连通，窝的直径一般为20cm左右，深度为50cm左右，窝室内铺放些干草、松树叶或秸秆等；池中央用干净的土堆一个活动场，土层厚度为30～40cm，活动场上种植大量的杂草、灌木等，使之尽量接近野生环境，供其活动、觅食、寻偶、栖息。冬季窝上盖草帘，条件允许用塑料大棚或玻璃温室保温，池内放置两个浅盆，一个放饮水，另一个放食物。一般每10m^{2}的场地可养30～50只刺猬。

2. 笼舍式养殖

笼舍大小视饲养量而定，饲养笼一般长、宽、高以1.5m×0.6m×0.4m为宜，笼眼1.5cm×2.5cm。在笼内的一端放置一个小木箱，在适宜位置挖一圆洞，使刺猬可以自由出入，木箱内放一些干草、树叶等物，供刺猬藏匿、栖息。

（二）繁殖技术

4—5月龄的刺猬就已经性成熟，可以进行交配繁殖后代，冬眠结束后即可进入发情期。母刺猬发情期间表现不安，来回爬动，阴部有分泌物。一般每年早春2—3月开始交配，妊娠期34～37d，平均35d，6—7月产仔，年产1胎，每胎3～6仔，最多9仔，少数一年可繁殖2次。刚出生的幼刺猬体重7.0～22.9g，有黑、白两种毛刺，身躯光滑，棘刺沾在皮肤上，且较稀疏，生后20h左右，软刺竖起，并发出“吱吱”叫声。随着身体的生长，棘刺变硬并逐渐覆盖全身。幼刺猬10d左右睁眼，其哺乳期为40～50d，幼仔在出生40d后便开始主动摄食，50～60d便离开母体独立生活，当年生长4～5个月便成年。

人工饲养条件下的种刺猬多由野外捕捉而来。夏收和秋收期间，在产地捕捉回来后，加强人工培育，在第二年春季进行繁殖。繁殖亲本要选择体长在20cm以上，毛色一致，棘刺坚硬而有光泽，行动活泼，食欲强，无伤病者为佳。刚从产地捕捉来的成体母、公刺猬，在春季用自然交配的方式进行繁殖，一般将母、公成体全部放入一个饲养池内，让其自行择偶配对交配。如果饲养已形成规模，则挑选同龄的大小均匀的母、公成体进行人工配对交配。具体方法是：秋、冬季将母、公成体分池饲养，当春天刺猬发情季节到来时，将母、公各一只放入交配笼中，让其自由交配，交配多在夜间进行。为防止出现空怀，可在交配后24h，另选一只公刺猬进行复配。复配后将母刺猬放入专门养殖池中喂养，等其产仔。

四、刺猬的饲养管理

（一）饲料

刺猬是以昆虫为食的肉食性动物，在人工喂养驯化下，也可食用配合饲料。因此在饲养过程中，可采用人工配料与天然饵料相结合的方式进行喂养。为了获取天然饵料，在室外饲养场都可悬挂黑光灯，并且每晚开灯2～3h，引诱昆虫落入草丛中然后关灯，刺猬便来主动采食。也可养殖蚯蚓、蝇蛆、蚕蛹、黄粉虫等人工喂食。也可投喂人工配合饲料，主要以动物性成分为主，以下两个典型配方可供参考。

配方1：蚕蛹40%、动物内脏30%、麦粉10%、鸡蛋5%、酵母片0.5%、复合维生素0.05%、豆粕5%（供幼仔、母体）等。

配方2：动物内脏30%、鱼粉10%、杂鱼10%、蚕蛹15%、血粉10%、干酵母5%、麦粉10%、玉米面10%、复合维生素0.05%（供成年刺猬）。

制作饲料时动物成分如内脏、杂鱼、鸡蛋等必须煮熟，再用绞肉机绞碎，然后与麦粉、玉米面以及复合维生素和少量水搅拌均匀，制成颗粒状或块状进行投喂。

（二）日常管理

保持养殖场良好的环境、适宜的温度以及充足的饲料是养殖刺猬的三大要素。刺猬喜欢干净，所以要定期对养殖池和洞穴进行彻底清理，每过3～4个月要换一次活动场土层，平时用高锰酸钾溶液或3%～5%的来苏尔溶液进行消毒。在夏季要特别注意环境温度适宜，一般保持在26～28℃，不能超过30℃。可将遮光和洒水两种措施结合使用，以降低环境温度，还要注意保持饮水充足。在冬季如果不利用大棚保温，刺猬一般处于冬眠状态，如采用大棚或温室，再用火炉和家用暖气加温，刺猬可消除冬眠保持正常的活动、觅食与生长。刺猬的食量在温度适宜时较大，一般体重在50～100g的小刺猬，每天摄食量相当于体重的40%～50%，体重在150～300g的刺猬每日摄食量相当于体重的25%～30%，一般每天投喂1次，在晚间8—9时进行。可以将天然饲料与人工配合饲料间隔调配投喂。对怀孕、产仔、哺乳期的母刺猬和刚出生的幼仔主要投喂黄粉虫幼虫、蚕蛹和蚕幼虫等。成年刺猬可交替投喂一些动物内脏等动物性饲料和人工配合饵料。

（三）繁殖期管理

母刺猬在交配后60～65d便分娩，在此期间，要加强管理，饲料要营养丰富、适口、新鲜，平时要保持周围环境安静，避免参观和人为的惊吓，以免造成流产。在临近分娩前几天，在洞穴之中铺垫些柔软的干草，在每个洞穴口处放一个盛满干净水的小碗。分娩时保证其周围环境的绝对安静，使其顺利产仔，要保证产仔期间温度在25～28℃，不宜太高或太低。初生的幼仔需要母体用乳汁哺育，哺乳期为40～45d，40日龄后幼刺猬开始摄取食物，到50～60d才离开母体独立生活。哺乳期间要多投喂一些营养丰富的幼嫩蛙肉、鸡蛋、昆虫幼虫如黄粉虫、蝇蛆等，保证饮水，使母体有充足的乳汁哺乳，以提高幼仔成活率保证其健康成长。幼刺猬能离开母体独立生活后就要分池饲养。

五、刺猬常见疾病的防治

刺猬的抗病能力较强。在人工饲养条件下，由于饲料调制不当、管理粗放、卫生不良等原因，常常引起胃肠炎、寄生虫（主要是蛔虫）、皮癣、外伤等疾病。

（一）胃肠炎

主要由饲养管理粗放，饲喂变质饲料或有毒饲料等原因引起。患胃肠炎的刺猬表现为棘刺无光泽，行走无力，腹泻，拒食。

防治方法：先减少饲料投喂量，肌内注射庆大霉素，2次/d，每次2.5万单位；也可口服土霉素，每日3次，每次0.25g。预防措施是加强饲养管理，保证饲料新鲜，防止混入变质和有毒饲料。

（二）蛔虫病

患蛔虫病的刺猬，食欲不振，消瘦，困倦无力，有时腹泻。

防治方法：口服蛔虫净，2次/d，每次1～2片，连用3d。预防措施是保证饲料干净、卫生，全群每年定期驱虫2次。

（三）皮癣

皮癣主要因环境潮湿，真菌感染所致。患皮癣的刺猬，脸、腿部、背部等处蜕皮，瘙痒不安。

防治方法：用2%的敌百虫溶液擦洗或10%敌百虫甘油乳剂擦涂患部，每天1次，连续3d为一个疗程。也可用肤轻松软膏、达克宁等涂擦患处。预防措施是保持环境干燥、卫生，勤换垫草。

六、相关药材的采集与加工

（一）刺猬皮

一年四季均可进行采集，但最好在入冬前。将刺猬宰杀后，用解剖剪从腹部纵剖至肛门，然后将皮剥开，割除乳头，将皮上残肉油脂刮净，再翻开使其棘刺向内对合，用竹片将皮撑开，悬挂于通风处阴干或将皮钉在木板上绷平、拉紧于阴凉处晾干，不能日晒，以免油脂溶化走油，影响质量。

（二）猬胆

猬胆为刺猬的干燥胆囊。多于秋、冬季节捕杀后剖腹取胆囊，用线将口部扎住，挂通风处阴干或鲜用。

第十节　穿山甲

穿山甲（*manis pentadactyla*）在动物分类上为鳞甲目、穿山甲科动物，又名鲮鲤、龙鲤、石鲮鱼，主要分布于我国广东、广西壮族自治区、海南、湖南、湖北、四川、云南、贵州、陕西及我国台湾等地，是国家二级保护动物（注：取得当地主管部门“野生动物驯养繁殖许可证”及“野生动物经营利用核准证”，方可养殖）。

一、穿山甲的药用与经济价值

穿山甲为我国特种药用动物之一，具有较高的药用价值。其鳞甲、肉均可入药。其药用部位主要为其鳞甲，药材名穿山甲，是名贵的中药材；穿山甲肉也供药用，药材名鲮鲤。

（一）穿山甲

性微寒，味咸。具有消肿溃痈、搜风活络、通经下乳、消肿止痛等功效。主治疮痈肿毒，风寒湿痹，月经停闭，乳汁不通，外用止血、止痛。

（二）鲮鲤

即穿山甲肉，性温，味甘、涩，具有杀虫，行血，攻坚散瘀等功效。主治痹痛，经闭、大麻风等。

穿山甲的经济价值也很高，是人们餐桌上的一种山珍野味，其肉味鲜美、营养丰富，常食穿山甲肉，具有清热、解毒、滋补强身的功效。因此近年捕猎野生穿山甲的数量与日俱增，致使穿山甲野生资源遭到很大的破坏。为了保护穿山甲的野生资源，充分利用其药用和经济价值，我国许多地方已经开展了穿山甲的人工繁殖与饲养工作，并取得了成功。人工养殖穿山甲投资不大，获利丰厚，回报快，是一项利国利民、很有发展前途的特种养殖业，值得大力提倡和推广。

二、穿山甲的生物学特性

（一）形态特征

穿山甲的身体狭长，有弓背行走的特点。成年穿山甲体长差异较大，体长50～100cm不等，体重3～6kg。头部较小，呈圆锥状，吻尖，穿山甲没有牙齿，但舌头细长而柔软，很发达，善于伸缩捕食，耳较小。从头背、体侧至尾端均被以覆瓦状排列的硬角质鳞片，鳞片呈黑褐色或灰褐色，鳞片间杂有稀疏硬毛。前肢略长于后肢，前后肢均5趾，趾端具有坚硬而锐利的爪，尤其前爪极长，适应挖掘洞穴。穿山甲有较长而扁平的尾，尾长28～33cm。腹面自下颌、胸、腹直至尾基部都没有鳞片，只有稀毛，其背部鳞片呈黑褐色或灰褐色，腹部为灰褐色，毛呈棕色。穿山甲的颊、眼睛的四周以及耳部都生有被毛，在其胸部有2对乳头。

幼龄穿山甲的形态与成年穿山甲相似，只是鳞甲的角质化程度和颜色深浅有差异，幼龄穿山甲的鳞甲未完全角质化，颜色淡，呈棕黄色，随着年龄的增长，鳞甲逐渐角质化，逐渐变硬，颜色变深。穿山甲的性别鉴别主要看肛门，公的肛门后有一凹陷，而母的则没有。

（二）生活习性

穿山甲是一种适应能力不强的弱小的哺乳动物，遇到敌害时没有什么反抗能力，只能缩成一团，任其捕杀，这种原始而低等的动物其生活习性比较独特。

1. 栖息环境

穿山甲主要分布在我国长江以南亚热带地区的丘陵、山区中，喜欢栖息在海拔200～800m的半山坡地区、林区的灌木丛、草丛中，极少出现在石山秃岭地带。穿山甲营洞穴生活，一般选择坡度为30°～50°度的山坡筑造洞穴，很少在平地或陡峭的山坡上筑洞，多数由觅食时所挖蚁巢构成，洞道的形状是先由洞口向地面以下倾斜，然后是横向水平的延伸部分，洞道的最里边有膨大的窝巢，称之为卧床，在寒冷的冬季，穿山甲常常睡在卧床上。穿山甲的洞穴并不固定，每一处洞穴一般仅住1～3个晚上，吃完附近的食物便会离开，所以穿山甲的洞穴仅是为觅食而临时挖造的。洞穴的直径仅比其身体稍大一些，一般为20～30cm，洞深在0.3m到数米不等。穿山甲的栖息洞穴随周围环境（如气温的变化）及食物情况而发生变化。每年4—8月的高温多雨季节，穿山甲多居住在山坡上层、树林较多而又不易为流水冲刷的地段，这段时间穿山甲多数不在深洞居住，仅栖息于距洞不远处的地面或浅窝之中。冬季穿山甲多居住在向阳山坡下层的树丛中，选择栖息于深洞之中，当气温低于23℃时便在洞穴中铺垫一些干草以作防寒用。穿山甲居住的洞口常常有挖洞时堆积的泥土，根据堆积土的新鲜程度和附近的脚印，可以判断穿山甲的活动情况。

2. 活动规律

穿山甲是夜行性动物，白天多在洞穴之中卷曲成球团状酣睡，时而松动一下又进入深睡状态。晚上方才出来活动觅食，行动非常活跃，能爬高上树，攀爬铁丝网或墙壁，一夜之间活动范围可达数千米之远，尤其是发情交配期的公兽活动范围更大，翻山越岭，甚至涉沟过溪，寻找母兽交配。穿山甲在冬季或天冷时则较少到远处活动。

3. 食性

穿山甲在野外自然界的主要食物为黑翅土白蚁、黑胸散白蚁、家白蚁、黄翅大白蚁等，也喜食各种黑蚁及其幼虫或其他昆虫的幼虫等。穿山甲有灵敏的嗅觉和听觉，非常善于寻食蚂蚁。一旦发现蚁穴便用强健的前肢趾爪挖土开洞，打开蚁巢捕食，穿山甲挖开蚁巢时仅戳穿巢壁的一部分，逐一挖食，并不哄散蚁群。取食时穿山甲将长长的鼻吻伸入蚁洞，以舌舐食。穿山甲舌长可达20cm，舌表布满腥味的黏液，非常灵敏好用。有时穿山甲为了获取树上的白蚁，会爬到树上将尾巴缠绕在树枝上觅食。穿山甲的摄食量较大，成年穿山甲一次可食200～400g白蚁。

穿山甲觅食比较聪明，它会在一定地段周围来回迁移活动觅食。据有经验的猎人讲，每当穿山甲将巢内的蚂蚁吃光后，欲迁移别处居住时，便会将洞口或洞内的粪便用泥土掩盖起来，这样会招引白蚁前来筑巢定居，穿山甲则在数日后还会回来继续挖蚁饱餐。

三、穿山甲的人工养殖技术

（一）种源获得

可以到专门养殖单位购进种用穿山甲，或在有关部门批准许可后到野外捕捉穿山甲。

（二）养殖场建设

1. 池式养殖

在庭院安静之处建多个20～40m^2，高50cm的砖或石砌池子，形状为长方形或正方形，池底、池壁均用水泥抹面，使其坚固光滑，以防穿山甲逃走。池内用石块砌几个穿山甲洞穴，把大量的土堆在其上，每个洞穴单独隔开，互不相通。池中央留5～10m^{2}的活动场所，其上堆积大量的土并应种植些杂草和小树，以创造一个良好的活动场所。场子周围要栽种大量树木，以便遮阴，在夏天雨季要有遮雨的东西，并留一个专门的排水道，防止雨水浸泡洞穴。

2. 封闭式养殖

由室内2～4m^{2}的小屋和室外4～6m^{2}的活动场组成，室内外均为水泥地面，室内设有供穿山甲隐蔽栖息的洞穴，活动场四周有围墙或铁丝网，笼顶用铁丝网封闭，每笼可饲养穿山甲2～4只。

3. 地洞式养殖

面积可为20～50m^2，四周有围墙，墙壁坚硬光滑，墙高2m左右，沙质泥土地面，人造洞穴，具有假山、草丛等自然生活环境，可养殖10只以上穿山甲。

4. 木箱式笼舍

制作长方形木板箱1只，木箱大小要超过饲养穿山甲体长的2倍为宜，分内外两间，以圆洞连通，供穿山甲物自由出入活动和休息。

（三）繁殖特性

穿山甲一年四季均可繁殖，每年的4—5月进入发情交配期。入夏后是其发情高潮季节，发情期雌、雄同居，交配后各自分开。分娩期为12月或1月，每胎1～2仔，在固定的洞穴中由母兽育仔。初生幼仔体重约100g，双眼紧闭，无磷，颜色浅白，靠母乳养育。经15d左右开始睁眼，此时体重已达200g左右。1月龄时鳞片开始渐渐角质化并变成黑褐色。2月龄后体重可达1kg以上，能跟母兽外出觅食，并趴伏在母兽背上。6月龄时体重可达1.5～2kg，开始离开母体独立生活。母兽在哺育期间，还能再次交配受孕，继续产仔，一般1年产仔2胎。

四、穿山甲的饲养管理

（一）饲料与人工配料进食训练

穿山甲的天然食物是白蚁，但在人工饲养条件下，捕捉白蚁饲喂不但麻烦而且成本较高，并且很难满足其生长需要，所以在养殖过程中，只有在怀孕期间间隔投喂一些以增加食欲，而大量使用的天然饵料是人工饲养的蚯蚓、蝇蛆、黄粉虫、蛞蝓等。这些天然食物一般是埋在洞穴附近或活动场内的土中，也有少部分放在洞穴之内，根据其掘土习性，便会主动采食。除人工饲养的天然食物外，还常常用人工配料进行投喂。穿山甲是肉食性食虫动物，因此人工配合饵料要以动物性成分为主，同时要添加维生素、矿物质等饲料添加剂，以促使其正常生长发育，一般常用的配料方法有如下两种。

（1）蚕蛹粉50%、血粉15%、熟鸡蛋5%、奶粉5%、酵母粉5%、麦粉10%、豆粉10%、复合维生素0.05%、矿物质0.01%。

（2）蚕蛹粉50%、熟鸡蛋5%、奶粉5%、干酵母10%、种植土25%、干槐叶粉5%、复合维生素0.02%、生长素0.05%。人工配制饲料时应将上述各种成分粉碎并按比例搅拌均匀，然后加水40%～50%，调成团块或糊状，盛到一个小浅盆中放在饲养池内供其食用，但是穿山甲不会主动采食人工配合饲料，因此在人工投喂以前，必须进行主动采食人工配料的训练。具体的训练方法是在饲养池内先不给穿山甲供水，而在人工配合饵料中多加水使其呈稀糊状，或将鱼绞成糊状，这样由于其不耐渴，所以等口渴时便会主动去舔饮饲料盆中的饵料，逐渐开始主动摄食。如果诱食不奏效，在3～4d后，就需人工强行灌食以促其胃肠正常消化，引起食欲而进食。一般人工灌食的配方为水解蛋白质2.5g、葡萄糖4g、酵母片2片、维生素B_1 1片、胃蛋白酶1ml、用水10ml调匀。灌食时用塑料注射器吸入，灌服量一般体重在1.2～2.5kg的穿山甲每天灌4～8ml，每天1次，多在下午进行。灌食时两人合作进行，一人抓住穿山甲，另一人将注射器插入其口中，随穿山甲的吞咽动作，逐渐挤压。灌食完毕后，放入池中继续进行人工配合饵料诱食训练，直到自动采食为止。

投放穿山甲的人工配合饵料，要做到随喂随加工，使饲料新鲜适口，食后就不易生病。在日常投喂中，主要投食人工配合饲料，每过1周，间隔投些蚯蚓、蝇蛆、黄粉虫等。人工饲料的每天投喂量占穿山甲体重的3%～5%，每天1次。投喂在晚上7—8时进行，投喂量要根据天气气温情况随时变动，每天检查饲料盒时如发现剩余，第2d应减少投喂量，如完全吃完，则应加大投喂量。为保证穿山甲饮水，尤其是在夏季，要在池中设一饮水盆。一般每只穿山甲每天用水量在200～500ml。每天要将剩的水倒掉，并定期对饮水盆进行消毒。为了防病治病在饮水中可添加少量的抗生素如土霉素、金霉素等药物，以防肠炎发生。

（二）日常管理

人工养殖穿山甲，一定要保持饲养场清洁卫生和安静。因此要经常清扫养殖池内的粪便，保持清洁，定期用高锰酸钾溶液等喷洒消毒。每过2～3个月，将活动场的土重新更换一次。养殖场要求冬暖夏凉，在夏季高温季节，注意遮阴降温，在冬季要及时防寒保暖。温度为16～32℃为宜，最佳温度为22℃以上，最佳温度时穿山甲每月增重可达250～300g。

五、穿山甲常见疾病的防治

养殖中常见疾病是胃肠炎和肺炎，均是由于管理不善所致。所以日常管理中要特别注意饮食卫生、环境卫生和防寒保暖工作，预防疾病发生。

（一）胃肠炎

该病主要因为饲喂过量或误食质量不良的饲料引起。主要症状是食欲减退或停止进食，粪便稀，有黏液，次数增多，严重的肛门失禁。

防治方法：如果还能进食，则在每天饲料中添加磺胺类药物0.7g，或土霉素每千克体重0.25g。如果不进食则可注射青霉素，剂量为每千克体重8万单位。

（二）肺炎

该病主要是由管理不当，受寒感冒而引起。主要症状是体温升高，流鼻涕较多，呼吸困难，精神沉郁，食欲减退或废绝等。治疗除了在饲料中每天添加土霉素（每千克体重0.25g），还要肌内注射青霉素和链霉素。每天注射2次，每次每千克体重80万单位。

（三）摔伤

刚从野外捕获收养的穿山甲，一到夜里就千方百计想逃走，爬壁登高，往往引起创伤或从高处摔下致伤，严重时会摔死。因此晚上一定要关在笼内，以防摔伤现象发生。外伤可用消毒液冲洗伤口，然后在伤口处涂消毒药或撒上消炎粉或云南白药。

六、相关产品的采集与加工

（一）采集

成年穿山甲先捕杀，去净肉、骨、内脏，剥下整张皮甲，将皮甲放入锅中，加清水和食碱煮沸，加水量按每千克皮甲5～7kg，食用碱量为0.2%，煮沸至皮甲完全脱离时停止加热，清水洗净，捡出甲片晒干。

（二）炮制方法

1. 醋山甲

首先按鳞片大小分开，将细沙置锅内加热至滑利、容易翻动时，再倒入鳞片与沙同炒，炒至鳞片发泡鼓起，边缘向内卷曲，表面呈金黄色（不能炒焦）即可取出，筛掉沙土，趁热放入醋中搅拌均匀，取出晒干，即成炮制的中药材“甲珠”，也叫醋山甲。

2. 沙烫

沙烫穿山甲的沙温以200～220℃为宜，低于200℃则穿山甲不发泡卷曲，高于220℃以上时则易焦化。为控制炮制温度可以用恒温电烘箱烤制：取穿山甲，除去杂质，按大小分开，分别放入搪瓷盘中，置烘箱内恒温200～220℃，烘烤3～4min即全部发泡卷曲，呈金黄色，迅速取出，放凉，备用。烘法炮制的优点：一是提高工效，沙烫穿山甲每锅只能炒制100g左右，药量多时不易翻炒，药物受热不均，常有部分药物焦化，部分不发泡卷曲，出现“夹生片”。而用烘法炮制，每个搪瓷盘可盛药物100g左右，烘箱内一次可放入10～12个搪瓷盘，可提高工效10多倍。二是提高饮片质量，沙烫时火力不易掌握，影响饮片质量，烘法炮制的温度和烘烤时间容易控制，使药料受热均匀。

第二章　鸟　类

乌骨鸡

乌骨鸡（*Gallus domesticlus brisson*）又名乌鸡、丝毛鸡、竹丝鸡等，是我国特有的药用保健名贵鸡种，以皮肤、骨骼、肌肉甚至内脏均呈乌黑色而得名。在动物分类学上，乌骨鸡属于鸟纲、鸡形目、雉科、鸡属的一个物种。目前饲养的乌骨鸡品种变异甚多，名称各异，最著名的品种是江西省泰和县原产的泰和鸡又名丝羽乌骨鸡。乌骨鸡的寿命较长，可达10余年，但繁殖盛期只有2年。

一、乌骨鸡的药用与经济价值

（一）药用价值

乌骨鸡是传统的名贵中药材，全身均可入药，骨、肉及内脏均有药用价值，可以配成多种成药和方剂。

（1）乌骨鸡的骨、肉具有补虚劳，可治消渴、中恶，益产妇等作用。

（2）乌骨鸡的肝有补血、助消化、促进食欲的作用，可治疗贫血及食欲不振、肝虚目暗、妇人胎漏等。

（3）乌骨鸡的血有祛风、活血、通络的作用，可治小儿惊风、口面歪斜、目赤流泪，痈疽疮癣等。

（4）乌骨鸡的脑可治小儿癫痫症及难产等。

（5）乌骨鸡嗉可治噎嗝、小便失禁、发育不良等。

（6）乌骨鸡的胆有消炎、解毒、止咳、祛痰和名目的作用，主治小儿百日咳、慢性支气管炎、小儿菌痢、耳后湿疮、痔疮、目赤多泪等。

（7）乌骨鸡内金具有消食化积、涩精缩尿等功效，可治疗消化不良、反胃呕吐、遗精遗尿等。

（8）乌骨鸡蛋清有润肺利咽，清热解毒功效，可治咽痛、目赤、咳嗽、痈肿热痛等。乌骨鸡蛋黄有滋阴润燥、养血息风、杀虫解毒等作用，可治心烦不眠、虚劳、吐血、肝炎、消化不良、腹泻等。乌骨鸡蛋壳有降逆、止痉作用，可治疗反胃、胀饱胃痛、小儿发育不良、佝偻病、各种出血等。

以乌骨鸡为原料生产的中成药有数十种，如著名的妇科药“乌鸡白凤丸”，治疗腰腿疼的“乌鸡天麻酒”，还有“乌鸡口服液”“十全乌鸡精”等。

（二）经济价值

乌骨鸡肉质细嫩，味道鲜美，烹调后有着特殊的香味，成为人们日常餐桌上的一道美味。乌骨鸡肉质营养丰富，其所含20种氨基酸中的8种人体必需氨基酸含量均高于其他鸡种，如赖氨酸、缬氨酸等。乌骨鸡还含有丰富的维生素以及铁、铜、锌等多种微量元素，而且胆固醇含量较低。食用后能增加人体的血细胞和血红素，调节人体生理机能，增强免疫力，具有特殊的营养滋补功用和保健治疗效果。特别适合老人、儿童、产妇及久病体弱者食用，尤其是乌骨鸡含有黑色素及黑色胶体物质，符合黑色食品潮流，备受消费者喜爱。

乌骨鸡娇小玲珑，体态轻盈匀称，外貌奇特俊俏，头小颈短，眼乌舌黑，紫冠绿耳，丛冠凤头，五爪毛脚，两颊生须，羽毛洁白绢亮如丝，外貌奇特艳丽，十分可爱，被誉为观赏珍禽。

我国几乎所有动物园都将乌骨鸡作为观赏珍禽展出，深受游客喜爱。乌骨鸡除可向市场提供大量的蛋、肉品外，还可为医药、制革、羽绒加工等提供原料。受精蛋还可制人、畜疫苗和生物制品，屠宰下脚料和粪可制作饲料和肥料。

由于制药业的需求，乌骨鸡的需要量在迅速增长，加之当今世界食品消费市场出现的黑色食品热、滋补热、珍禽热，对乌骨鸡的需要正在迅速增长。

二、乌骨鸡的生物学特性

（一）生活习性

1. 适应性

成年鸡对环境的适应性较强，很少患病。但幼雏体弱，抗逆性差。

2. 胆小怕惊

乌骨鸡神经敏感，易产生应激反应，雏鸡更甚。一旦有异常动静即会造成鸡群受惊，聚集在一起，相互踏压，长时间鸣叫不停，影响生长发育和产蛋。

3. 怕冷怕湿

乌骨鸡比较娇嫩，易受环境条件影响，加上羽毛呈丝状，所以比其他鸡怕冷怕湿、御寒性差，但耐热性强。

4. 就巢性强

乌骨鸡仍保留着很强的就巢性，一般每产15～20枚蛋就得就巢一次，每次就巢20～25d。就巢影响产蛋，应注意控制。

（二）繁殖特性

乌骨鸡除就巢时或换羽季节停止产蛋外，一年四季都可产蛋。乌骨鸡性成熟较晚，公鸡一般14～18周龄开啼，但是要到20周龄才能配种。母鸡24～27周龄开产，31～33周龄才能达产蛋高峰。产蛋高峰期短，一般在4周左右，最高产蛋率65%。第一年产蛋量相对最高，以后随年龄增长逐年下降，第二年要比第一年下降15%左右。粗放饲养条件下，年产蛋量平均75～90枚，经过选育的种母鸡，在正常饲养条件下，年均产蛋可达120～140枚。

三、乌骨鸡的人工养殖技术

（一）乌骨鸡的鸡舍与设备

1. 鸡舍设计

乌骨鸡喜欢干燥，怕潮湿，胆小怕惊。因此在设计时应注意选择通风、排湿、安静的地区。鸡舍位置最好坐北朝南或朝东南，使鸡舍内干燥、冬暖夏凉、光线充足，小气候良好。鸡舍的布局按孵化室、育雏室、育成鸡舍、种鸡舍顺序排列。孵化室选在整体布局的上风向。鸡舍类型分开放式、半开放式和密闭鸡舍3种。这3种类型各有优缺点，修建时可根据实际需要，资金情况，选择鸡舍的建筑类型。鸡舍的面积大小，应根据饲养方式和密度来决定。鸡舍的跨度不宜过大，开放式鸡舍在9.5m以内，自然通风能取得良好效果。简易鸡舍跨度在6m左右，高度（屋檐至地面）在2.4m以下。场内应将运送饲料和运送粪便及死鸡的道路分开，以防交叉感染。

2. 饲养设备

为了有利于生产，饲养设备均应符合轻巧灵活、转动平稳、响声轻微、调节方便、容易操作、结构简单、易于修理、便于消毒、经济耐用的基本要求。常用的养鸡设备有：饲料加工机械、孵化设备、育雏保温设备、喂料器具、饮水器、养鸡笼、产蛋箱、通风换气设备、运输工具，还有断喙器、保存种蛋用的空调设备等。

（二）乌骨鸡的人工孵化

1. 种蛋选择与保存

首先选择开产后3周的新鲜蛋，种蛋重量30～40g为宜。蛋形以椭圆形为最好，蛋壳颜色应符合本品种要求，种蛋表面光滑、清洁、结构致密、无裂缝。剔除破壳蛋、沙壳蛋、畸形蛋。种蛋保存最适宜的温度为10～15℃，1周以内15～16℃为宜，1周以上10～12℃为宜。种蛋保存相对湿度为65%～70%为宜。保存时间一般最好在1周以内。

2. 种蛋消毒

一般采用甲醛溶液熏蒸法，可以在清毒室或消毒柜中进行，也可以在孵化器中进行。具体方法是每立方米体积用甲醛溶液30ml加15g高锰酸钾的比例，置于瓷质或陶质容器内即可。消毒室内温度保持在20～25℃，熏蒸30min。消毒时应避开24～96h胚龄的种蛋。

3. 孵化前的准备

孵化前应对孵化室和孵化机进行检修、消毒和试温。孵化室内的温度以22℃为宜，不得低于20℃，亦不应高于24℃，相对湿度应保持在55%～60%。孵化室的墙壁最好用石灰水刷白。孵化盘和出雏盘先用碱水清洗后再用药液消毒。孵化机内清洗后用福尔马林熏蒸消毒。熏蒸方法是：按每立方米容积用福尔马林30ml、高锰酸钾15g，盛于搪瓷器皿内，放入孵化机底部，在温度24℃以上，相对湿度75%以上的条件下，关闭机门熏蒸10h。入孵前试温2～3d，待一切机件运转正常，温、湿度稳定后，方可入孵。

4. 上蛋

由于种蛋保存期温度较低，为使上蛋后很快达到孵化机内温度，入孵前4～6h或12～18h，将种蛋置于22～25℃的环境下预热。然后将挑选好的种蛋大头向上放在孵化盘里。入孵时间最好在下午4—5时，这样一般可在白天大量出雏。每批入孵的多少，应根据设备条件、孵化出雏能力、种蛋供应、雏鸡销售等情况而定。

5. 孵化条件

（1）温度。孵化乌骨鸡时的温度受孵化方法与孵化季节的影响。采用恒温孵化法或变温孵化法以及不同季节时的孵化温度控制见表2-1和表2-2。

表2-1 乌骨鸡恒温孵化温度控制

入孵天数（d）	冬季（℃）	夏季（℃）
1～18	37.8	37.5
19～21	37.2	37.2

表2-2 乌骨鸡变温孵化温度控制

入孵天数（d）	冬季（℃）	夏季（℃）
1～5	38.2	38.0
6～13	37.8	37.6
14～18	37.4	37.2
19～21	37.2	37.0

（2）湿度。孵化乌骨鸡的相对湿度，在孵化初期（1～7d），胚胎需形成羊水、尿囊液，湿度要求高些，为60%～65%；孵化中期（8～18d），因胚胎的羊水、尿囊液需排出，相对湿度要求低些，为50%；孵化后期（19～21d），为保证小鸡顺利啄壳，以及为防止雏鸡绒毛与蛋壳膜粘连，应给予较高的相对湿度，一般可提高到70%左右。

（3）通风。由于胚胎在发育过程中，不断地吸收氧气和排出二氧化碳，为保持胚胎的正常气体代谢，必须供给充足的新鲜空气。孵化初期孵化器的通气孔可不必打开，随着孵化时间的增加，通气孔应逐渐增大，到17胚龄时应全部打开。

（4）翻蛋。翻蛋的目的是避免胚胎与壳膜粘连，使胚胎各部分受热均匀，增加胚胎运动，保证胚胎正常生长发育。一般每2h翻蛋1次，翻蛋角度为前后45°。孵化满18d移蛋后即可停止翻蛋。

（5）凉蛋。凉蛋的主要作用是降温。孵化条件适宜时可不必凉蛋，但当孵化后期胚胎自身产生大量体热，使孵化器内的温度偏高时，就应进行凉蛋。凉蛋时，切断热源，照常转动风扇，打开孵化器机门，每次15～30min，一般蛋壳凉至32℃止。

（6）照蛋。照蛋的目的在于观察胚胎发育是否正常。一般进行3次照蛋，第一次在入孵5～6d时进行，将无精蛋、裂纹蛋验出；第二次在11d左右时，主要将中途死胚蛋验出，以免孵化时变质炸裂；第三次一般在移蛋时，一边落盘一边验蛋，剔出后期死胚蛋。

（7）移蛋（落盘）。移蛋是在孵化第18d或第19d最后一次照蛋后，将孵化盘上的蛋移入出雏盘的过程。移蛋的时间可依胚胎发育情况灵活掌握。移蛋后应停止翻蛋，准备出雏。

（8）出雏。发育正常的鸡胚，孵满20d就开始破壳出雏。在出雏期间，视出壳情况，及时捡出绒毛已干的雏鸡和空蛋壳，以利继续出雏。每次捡出的雏鸡，放

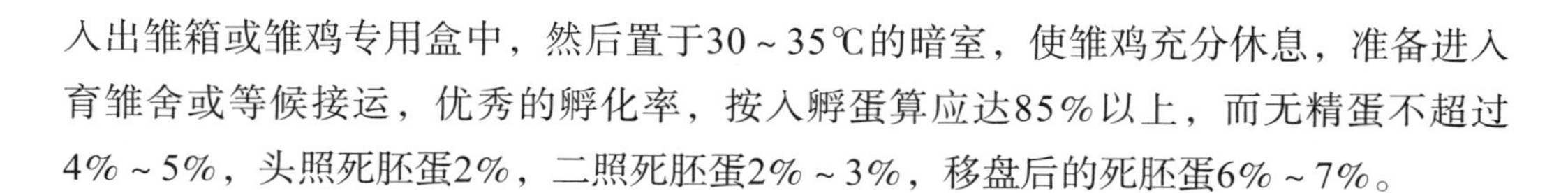
入出雏箱或雏鸡专用盒中，然后置于30～35℃的暗室，使雏鸡充分休息，准备进入育雏舍或等候接运，优秀的孵化率，按入孵蛋算应达85%以上，而无精蛋不超过4%～5%，头照死胚蛋2%，二照死胚蛋2%～3%，移盘后的死胚蛋6%～7%。

四、乌骨鸡的饲养管理

（一）乌骨鸡的饲养标准

目前我国还没有乌骨鸡的饲养标准，表2-3的乌骨鸡饲养标准仅供参考，应用时应结合当地的生产实际情况进行调整。

表2-3　乌骨鸡推荐饲养标准

营养成分	雏鸡（0～60日龄）	育成鸡（61～150日龄）	产蛋率（<60%）	产蛋率（>60%）
代谢能（MJ/kg）	11.91	10.66	10.87	12.28
粗蛋白	19.00	14.00	17.00	19.00
钙（%）	0.80	0.60	3.00	3.20
有效磷（%）	0.50	0.40	0.50	0.50
盐（%）	0.35	0.35	0.35	0.35
蛋氨酸（%）	0.30	0.25	0.25	0.30
赖氨酸（%）	0.80	0.50	0.50	0.60

（二）乌骨鸡日粮的配合

乌骨鸡日粮的配合科学进行，日粮既能满足乌骨鸡的生产和生长需要，又降低成本。配合日粮中各类饲料所占的比例可参考表2-4、表2-5。

表2-4　乌骨鸡配合日粮各类饲料比例

饲料种类	参考百分比（%）
谷物饲料（一般2种以上）	50～70
糠麸类饲料	5～10
植物性蛋白质饲料（豆饼、豆粕等）	15～20
动物性蛋白质饲料	5～20
无机盐饲料	3～6
微量元素和维生素、药物添加剂	0.5～1.0
青饲料（无添加剂时）按精料总量加喂	2～5

表2-5 商品乌骨鸡日粮配方（%）

饲料	0～5周龄		6周龄至出售	
	甲	乙	甲	乙
玉米	63.70	62.80	65.50	64.50
麦麸	2.10	1.60	6.50	5.00
豆粕	28.50	31.40	23.40	26.60
鱼粉	3.00	1.00	2.00	1.00
碳酸钙	1.41	1.96	1.27	1.60
石粉	0.65	0.50	0.75	0.60
食盐	0.25	0.35	0.25	0.35
蛋氨酸	0.14	0.14	0.08	0.10
复合微量元素	0.25	0.25	0.25	0.25
复合多维	每100天可添加25g			

（三）乌骨鸡鸡雏的饲养管理

乌骨鸡雏的育雏期为60d，比普通家鸡长10～20d。因乌骨鸡雏适应性差，生长慢，饲养管理中应特别注意以下几点关键技术。

1. 选好健雏

健康的雏乌骨鸡大小均匀，绒毛富有光泽，眼大有神，蛋黄吸收好，脐环平整，没有血迹，活泼好动，叫声响亮，握在手中有弹性，挣扎有力，肛门干净，无粪便粘附。

2. 育雏温度

乌骨鸡个体比一般家鸡小，羽毛稀少，散热快，对外界环境的适应性较一般鸡差，所以对温度要求比较高。育雏器供给的温度1～3日龄应在36～37℃，4～7日龄34～35℃，以后每周降2℃，5周龄后保持在23～25℃。此外在保持室温的同时，还应注意通风换气，以保持室内空气新鲜，避免呼吸道疾病的发生。

3. 湿度适宜

育雏室内的湿度过小，雏鸡体内水分散发过快，饮水量增加，育雏室内灰尘多，易暴发呼吸道疾病，羽毛生长不良，啄毛、啄肛现象增多。湿度过大，水分代谢受抑制，体表散热困难，食欲下降，公鸡生长缓慢，羽毛无光，抗病力减弱，垫料易发霉，易导致黄曲霉菌病及球虫病的发生。因此育雏头3d要求相对湿度高（60%～65%），第4d到2周龄55%～60%。以后由于饮水量增加，排粪中的水分和饮水器中的水自然蒸发即可满足需要，一般以人感到湿热合适、不干燥为宜。

4. 及时饮水

雏乌骨鸡在进入育雏舍的24h内，必须饮到清洁卫生的温水，水温应接近室温（16～20℃）。饮水中可加入5%葡萄糖和0.1%维生素C，以增强雏鸡体质，缓解途中运输引起的应激反应，加强体内有害物质的排泄。如此连饮3d即可，每100只雏鸡要有一个饮水器，雏鸡的饮水量为采食量的4～5倍。

5. 开食喂料

在雏鸡充分休息、饮足水后即可开食喂料。一般开食时间在雏鸡出壳后24～36h。第一次喂料可用碎米、小米、玉米碎粒开食。当雏鸡学会饮水、自动采食后，第2d应尽量让雏鸡吃上全价配合饲料。开食料也可直接采用全价配合饲料。喂料次数第一周每昼夜6次，第二周5次，3周龄以后以4次为宜。喂料量以第二次加料时还有少量残留料为准，或每次喂料保证30min内吃完为参考量。雏鸡开食时使用的用具通常采用浅平盘，或将饲料撒在已消毒过的报纸或深色塑料布上，每百只鸡用1个开食盘即可。1周后撤去开食盘，改用饲槽或料桶。随着鸡只的生长，使料槽边缘与鸡背同高。

6. 饲养密度

在生产实践中，饲养密度要根据鸡舍的构造、通风条件、饲养方式、饲养管理条件、鸡的日龄进行调整。在平面饲养乌骨鸡时，建议饲养密度为：5周龄以下的雏鸡，每平方米饲养25～23只；5～10周龄的鸡，每平方米饲养20～23只；10～16周龄的鸡，每平方米饲养16～20只。

7. 合理光照

3日龄前可采用24h光照，以诱导其饮水，采食饲料。3日龄以后，每天给18h光照，至脱温时，每周减少光照半小时，逐步接近自然光照，光照强度应由强变弱，1～2周龄时，每平方米应有4W的光量（灯高2m、灯距3m，带灯罩），15日龄后改变为每平方米1～2W的光量。整个鸡舍光照强度要均匀，最好用功率不超过60W的白炽灯泡，均匀安置并加灯罩，灯切忌用绳悬吊，以免风吹摇晃，造成鸡群惊恐不安。

8. 及早断喙

断喙能防止啄癖和减少饲料浪费，在7～10日龄剪掉由喙尖至鼻孔长度的1/2，下喙剪掉1/3，随即用烧红的烙铁烙一下伤口止血。

9. 定期消毒

每3d进行1次带鸡消毒，用百毒杀5×10^{-4}溶液喷雾，采用2～3种消毒剂交替使用，效果会更好。

（四）育成乌骨鸡的饲养管理

育雏结束后的乌骨鸡即可进入育成阶段。育成乌骨鸡根据其饲养目的可分为种用育成乌骨鸡和商品肉用（或药用）乌骨鸡，二者的饲养管理不同。

1. 种用育成乌骨鸡的饲养管理

种用育成乌骨鸡指60日龄至150日龄的乌骨鸡。乌骨鸡的育成期是生长发育最旺盛的时期，而育成后期是生殖器官快速发育完善的时期。育成阶段饲养管理的主要任务是：使鸡群具有较高成活率，鸡只具有良好体况，促进骨骼和各部器官的正常发育，按时达到品种标准体重，适时开产，开产日龄整齐，为此在饲养与管理育成乌骨鸡时应注意以下几点。

（1）脱温转群。脱温要逐渐进行，开始时白天脱温，晚上需加温，但晚上加温的时间逐渐缩短，约用一周时间过渡到完全断温。在完全脱温后即可转入育成鸡舍。捉鸡尽量在傍晚进行，轻拿轻放，避免造成强烈刺激，并将鸡只按强弱、母公分群。

（2）适宜环境。育成期的最佳温度为15～21℃，相对湿度以55～60%为宜，10～20周龄的光照是关键时期，从22周龄起，每周增加0.5～1h，直到产蛋期的光照时数。

（3）定期称重。每2周抽查5%的鸡，小群也不能低于50只。一般来说，鸡群的体重有70%～80%的个体在本品种标准平均体重±10%以内，则可认为是均匀的。

（4）限制饲喂。限制饲喂是提高均匀度的一项重要措施。限量饲喂时供给比自由采食少10%～20%的饲料。限时饲喂时每日可定时采食或1周内停2d料（停料日的饲料应均匀分在另外5d饲喂）。而生产上多采用限时限量相结合的办法。

2. 商品乌骨鸡的饲养管理

商品乌骨鸡一般指为生产滋补品或制药而在90～100日龄出栏的乌骨鸡。出栏时的体重可达750g以上。商品乌骨鸡的生长期可分为生长期和育肥期。生长期的饲养管理可参考育雏部分。育肥期则是长肉和贮存脂肪的时期，其饲养管理在参考前述育成部分的基础上，还应注意以下几点。

（1）日粮适宜的代谢能水平为11.1MJ/kg，蛋白质为18%～20%。日粮中应尽可能减少糠麸和营养含量较低的青饲料，这些饲料在日粮中最多占10%。

（2）限制其活动量，光线以微弱灯光为好，只需提供一个方便采食和饮水的照度。

（3）公、母分养，各自在适当的日龄出栏，有利于提高增重、饲料效率和整齐度，以及降低残次品率。

（4）屠宰前1周停止饲喂鱼粉，以免其鸡肉带有腥味，影响品质。

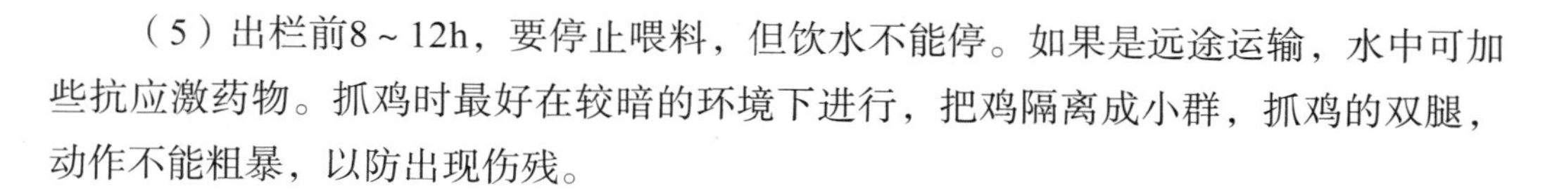

（5）出栏前8～12h，要停止喂料，但饮水不能停。如果是远途运输，水中可加些抗应激药物。抓鸡时最好在较暗的环境下进行，把鸡隔离成小群，抓鸡的双腿，动作不能粗暴，以防出现伤残。

（五）种鸡的饲养管理

1. 转群及种鸡选择

乌骨鸡种鸡应在20～22周龄开产前转入产蛋鸡舍，转群时应淘汰非种用鸡只。

2. 饲料质量

关键是要保证日粮中的高蛋白质量。日粮中的蛋白质水平，产蛋初期保持16%；产蛋高峰期提高到18%～19%，以后维持这个水平；产蛋20周后日粮中的蛋白质水平应维持在15%～16%。

3. 公、母比例及利用年限

公、母比例以1：10为宜。种鸡利用年限为2年，一般每年更换40%～50%的种鸡。

4. 环境控制

乌骨鸡产蛋的适宜温度为13～23℃；适宜湿度为60%～65%；光照以每周15min的增长速率为好，直到14～16h为止，照度以每平方米地面3～4W即可。此外平面饲养时的密度一般为每平方米4～5只。

五、乌骨鸡常见疾病的防治

（一）鸡马立克氏病

鸡马立克氏病是由病毒引起的以淋巴细胞增生为特征的肿瘤性疾病。雏鸡对该病易感染，随着鸡只日龄的增长，其易感性逐渐减弱。鸡马立克氏病潜伏期较长，1～3个月不等，发病时间在3～5月龄。死亡率10%～30%，一年四季均可发生。

防治方法：对于鸡马立克氏病，目前无药物可治，主要靠预防接种和搞好环境卫生措施来控制。

（二）鸡新城疫

鸡新城疫俗称鸡瘟，是由病毒引起的急性高度接触性传染病。一年四季都可发生，主要传染源是病鸡及无症状的带毒鸡。鸡新城疫潜伏期3～5d，临床症状取决于病毒的强弱、数量和鸡体抵抗能力的大小而有差异。

防治方法：目前预防鸡新城疫的发生，主要是通过鸡场卫生管理办法和疫苗接种，及经常性的消毒措施等进行综合防治。疫苗接种是目前预防鸡新城疫最重要的手段，有条件的鸡场应做鸡新城疫抗体水平监测，根据抗体效价水平适时接种疫苗。

（三）鸡传染性法氏囊病

鸡传染性法氏囊病是一种急性接触性传染病。本病毒对法氏囊具有高度的特异性，正处于发育阶段的法氏囊对本病毒高度敏感。主要发生于3～15周龄的鸡，3～7周龄最易感，对法氏囊已经退化的成年鸡和小于2周龄的幼鸡，很少发病。鸡法氏囊病潜伏期很短，感染后3～4d出现症状。病程5～8d，死亡率为10%～30%。

防治方法：本病目前尚无药物治疗方法，主要采取接种疫苗预防和加强鸡场的饲养管理及卫生消毒措施。

（四）鸡痘

鸡痘是由病毒引起的一种急性、接触性传染病。本病的特点是在无毛或少毛区的皮肤形成痘疹，最后结痂自愈。主要发生在口角、鸡冠、肉髯。鸡痘造成鸡群的死亡率较低。鸡痘一年四季均可发生，但以秋、冬两季流行较多。本病潜伏期4～10d，鸡群逐渐发病，病程一般为3～5周，有的可持续6～7周。

防治方法：本病没有特效药，主要依靠加强鸡群的饲养管理，严格执行卫生消毒制度和加强免疫接种预防。

（五）鸡白痢

鸡白痢是一种由沙门氏菌引起的急性或慢性传染病，对雏鸡的危害非常严重，可引起2周龄内的雏鸡大量死亡，成年母鸡患病后，产蛋下降。鸡白痢可以水平传染，也可以垂直传播。

防治方法：本病可采取药物治疗和预防。采用的药物有链霉素等，大群治疗时，把大蒜捣碎，放入饲料中饲喂，效果也很好。

（六）卫生防疫

在日常管理工作中，应加强清洁卫生，食槽、水槽要保持清洁，按时做好鸡群卫生防疫工作。做防疫时如果是采用点眼滴鼻法，必须确切地看着疫苗药液被鸡吸入后，再放进笼内。如采用刺种，则应在刺种后3d检查刺种效果，如效果不好，要补做。采用饮水法时，应根据鸡群大小，天气情况，预先将鸡群停水1～3h，以保证每只鸡都能饮到疫苗水。而且在使用疫苗接种时，要仔细阅读疫苗瓶签上的说明书，准确无误地稀释疫苗。在制定免疫程序时，要结合本场、本地区的实际情况，制定适合于本场、本地区的免疫程序，切忌生搬硬套。表2-6是商品乌骨鸡的一般免疫程序，供参考。

表2-6　商品乌骨鸡的免疫程序

日龄	疫苗	接种方法
出壳后24h内	马立克疫苗	皮下注射
7～10d	新城疫Ⅳ或Lasots	点眼滴鼻
10～15d	法氏囊疫苗	点眼滴鼻
20～25d	鸡痘疫苗	刺种
20～25d	法氏囊疫苗	饮水
35～40d	新城疫Ⅳ或Lasots	饮水

六、乌骨鸡的加工

乌骨鸡的产品加工在我国历史上记载的时代很早，主要用于药膳或治病。其他用途的产品则是在近十年才发展的，有滋补、饮品、调味等类型，有初加工产品和深加工产品之分。

（一）初加工产品

将乌骨鸡屠宰加工成白条鸡，进行简单包装后冷冻，再配以适当的药膳，作为家常滋补食品。

（二）深加工产品

到目前为止，以乌骨鸡为原料，开发生产的系列产品有：乌鸡白凤丸、参茸白凤丸、乌鸡调经丸、乌鸡酒、乌鸡天麻酒、中华乌鸡精、乌鸡口服液、乌鸡参杞精、乌鸡豆乳品、乌鸡维力奶、乌鸡桂花片、乌鸡饼干、乌鸡营养面等，以乌骨鸡为原料的产品不下几十种。

第三章　水生类

第一节　胡子鲇

胡子鲇（*Clarias*）属鲇形目、胡子鲇科。广泛分布于亚洲、非洲等近热带地区，在我国广东、广西壮族自治区、湖南、福建等地也有分布。近年来，我国从国外引进了两种胡子鲇：蟾胡子鲇和革胡子鲇，它们的习性与养殖方法同国内的胡子鲇相似，但个体大、生长快、产量高。在我国，目前大量推广养殖的是革胡子鲇。革胡子鲇又称埃及胡子鲇或埃及塘虱鱼，是原产于非洲尼罗河流域的淡水鲇类。1981年从埃及引入我国，几年来在我国南方各地推广试养，经济效益极高。

一、胡子鲇的药用与经济价值

胡子鲇的药用价值较高，与鸡内金清蒸后食用治疗小儿疳积和消化不良，与黑豆炖熟后食用可使产妇和贫血病人滋补强身，对于手术病人伤口的愈合，具有辅助治疗效果。

胡子鲇是一种优质鱼类。具有营养价值高，肉质细嫩，味道鲜美，骨刺少等优点，是消费者喜食的水产品。

胡子鲇具有生长快、耐低氧、耐小水面、抗病力强、易饲养管理等特点，是一种适合人工养殖的优质水产品种。如果水温适宜，鱼苗下塘饲养40d左右可达100g以上，经过70～80d的饲养，体重可达500g左右，最大体重达1 500g。如果饲料充足，当年鱼苗饲养一年，最大胡子鲇可长到3 500g。而且胡子鲇养殖周期短，单产高，一年可养多次。

二、胡子鲇的生物学特性

（一）形态特征

身体较长，前部扁平，中部略圆，后部侧扁，头腹平，背面圆。头较大，头背扁平，头骨部具有许多放射状排列的骨质凸起，口端位，吻宽而钝，有触须4对，角须最长，超过胸鳍，鼻须和颌须稍短，不到胸鳍。上、下颌和犁骨具密生的带状小齿。眼小，间距比较宽，前侧位。体表黏液丰富，无鳞，体背面颜色较深，呈灰褐色，体侧有不规则的黑色斑点和灰白色斑块，腹部白色。胸圆具一根粗壮硬棘，棘外缘有锯齿状的小齿。尾鳍后缘稍圆。背、尾、臀鳍边缘围红色带纹。

雌鱼体表较黏滑、色淡。下腹部膨胀柔软，胸鳍末端较钝，若成熟时腹部卵巢轮廓明显，生殖孔略凸出微红；雄鱼的体表相对雌鱼粗糙、色深、腹部窄长，胸鳍末端较尖长，生殖孔略凹。

（二）生活习性

胡子鲇属于底栖性鱼类，性情较温和。它除了到水面吞咽空气和摄取食物外，很少到水面活动。白天饱食后的胡子鲇喜欢聚积于池底、洞穴或阴暗处。夜间活动剧烈，摄食频繁，有时成群结队到水面猎取食物。

胡子鲇适应环境的能力较强，能在各种水体中生活。由于鳃上具有呼吸辅助器官，所以可以窜出水面直接呼吸空气。如果保持体表潮湿，长时间离水也不致死亡。因此胡子鲇能在普通鱼类不能生存的低氧和浅水环境中生活。胡子鲇抗病力很强，一般非致命性的伤口都能够自愈。

胡子鲇属热带性鱼类，对低温的耐受力比本地胡子鲇差，它的生长适温为18～34℃，生长的最适水温20～30℃。当水温降到8～10℃，会造成冻伤、感染水霉病，当降到7℃以下时，则开始死亡。因此胡子鲇在人工越冬期间，水温至少要保持在13℃以上。

（三）食性

革胡子鲇是以肉食为主的杂食性鱼类。其食量大，日食量为自身体重的5%～8%，最大日食量可达体重的15%以上。如投饲过量会产生摄食过多而撑死的现象。胡子鲇耐饥能力强，鱼种或亲鱼在人工越冬期间，4～5个月不投饲也不会死亡。当水温升到15℃以上时开始正常摄食，温度在20～35℃时摄食旺盛。一般5—9月为摄食盛期，此时生长速度最快。

在天然水体中，鱼苗主要摄食轮虫、水蚤、孑孓等，成鱼阶段主要食小鱼、虾、水生昆虫、底栖动物、腐败的动物尸体、有机碎屑、浮游植物及水生植物的嫩茎叶。在人工养殖条件下，可投喂的动物性饲料有鱼粉、蚕蛹、蝇蛆、螺、蚌肉、屠宰场下脚料等，也可投喂植物性饲料，如花生饼、豆饼、菜籽饼、米糠、麦麸皮及细浮萍。随着养殖量的不断扩大，应用配合饲料养殖也是不错的选择。

三、胡子鲇的人工养殖技术

（一）养殖场建设

室内、室外均可建设，一般分为苗种池、成鱼池和越冬池，条件允许还可建一个孵化池，在设计时最好能考虑到一池多用，既可作为越冬池，也可作为产卵、孵化、鱼苗培育池。

池塘面积一般根据养殖规模而定。苗种池面积通常为（5.0～10.0）m×（1.0～2.0）m，池深50～60cm，水深30～40cm。一般池子高出地平面20cm左右，以防雨季雨水进入池内。成鱼池面积一般为（8.0～20.0）m×（2.0～3.0）m，池深80～120cm，水深60～80cm，池子高出地平面40cm左右为宜。越冬池的面积一般为10～50m^2，池深为1.5～2m。越冬池要求不能少于两口，为了便于彻底清池或意外事故的发生，另外还要求有热源和单独的进、排水设备。

（二）亲鱼收集

收集亲鱼最好在秋季进行，收集前应对附近革胡子鲇养殖场进行调查，了解鱼种来源、年龄、体重、饲养状况。要选择体质健壮、体色鲜艳、体形丰满、活动正常、无病无伤的作为亲鱼。收集的雌、雄亲鱼亲缘关系较远为好；要求亲鱼为10～12月龄，体重为0.5～1kg；收集的亲鱼雌、雄比例要求为1∶1或1∶1.2。

（三）亲鱼培育

（1）革胡子鲇在静水池中的放养密度为每平方米8～10kg，如果热源丰富，有增氧设备，可增大到每平方米15kg以上。在有条件的地方最好母、公分养，避免雌、雄间的追咬造成受伤。

（2）搞好亲鱼的防逃防病工作。由于经常换水排污，要经常检查维修排水排污口，以免亲鱼从排水排污口逃窜；每1～2周应用食盐水等全池泼洒消毒，预防鱼病发生。

（3）每周应换水排污1～2次，每次可换掉池水的1/3～1/2。在亲鱼的强化培育期间，排污和换水次数适当增加，能促进亲鱼性腺早熟。

（4）胡子鲇是热带性鱼类，除我国南方部分地区外，一般都不能在天然水体中自然越冬，亲鱼必须在人工温室池内越冬。革胡子鲇的越冬期，一般从10—11月开始，到次年的3—4月为止。每年当水温降到15℃时，应迅速将亲鱼转入越冬池。越冬期间的主要管理工作是抓好水温、水质的监测和调节，饲料的投饲和鱼病的预防。把水温调节到15～18℃，不能低于13℃。在有条件的地方，在繁殖前1个月，可把水温调节到24～26℃，强化培育1个月后进行催产。如果有丰富的热源，在整个越冬期间均可把水温调节到25～30℃，并加强亲鱼培育，进行催产。

在越冬期间应投放高质量的饲料，并严格控制投饲量，尽量减少因池中饲料残留造成的水质败坏。每2～3d可投饲1次，每次按亲鱼体重的1%～2%投喂。投喂时以动物性饲料为主，如死鱼虾、蚕蛹、禽畜内脏等。在繁殖前1个月开始进行强化培育，投喂次数每天1～2次，投饲量可增加到亲鱼体重的4%～6%。

（四）繁殖技术

每年的5—9月，气温20～32℃，水温为23～28℃，是产卵孵化的最佳时机。多采用人工催产繁殖，即选择体重100g左右的健壮亲鱼，往胸腔或肌内注射激素，雌鱼以每500g体重绒毛膜促性腺激素3 000IU为宜，雄鱼减半。注射激素后，可将亲鱼按1∶1的雌、雄比例放入一个1m^{2}左右、水深40cm的水泥池或容器中，产卵池中放一些棕榈或水草等作为鱼卵黏附物，然后等其自然追逐产卵受精。一般持续3个多小时即可完成。待产完卵后，立即将亲鱼捞出，将黏附卵的棕榈或水草放在原产卵池孵化。也可采用人工方法，将雌鱼卵轻挤在一个干净的瓷盘内，然后将精液轻倒入瓷盘中，用羽毛轻搅让其受精，最后再用净水冲洗，脱黏、收集起来利用孵化槽进行流水孵化。

刚孵出的鱼苗不会浮游而沉入水底，经过3～4d后，卵黄囊被吸收完毕，方可游泳找食；这时除了投喂少量饵料使其进食外，还应加注新水，使鱼苗借水流游动进行锻炼，提高鱼苗的成活率。用水冲注1～2次后，选择能游泳的鱼苗转入鱼苗培育池内进行培育，以后陆续转完为止。

四、胡子鲇的饲养管理

（一）鱼苗的培育

可引用地下水、河水、水库水等，但应注意水质不宜太肥，水深一般为20cm左右。孵化后第4d的鱼苗，便可进行移苗工作。从孵化池或孵化槽内转移鱼苗入池的过程中，要避免强光照射，并轻装轻放。一般净水池中放养15万～20万尾/m^2，流水池中2万～3万尾/m^2。鱼苗长到1.5cm左右需经过10d左右，达到体长后再分塘饲养。

提高成活率和生长速度的关键在于水质的调节和饵料的投喂。每天还需加注新水1次，并在池中投放适当的水生植物或塑料管材，使其有一个躲避栖息的环境。

（二）鱼种培育

鱼苗经一段时间的饲养后，应及时分塘饲养，水深一般为30cm左右。在放养鱼种前一天，最好放一些线虫、丝蚯蚓等天然饵料。放养时应同时放养同一规格的鱼种。放养密度一般为1 500～2 000尾/m^2。每天投喂动物内脏和鱼、虾等动物性饲料，投喂量为体重的10%～17%，每天投喂2～3次。如果水温适宜，水质清新，可适当加大投喂量。日常管理过程中要做到每天加注新水、清理粪便污物。大约经过10d的培育，体长达3cm左右时应转入成鱼池饲养。

（三）成鱼的饲养管理

成鱼养殖有两种方式，一种是进行流水或循环流水高密度养殖，另一种是静水池精养。水深一般为70～80cm。鱼种大小直接关系到其成活率。一般每平方米水面放养体长3cm左右的鱼种80～150尾，如果采用流水或半流水方式可增大密度。但是要注意密度不能过大，否则将对其生长发育产生不良影响。

在鱼种刚刚下塘时，可投喂绞碎的动物内脏、鱼肉等动物性饲料，经过一段时间后，可全部试用人工配合饵料进行投喂。人工配合饲料的日投量占鱼体的10%～15%，每天投喂次数为2～3次。投饵量的多少应根据水质、水温适时地增减。

五、胡子鲇常见疾病的防治

人工养殖胡子鲇，一般很少发病，但是管理不当或运输捕捞过程中损伤鱼体，也会造成鱼病的发生。常见疾病有如下几种。

（一）打印病

该病由捕捞、密集运输等损伤体表伤口感染所致，在夏、秋雨季较多。病鱼多在体部前出现红斑点，以后逐渐扩大、红肿，呈圆形或椭圆形溃烂，如同打上了一个印。

防治方法：在捕捞等操作后，用1mg/L的漂白粉消毒，同时用红霉素软膏涂抹病鱼溃烂处。

（二）肤霉病

该病又称水霉病，由水霉菌感染引起。病鱼体表出现灰白色的团状菌丝，形如棉絮状，鱼游动失常，消瘦而死。此病在越冬期间和人工繁殖时多次迁捕受伤后易发生。

防治方法：越冬池及鱼卵孵化池用生石灰彻底消毒；捕捞亲鱼时，操作要仔细，以免损伤鱼体皮肤，亲鱼受伤后可用10%孔雀石绿软膏或磺胺药物软膏涂抹受伤处；鱼卵发病用1%食盐水浸洗3～5min，每天1次，连用2d；鱼种或成鱼发病用0.1～0.2mg/L孔雀石绿对水全池遍洒，或用0.04%的小苏打（碳酸氢钠）加0.04%的食盐溶液全池遍洒，用药后观察9～10h再加注新水。

（三）肠炎

该病由细菌或病毒引起，饲养过程中突然改变饵料或投饵不定量，易引发此病。病鱼肠道充血发炎，腹部肿胀，体腔充满黄色积水。鱼体色变黑，离群独游，不久死亡。

防治方法：定时定量投饵，保持水质清新；饵料的改变不要过于突然，特别是由动物性饵料改投植物性饵料时，应将两种饵料混合投喂一段时间后，才完全投喂植物性饵料；定期用浓度为每升1mg的漂白粉消毒鱼池。用氯胺T拌入颗粒饵料中做成药饵，药量占饵料量的1%，连续投喂3～4d；用呋喃唑酮加入颗粒饵料中做成药饵，药量占饵料量的0.5%，连续投喂3～5d。

（四）气泡病

因池水中氧气、二氧化碳或氮气过饱和或池中饵料不足，鱼苗误吞气泡而引起此病。鱼苗肠道出现气泡；鱼苗和亲鱼的体表、背鳍及鳃丝上附着很多大小和形状不一的气泡。解剖病鱼，肝脏由土黄色变为紫色，血液变为浓红黑色。此病主要发生在鱼苗阶段和亲鱼越冬阶段。鱼苗气泡病通常发生在6—7月，亲鱼气泡病则发生于越冬末期（池水二氧化碳浓度常高达50～90mg/L）。

防治方法：采取加注水库水或经曝气后的深井水，使患轻度气泡病的亲鱼在冲注水的环境中排出气泡恢复正常；鱼苗池是水泥池，使用前须经过清水浸泡2～3d后再使用。放养后应在池面上设立席棚遮阴或在池中放一些水葫芦遮阴，防止阳光直射，减少浮游植物光合作用，避免氧气过多；水深1m时，1m^2水面用陈皮0.19g、广木香0.38g、鲜扁柏树叶3.0～3.7g煎煮，用药汁全池遍洒。

六、胡子鲇的捕捉与加工

（一）捕捉

野生胡子鲇产量越来越少，人工养殖的成为满足市场需求的主要来源。人工养殖条件下，革胡子鲇放养时间在5—7月和10—11月，平均体重达到500g以上可以捕捞上市。捕捞方法有钩钓、拉网、竹笼诱捕、板曹等多种方法；还可以进行统一排水干塘捕捞，排水要缓慢，使鱼进入鱼坑/沟，然后捕捉。为降低捕捞过程沾染的污泥给鲶鱼带来的异味，避免其肉质、肉味受到影响，需将捕捞到的鲶鱼在清水池中放养2～3d，并停止喂食，促进鲶鱼体内异味物质排出。

（二）加工

胡子鲇可以整体鲜用，与其他鱼类宰杀、处理程序无异，剔除鱼鳃和肠杂等物质，需特别注意的是胡子鲇的鱼卵亦属弃去之列。处理好的鱼按照滋补、药膳成方及方法加工即可。除鲜用外，胡子鲇还可以在洗净、去内脏后，按照小鱼直接用盐腌制、大鱼从背部纵切盐腌的方法腌好，然后在阳光下晾晒，干后放在干燥处保存。食用前将鲶鱼干进行洗净、清水浸泡脱盐、切块/丝，加调料熟制即可。

第二节　黄　鳝

黄鳝（*Monopterus albus*）俗称鳝鱼、尤蛇、蛇鱼、田鳝或田鳗等。在分类学上属于鱼纲、辐鳍亚纲、合鳃目、合鳃科。在我国除青藏高原外，全国各水系均有分布，尤其在长江流域和江南各省更为普遍。

一、黄鳝的药用与经济价值

黄鳝的肉、皮、骨、血、头均可入药，药材名分别为鳝鱼、鳝鱼皮、鳝鱼骨、鳝鱼血、鳝鱼头。

1. 鳝鱼

味甘、性温。具有补血、补气、消炎、消毒、除风湿、强筋骨等功效。主治痨伤、风寒湿痹、产后淋沥、下痢脓血、痔瘘、臁疮。

2. 鳝鱼皮

烧灰捣细罗为散，空腹以暖酒调服，可治妇女乳结硬疼痛。

3. 鳝鱼骨

烧灰香油调涂，治风热痘毒。

4. 鳝鱼血

味咸甘、性平。有祛风、活血、壮阳之功效。主治口眼歪斜、耳痛、鼻衄、癣、瘘。鲜血局部涂敷可治疗颜面神经麻痹，滴耳可治疗慢性化脓性中耳炎。

5. 鳝鱼头

味甘、性平。主治消渴、食不消及去冷气、除痞症。

除药用外，黄鳝也是宴席上的佳肴，其肉质细嫩，味道鲜美，含有丰富的蛋白质、多种维生素和矿物质等，畅销国内外市场，深受消费者的欢迎，是著名的滋补和药用水产品。

黄鳝适应能力强，病害少，饲料来源广，对环境条件要求不高，养殖方法简便，成本低，经济效益高。

二、黄鳝的生物学特性

（一）形态特征

黄鳝体形细长，形状似蛇或鳗鱼，前段呈圆柱形，向尾端逐渐变尖细而偏扁。体表黏滑无鳞，各鳍均退化。背侧呈黄棕色，全身排列棕色的不规则斑点，腹部呈灰白色，具有淡灰或灰色条纹。

黄鳝具有性逆转现象，从胚胎期到性成熟期都是雌性，只能产卵，但产卵后卵巢逐渐转变为精巢，变成雄性至终生。雌性一般头部细小而不隆起，体背青褐色，无斑纹花点，有时可以见到3条平行褐色素斑，体长大约为30cm。雄性一般头部大，并稍隆起，体背部一般由褐色素斑点构成3条平行的带纹，体的两侧沿中线分别可见一行色素带，体长为50cm以上。体长在30～50cm的一般为雌、雄同体。

（二）生活习性

黄鳝多栖息于河道、湖泊、沟渠等浅水水域或水稻田里，喜在水体的泥质底层钻洞穴居。黄鳝善于用头部穿穴入泥，穿洞穴时，动作相当敏捷，很快就可钻入泥土中。黄鳝洞穴一般约在离地面30cm的地方，且一般位于池塘、沟渠和田基边上。洞穴弯曲多分叉，每个洞穴至少有2个出口。

黄鳝白天潜居洞穴中，晚上出来觅食。当水温降到10℃左右时即潜入泥中越冬，春季水温上升到10℃以上时，开始活动觅食。15～28℃为摄食和生长的适温，23～28℃时摄食量最大，生长也最快。28℃以上时食量减少，36℃为临界温度。

（三）食性

黄鳝是一种以动物性食物为主的杂食性鱼类，喜食活饵。黄鳝幼苗阶段主要摄食轮虫、枝角类、桡足类和原生动物等大型浮游动物。幼鳝阶段捕食水生昆虫、丝蚯蚓、蚊幼虫、蜻蜓幼虫等，有时也食有机碎屑、丝状藻及其他浮游植物。成鳝主要捕食螺蛳、蚬子、河蚌、虾类、小鱼、蝌蚪、幼蛙及陆生动物如蚯蚓、蚱蜢、飞蛾、金龟子、蟋蟀等。食物缺少时，也吃瓜、菜、麦麸、浮萍、植物碎片等。黄鳝很贪食，当食物靠近嘴边时，黄鳝会张口猛力一吸，将食物吸入嘴中。当咬住大型食物无法吞下时，靠身体的激烈转动将食物咬断来吞食。黄鳝也耐饥饿，长时间不吃食也不会死亡。但在食物缺乏的条件下，黄鳝也会自相残食。

（四）繁殖特性

黄鳝性成熟一般需2～3年，繁殖季节每年在4—8月，5—6月为产卵旺期。怀卵量为200～500粒，为沉性卵。产卵时首先雌鳝在洞穴附近吐出泡沫筑成巢，然后将卵产在泡沫上，雄鳝立即在卵子上排精，受精卵浮在泡沫上发育孵化。发育水温17～30℃，最适孵化水温23～28℃，约经150h孵出仔鳝，经6d左右卵黄囊消失，仔鳝能在水中自由行动，并开始觅食。黄鳝的生长较缓慢，1龄长至20cm，2龄长至30cm，3龄可长至40cm。人工养殖的黄鳝，其生长速度与饲料充足与否有关，饲料充足的情况下，要比自然界中生长得快。

三、黄鳝的人工养殖技术

（一）鳝池建造

黄鳝池一般选在地势稍高的向阳背风处，要求水质良好，不污染，水源充足，以便进、排水。鳝池形状不拘一格，可因地制宜。鳝池的大小可根据养殖规模而定，家庭养殖以10～15m^{2}为宜，水泥池或土池均可。

1．水泥池

池壁用砖或石块砂浆砌成，用水泥抹面，池深0.8m左右，池壁高出地平面20～30cm，池边墙顶做成“T”字形出檐，池底铺20～30cm深的河泥，泥质要软硬适度。池水保持7～18cm，池壁高出水面约30cm。在水平处设一排水口，在其对面池壁地平面处设一进水口，进出水口均用铁丝拦住。为了保护幼鳝，还可在池中建1～1.5m^{2}的圆形幼鳝池。幼鳝池壁留2～4个大小不一的窗孔，窗孔用铁纱罩好，不让成鳝入内，只可幼鳝通过。

2．土池

选择土质坚硬的地方建池，从地面向下挖30～40cm。用挖出的土作埂，埂高40～60cm，埂宽60～80cm。埂要层层夯实，池底也要夯实。池底铺一层油毡，再在池底及四周铺设塑料薄膜，池底上面堆20～30cm厚的淤泥或有机质土层。池子建成后可在池内种植一些水生植物如水葫芦、慈姑、浮萍等，在池四周种些攀缘植物如丝瓜、扁豆等搭棚遮阴。有条件的可在室内建冬季保温池，以缩短养殖周期，达到全年饲养的目的。

（二）繁殖技术

1. 选种

用作人工繁殖的亲鳝可到自然界中用鳝笼捕捉，或到市场上采购。要求亲鳝体质健壮、个体较大、无病、游动活泼、肌肉肥厚，体色以黄褐色或青灰色为宜。在非产卵季节，很难鉴定亲鳝的雌、雄，因而一般以体长作为标志。人工繁殖时，以选择体长25cm左右的雌鳝，体重200～500g的雄鳝为宜。公、母搭配比例为1：（2～3）。

2. 产卵

（1）自然产卵。先用砖块、水泥等建造一个面积1～2m^2，池深40～50cm的长方形产卵池。加水后给池中挂一些棕榈等植物供鳝产卵用。然后将雌、雄亲鳝入池养殖。产卵后立即将棕榈等连同其上的卵捞出，放到孵化池中进行孵化。

（2）人工催产。选择性成熟好的黄鳝进行人工催产。催产药物用促黄体素释放激素类似物或绒毛膜促性腺激素。体重20～50g的雌鳝和50～250g的雄鳝，每尾一次性注射促黄体素释放激素类似物分别为5～10μg和10～20μg。用绒毛腺促性腺激素，一次性注射用量按每克体重2个国际单位计算。注射部位为腹腔，注射深度不超过0.5cm，一次用量不超过1ml；雄鳝在雌鳝注射24h后进行，用药量不超过0.5ml。

3. 孵化

人工孵化时，最好在孵化缸或孵化瓶中进行。水流从容器底部进入，上部溢出，使卵不致沉入容器底部，创造一个与黄鳝在自然状态下能出泡沫使卵发育类似的环境条件。水深保持10cm左右，水温保持25～30℃。孵化期间，要适时换水，换水时水温差不要超过5℃。经过3～8d就可孵出仔鳝，过2～3d后即可放入幼苗培育池培育。

四、黄鳝的饲养管理

（一）鳝苗的饲养管理

1. 清池

在放鳝苗前10～15d清整苗池修补漏洞，疏通进排水孔，并用生石灰消毒，用量为100～150g/m^2。放苗前3～5d注入新水备用。要求水质清、肥沃、含氧量丰富。春、秋季每6～7d换1次水，夏季每3～4d换1次水。水深保持10cm左右，水温保持25～30℃。

2. 鳝苗放养

刚孵化出的仔鳝不能摄食，主要靠吸收卵黄囊的营养来维持生命。卵黄囊消失后即自由取食，此时应用煮熟的鸭蛋黄用纱布包好，浸在水中轻轻搓揉，鳝苗可取食流出的蛋黄液。在容器内培养2～3d后，移入育苗池。育苗池的放养密度为300～450尾/m^2。

3. 投饵

鳝苗喜食活体饵料，主要以大型枝角类、桡足类、水生昆虫、水蚯蚓为食。所以在放鳝苗后，除要用肥水培育浮游生物外，平时还要每天将经过腐熟的粪肥用水稀释后，全池均匀泼洒1次。如果条件允许，也可用豆浆泼洒全池。此外还可用人工配合饲料进行投喂，一般是用熟鸡蛋黄、豆粉糊、蛙肉糊、豆浆等调成饵料，遍撒全池，投喂量占鳝苗总体重的10%～15%，日喂4～5次。

4. 分养

鳝苗体长约30mm时，应按不同大小鳝苗进行第一次分养，密度为150～200/m^2。此时可投喂蚯蚓、蝇蛆、少量麦麸、米饭、瓜果等。日用量占鳝鱼体重8%～10%，每天2～3次。鳝苗体长50～55mm时进行第二次分养，将规格接近的鳝苗放养在同一池中，密度为100～120尾/m^2。饲料为蚯蚓、蝇蛆和其他动物饲料，用量占鳝苗体重的8%～10%。当鳝苗长到15cm左右时，即可进入成鳝池进行饲养。

（二）成鳝的饲养管理

1. 水质

在日常管理中注意池水的深度和水质的清新，水深以15～18cm为宜，高温季节可适当深些。每1～2d更换或加注新水1次，及时捞出池中的残食。在池中种植水生植物，或在池上方搭建丝瓜棚、扁豆架、葡萄架等利于盛夏季节避暑，若水温超过30℃应及时更换清凉的新鲜水，或在池中添加新的淤泥。同时还应防止老鼠、蛇和家禽的侵袭。

2. 放养密度

一般为2～3kg/m^2，最多5～6kg/m^2。同一养殖池中，鳝种规格应尽量整齐，切忌大小混养。鳝池中可搭配养殖一些泥鳅，放养量一般为8～16尾/m^2，因为泥鳅不与黄鳝争食，且由于泥鳅生性活泼，上下串游可防止黄鳝缠结，并可减少疾病的发生。

3. 投饵

黄鳝喜食鲜活的动物性饲料，其中以蚯蚓为最好，其次为蝌蚪、蝇蛆、杂鱼、小虾、蚌肉、蚕蛹、螺蛳、蚬肉、动物下杂等，兼食一些植物性饲料，如麦芽、麦麸、豆、菜饼、青菜、浮萍等。5—9月为摄食盛期，应抓紧在生长季节加强投喂，一般投饲量为体重的3%～5%。在6—8月的生长旺季，投饲量可增加到6%～7%。每天投饲

1～2次，应做到定时、定量、定点投喂。当水温降到15℃以下时，可少喂或不喂。

（三）越冬管理

越冬前将水排出，但要保持泥土湿润，在泥层上加盖20～30cm厚的稻草或草帘子保温，禁止人、畜在上面走动，便于黄鳝冬眠。亦可用塑料大棚保温，但应注意通风防止黄鳝缺氧窒息。越冬后当初春水温上升至14℃以上时逐步将池草取出加水，但加水不应超过5cm。如加水过早、过深，则会将黄鳝诱出洞，因温度变动频繁造成死亡。

五、黄鳝常见疾病的防治

（一）打印病

该病又称腐皮病，由点状气单胞菌引起，是黄鳝最常见的疾病之一。病鳝表现为食欲不振，游动无力，整天将头伸出水面，体表有许多圆形或卵圆形、大小不一的红斑，以腹部两侧居多，有的还在腹部出现蚕豆大小的紫斑。严重者表皮腐烂成漏斗状的小窝，若剥去腐肉，往往可见骨骼和内脏。该病流行于5—9月，尤以夏季更为常见。如不及时治疗，可引起鳝鱼成批死亡。

防治方法：清洗鳝池，更换池水，保持水质清新。发病时用磺胺噻唑按每千克体重10g的剂量拌料投喂，每天1次，连喂5～6d；或用1mg/L水体漂白粉泼洒全池，连用3d。

（二）烂尾病

该病由一种气单胞菌引起，此病全年均可发生，以6—9月常见，在密集养殖池和运输途中容易发生。发病初，病鳝尾柄充血发炎，随病情发展，肌肉出现坏死溃烂，严重时尾部烂掉，尾椎骨外露。病鳝的头伸出水面，反应迟钝，活动无力，终至死亡。

防治方法：合理放养，注意鳝池的水质与环境卫生，运输过程避免机械性损伤，可减少此病发生；可选用三氯异氰尿酸粉、戊二醛、含氯石灰及苯扎溴铵溶液等1种或2种，在池中泼洒。用每毫升0.25IU的金霉素药液浸洗病鳝15～30min。

（三）水霉病

该病由水霉菌引起，本病一年四季均可发生，主要流行于春、秋两季。病鳝体表病灶处可见霉菌孢子向外长出的棉絮状灰白色菌丝，患处肌肉腐烂。病鳝食欲锐减，常在水面缓游不安。严重时可相互感染，导致黄鳝成批死亡。

防治方法：勤换水，增加水中溶氧，抑制水霉菌生长；放养、捕捞等过程，操作要仔细，尽量避免鱼体受伤；用0.04%食盐和0.04%小苏打合剂全池遍洒；亲鳝若患轻度水霉病，可用5%碘酒涂抹患处，也可用3%～5%食盐水浸洗3～5min。

六、黄鳝的捕捉与加工

（一）捕捉

除冬季外，可用特制的易进不易出的捕鳝笼诱捕。晚上7—8时在黄鳝池内放笼，凌晨3—4时收笼以捕捉黄鳝。成批捕时可用捕鱼种用的夏花网捕捞。

入冬后黄鳝潜伏于浅表层池泥中，可先挖去鳝池一角淤泥，然后用手依次翻扒淤泥，捕捉黄鳝，不宜用铁器翻挖，以免挖伤鳝体。最后将池泥全部清出作肥料用，来年再填新土。

（二）加工

1.整条黄鳝

黄鳝多鲜用，取活黄鳝、洗净，去肚杂、煮食，捣肉为丸或焙干为散，内服。外用时可切成片敷贴。

2.鳝鱼血

鳝鱼血亦鲜用，取活鳝鱼断头或针刺头取血，涂敷或滴入耳、鼻。

此外，鳝鱼皮、头、骨烧灰，酒服，或香油调和外涂。

第三节　泥　鳅

泥鳅（*Misgurnus anguillicaudatus*）是在我国广泛分布的淡水小型经济鱼类。

一、泥鳅的药用与经济价值

泥鳅肉或全体均可入药，药材名泥鳅。其皮肤分泌的黏液也可供药用，药材名泥鳅滑液。泥鳅具有补中益气、壮阳利尿等功效，主治消渴、阳痿、传染性肝炎、痔疮、疥癣。临床用泥鳅治疗传染性肝炎，效果显著。泥鳅滑液可治小便不通、热淋、痈肿以及中耳炎。泥鳅肉质细嫩，营养丰富，是一种高蛋白、低脂肪的高档水产品，被称为动物人参，在国内外市场深受欢迎。目前我国的泥鳅被日本、韩国等东南亚国家列为进口水产品之一。由于国内外市场的兴旺，仅靠野生泥鳅捕捉是远远满足不了市场需求的。养殖泥鳅具有周期短、饲料来源广、占地面积少、单位产量高、投资小、易管理等优点，因此在渔业生产中是值得提倡和推广的养殖对象。

二、泥鳅的生物学特性

（一）形态特征

泥鳅在我国通常有3种，真鳅、大鳞泥鳅、花鳅。我国目前大力提倡的养殖对象是真鳅。真鳅体型小而细长，在腹鳍前呈圆柱状，由此后渐侧扁。口小，位于腹面，眼小，视觉不发达。口须5对，鳞小，埋于皮下，侧线鳞150片左右。背鳍无硬刺与腹鳍相对。臀鳍短，起点在背鳍基部后方，胸鳍距腹鳍很远，尾鳍圆形。体背及两侧灰黑色，分布有黑色小斑点，体侧下半部呈白色或浅黄色，尾柄基部上方有一块黑色大斑。体表有较多的黏液。

雄鳅胸鳍较大，长而前端尖，第二鳍条明显，背鳍末端两侧有肉质凸起；雌鳅胸鳍较小，短而呈椭圆形，产前腹部肥大且带透明的粉红色或黄色。

（二）生活习性

泥鳅是温水性底层鱼类，喜栖息于静水的贮水池、湖沼、池塘、水田等浅水域，并在富含有机物碎屑的淤泥表层生活。泥鳅对环境的适应力很强，除特殊原因外，几乎不游到水域的中、上层活动。

泥鳅适宜中性或弱酸性土壤，适宜水温为15～30℃，水温在25～27℃时生长最快。当水温降到10℃以下或达到34℃以上时，它便进入淤泥中的10～30cm处冬眠或休眠。如果池塘干涸，只要土壤中稍有湿气，稍有少量水分湿润皮肤，就能维持生命。泥鳅除用鳃呼吸外，当水中缺氧时还可用肠和皮肤来呼吸，这是它特有的生理现象。所以它对缺氧环境的抵抗力，远胜于其他养殖种类。

泥鳅是杂食性鱼类，水中和泥中的小型甲壳类、丝蚯蚓、植物嫩茎叶、杂草种子、有机碎屑等都是它的饵料。泥鳅喜欢在夜晚吃食，但在产卵期和生长旺季白天也吃食。在一昼夜中有2个摄食高峰，即上午7—10时和下午4—6时。泥鳅对食物的辨别是靠嗅觉进行的。幼鳅基本上以动物性饲料为主，成鳅则以植物性饲料为主。

泥鳅是善逃逸性鱼类，水质清新，晴朗天气并不逃逸，如春、夏季节涨水时，养殖池壁稍有漏洞，一夜之间就会逃掉。因此养殖时池塘建设要避免逃逸的发生。

（三）繁殖习性

自然生长过程中，一般体重20g以上的2冬龄泥鳅可达性成熟。泥鳅是多次性产卵鱼类，一年可产卵2～3次。水温18℃以上开始发情产卵，一般每年4—8月分批产卵，5—7月为产卵最盛期。泥鳅的怀卵量较大，每尾雌鱼怀卵量为0.2万～2.0万粒，一般产于水岸、水沟、水草根际处。受精卵因黏着性弱及水流关系，多落于泥中，受精卵孵化的适宜水温为20～28℃，最适水温为25℃，在25℃时，24h即可孵出鱼苗。

三、泥鳅的人工养殖技术

（一）养鳅场的建设

养鳅场的选择，应注意以下几个问题。

1. 水质

泥鳅喜河流、湖泊中的水，而不喜山泉水。养鳅场对水的要求是水源充足，水质良好，日照充足，温暖，排灌方便。

2. 土质

养鳅池的土质以黏性土为好，在黏性土上建的养鳅池，养的泥鳅骨软，脂多，体黄，味美，养鳅池底层如掺入腐殖土，则可提供丰富的天然饲料，提高产量。

3. 养鳅池

养泥鳅既可以利用水田、池塘、养鳗池，也可建造专用的鳅池。鳅池的建造原则是防逃逸、易捕捞。

养鳅池可建水泥池。如建普通池，则应建防逃墙，墙用水泥建成。中间嵌木板或铁皮，防逃墙应高出水面30cm，上沿加尼龙网罩。养鳅池的进排水口均应有防逃装置，如拉网等。一方面防止泥鳅逃逸，另一方面也为了防止野杂鱼进来。养鳅池中央应建集鱼坑，稻田养泥鳅时应在稻田四周挖集鱼道。建集鱼坑和集鱼道，一方面是为捕捞时的需要，另一方面是让泥鳅在供水不足或高温季节时有一躲避场所。此外还应建溢水口，防止暴雨时溢水逃鱼。

（二）繁殖技术

1. 引种

鳅苗可从市场购买、野外捕获亲鳅或人工繁殖。

2. 亲鳅的选择

要求长15～20cm，重30～50g，体型端正，健壮，无病无伤，体色正常。雌泥鳅要胸鳍较短，前端钝圆成扇形，生殖季节腹部特别膨大；雄泥鳅胸鳍较长，前缘尖端向上翘起，生殖季节挤压腹部有白色精液从生殖孔流出。

3. 繁殖技术

（1）自然繁殖。开春后用生石灰消毒产卵池（面积为20～30m^2），然后注入新水。待药物毒性消失后，将选留的亲鱼按公、母比例为1∶（2～3）放入池中，并适当投喂少量饼粕、糠麸、鱼粉等饵料。当水温上升到18℃时，在产卵池中放入用棕片、水草、网片等扎成的鱼巢，泥鳅一般喜欢在晴天的早晨产卵。当亲鱼基本完成产卵后，立即将有鱼卵的鱼巢取出，放入孵化池或孵化容器中孵化。产卵池放入新的鱼巢后，供亲鱼继续产卵。

（2）人工繁殖。人工催情时间是在亲鱼性成熟后。如发现池塘内泥鳅的吃食量突然下降，检查雌鳅腹鳍上方两侧有凹陷白斑，表明性腺成熟，此时可进行人工催情。雄、雌鳅比例为1∶1.1或1∶1.5为宜。雌鳅每50g体重肌内注射绒毛膜促性腺激素（HCG）400国际单位，雄鳅减半。注射时间在中午12时至下午1时较好。这样可经10～12h的效应时间，使泥鳅发情排卵的时间刚好在后半夜。注射方法是用湿纱布包住泥鳅，在背鳍前1cm偏离背中线处，针体向前与鱼体成30°角刺入0.2cm。选用人工授精方式时注射时间要仔细推算，保证排卵时间在白天，以便操作。注射后每50组放入一个小网箱中暂养。

人工授精时间是在发情高潮期。自人工催情到发情高潮这一段效应时间的长短和水温有关。水温在20℃左右时，约18h；水温25℃以下时12～14h；25℃时10h；28～32℃时6～8h。进入发情高潮，雌、雄鳅激烈追逐，呼吸急促，肛门中排出气泡。挤压雌鳅腹部，有金黄色卵粒流出，此时即可进行人工授精。即将追逐激烈的雌、雄亲鳅捕出，轻压雌、雄鳅腹部，挤出卵粒和精液，流入瓷盆内并用长羽毛轻轻搅拌，使精液和卵粒混匀，再加少量清水，以增加精子的活力。然后将受精卵撒在事先准备好的鱼巢上，放入孵化缸内进行孵化。

孵化缸内的水需经过严格过滤，孵化密度为1L水500～600粒卵。水的流速以能翻动散在的卵粒为宜。鱼苗出膜时，水流应稍稍加快；至鱼苗平游，然后再调小流速，流速太快易使鳅苗夭亡。最适孵化水温为25～27℃，孵化时间为30～35h。出膜后的鳅苗呈“逗点”状，长3～3.7mm，体透明，背黑色，能看见卵黄囊；55～60h后，体长5.3mm，尾鳍条出现，胸鳍扩大，出现鳔，并开始主动摄食。此时可投喂熟蛋黄，1日2次。每10尾苗每次1个蛋黄，研成粉末并调成悬浊液，调小水的流速后再投喂，连喂3d，鱼体转成淡黄色后即可下池培育。

四、泥鳅的饲养管理

（一）饲料准备

动物性饲料包括小杂鱼、鱼粉、动物内脏、蚕蛹、猪血等；植物性饲料包括米糠、麸皮、豆饼、谷物等。

（二）鳅苗养殖与管理

苗池面积一般为50～60m^2，水深50cm，最深不超过80cm。苗池可以是水泥池，也可以是土池。如是水泥池，则不必建造专门的防逃设施和集鱼坑，但底部应铺设30cm厚的淤泥，以培养浮游生物；土池的堤埂应夯实。

放苗前整理池塘是保障其成活率的一个重要环节。鳅苗下塘前10～15d应进行清塘，先将池水抽干，检查池壁、池底是否完好。然后按22.5kg/km^{2}的比例向池内泼洒生石灰水，也可用漂白粉按20g/m^{3}的比例进行泼洒，清塘后一周向池里注入经过过滤的新水。

进池前应先在同一池内网箱中暂养半天，喂一些蛋黄浆。经暂养后的鳅苗才可入池培育，池内鳅苗的密度为750～1 000尾/m^2；有流水条件的苗池则可高达1 500～2 000尾/m^2。鳅苗的规格应一致，以防大吃小的现象发生。鳅苗下池时应注意孵化池或盛鳅苗容器的水温与鳅苗池水温不宜相差5℃以上。鳅苗入池后可以投喂豆浆，也可以培育肥水，还可以两者结合。鳅苗在孵化2个月内，主要摄取轮虫和水蚤，因此池内每天应泼洒3～4次豆浆，以培育轮虫作为稚鳅的饲料。豆浆的投喂量，前期为每百平方米干黄豆0.5kg，鳅苗下池4d后为每百平方米0.75kg。泼浆时间，上午8—9时，下午1—2时。鳅苗培育后期可在池内施有机肥以培育浮游生物，也可施化肥；池水以黄绿色为好，有机肥以鸡、鸭粪为好。

鳅苗下塘初期，池水一般深度为45～55cm，以后每隔1周加注新水15cm深，以弥补被蒸发的水量。鳅苗培育期间应坚持每天巡塘3次，孵化后不久的鳅苗呼吸功能较差，此时应注意缺氧的发生。因此第一次巡塘应在早晨，发现鳅苗集中在池水的中上层但又不到水面，是缺氧的先兆，应立即加注新水；中午进行第二次巡塘，主要查看鳅苗的活动情况；傍晚查看苗池水质，消灭池中的有害昆虫和蛙卵，检查有无鱼病。

鳅苗经过45～60d的培育，体长可达3～4cm。此时要进行分池，进入鳅种培育阶段。鳅种池的面积一般为50～100m^2，水深40～60cm。放养前须清塘，用牛粪、鸡鸭粪等埋于池底作为基肥，施肥量为1kg/m^2。1周后即可放养鳅苗，60～120尾/m^2。鳅苗规格要整齐，可用特制的筛子进行筛选。

饲养期内除开始时施基肥外还要追肥，当水的透明度大于25cm时，就要施追肥。用量为0.5kg/m^{2}有机肥，装入麻袋里浸于池水中。2个月以后的泥鳅要投喂人工饵料，做到定时、定质、定量、定位。一般每天投喂2次，早上6—7时投全天量的70%，下午1时投喂30%，所投饵料须在1～2h内吃完。水温低于20℃时，饵料中动物性饲料占30%～40%，日投饵量为鱼体重的2%～5%；水温在20～23℃时，动物性饵料占50%，日投饵量为7%～8%；水温23～28℃时，动物性饵料占60%～70%，日投饵量为10%。水温高于30℃或低于10℃时应少投或不投。要将饵

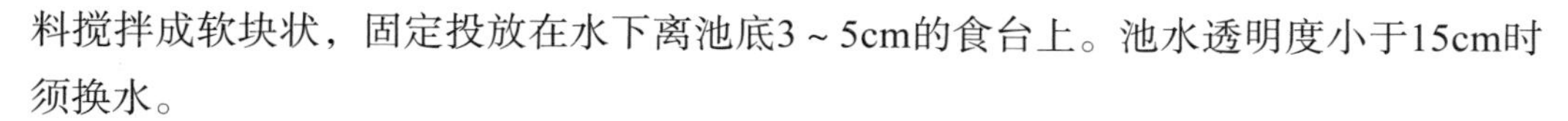

料搅拌成软块状，固定投放在水下离池底3～5cm的食台上。池水透明度小于15cm时须换水。

日常管理中要注意经常巡塘，及时发现异常现象如浮头等，并采取相应措施解决。平时要常注新水，防止水质恶化。高温季节，要种植水生植物或采取其他措施遮光降低水温。经过3～4个月强化培育，体重可达7～12g，这时应分养到成鳅池饲养。

（三）成鳅的养殖与管理

1．池塘养殖

池塘选址应找水源充足，水质良好的地点。即使在枯水季节也应能够满足养鳅池的用水需求；土质应为中性或微酸性的黏质土壤。专业养鳅池面积在100～300m^2，池深80～100cm，水深30～50cm。鳅种放养前15d用生石灰清塘，10cm水深，每平方米用生石灰100g。通常鳅种下塘时间是每年的3月中下旬，水温10℃左右，选择晴朗的中午进行。放养规格为体长3cm的泥鳅苗，每平方米放养100～150g；体长6cm泥鳅苗，每平方米放养150～200g。

尽管养殖泥鳅要求水质肥，但水质过肥容易造成缺氧和水质变坏，特别是在炎热的夏季。因此要注意经常换水，使池水既肥又爽。另外在梅雨季节和闷热天气，池水容易缺氧，要注意巡视池塘，发现泥鳅窜上水面“吞食空气”或浮头，要立即加注新水或采取其他增氧措施。

2．网箱养殖

网箱用聚乙烯布做成，面积为10m^{2}左右，成鳅网箱用3m×3m网片做成，网目为1cm左右，面积一般为50m^{2}左右，网箱设在湖、河或池塘内。箱底着泥，箱内铺以15cm厚的肥土。苗种网箱每平方米放养鳅苗2万尾，成鳅网箱放养2cm的鳅种2 000尾，投喂方法与池塘养殖法相同。网箱养鳅要加强日常管理，网衣要勤刷洗，保持水流畅通，溶氧丰富。有破洞时要及时修补好防逃。

3．稻田养殖

在稻田中首先要开挖“鱼沟”“鱼溜”，以便稻田放水时使鱼栖息。稻田养泥鳅的关键是做好防逃工作。一是要将田埂筑好夯实，并用稀泥糊严缝隙；第二是用塑料薄膜将四周田埂围起来，以防逃鱼；第三是田埂要高出水面20cm，并在进出水口处加设拦网。在稻田中养泥鳅一般是当年放养，当年收获。因此应放养规格在3cm左右的大规格鳅种，每平方米水面放养50尾左右。稻田养鳅一般采用不投饵的粗放养殖法，在放养前要施足基肥，养殖期间视水质肥度补充追肥。在稻田施农药时一定要放水，将泥鳅集中于鱼沟及鱼溜中，以防农药中毒。在捕捞时将稻田的水放干，泥鳅全部集中于鱼沟、鱼溜中，用纱网捕即可。一般每平方米水面放养0.2kg泥鳅苗，养殖半年后可收获0.5kg成鳅。

五、泥鳅常见疾病的防治

泥鳅患病的主要原因有两方面，一是水质恶化，二是外伤。此外在长途运输和人工采卵后，要及时处置鳅体外伤。常见病有如下几种。

（一）红环病

该病是泥鳅最常见的疾病之一，为捕捞后长时间流水蓄养，使鳅体抵抗力下降，进而感染细菌所致。其症状是鳅体和鳍呈灰白色，同时在身体上出现红色圆环。

防治方法：发现泥鳅患有此病，应立即将其放入池塘养殖。放入池塘前用0.2mg/L的二氧化氯或美婷溶液浸洗30min，或放养后用0.2mg/L的二氧化氯或美婷全池遍洒。

（二）打印病

该病由嗜水产气单胞杆菌寄生于皮肤而引起。此病常发生在7—8月。病灶一般呈椭圆形、圆形，浮肿并有红斑，主要发生在尾部。

防治方法：如发现池中有该病，可用每升1g漂白粉全池泼洒或用每升2mg的环丙沙星药浴。

（三）腐鳍病

该病由某种杆菌引起，流行于夏季。病灶往往在背鳍附近，使肌肉腐烂，严重者使鳍条脱落，鳅体两侧从头部至尾部浮肿。此病病程进展慢，内脏器官一般不受损害，所以不会出现暴发性死亡。

防治方法：在病灶处涂抹孔雀石绿软膏预防此病；用每升0.1mg氯霉素或每升0.2mg土霉素或金霉素0.4mg/L溶液浸洗病鱼10～15min，1次/d，1～2d即可见效，5d即可治愈。

（四）水霉病

该病由水霉菌引起。此病易发生在泥鳅的孵化阶段，水温较低时，受精卵最容易发生。此外冬季长期蓄养，鱼体受伤后也易发生此病。病鳅行动迟缓，食欲减退，体表可见灰白色棉絮状绒毛。严重时病鳅身体消瘦，不堪重负，终至死亡。此病常与腐鳍、腐皮、赤鳍等鳅病并发。

防治方法：尽量避免鱼体受伤；受精卵感染此病时，用6.7mg/L的孔雀石绿溶液浸洗30min；泥鳅感染此病，用10～30mg/L浓度的孔雀石绿溶液浸洗病鳅15～30min，或用3%食盐溶液浸洗5～10min；用1mg/L的漂白粉溶液全池遍洒，杀灭

水体及病鳅体表的病原菌。

（五）寄生虫病

该病多由车轮虫、舌杯虫、三代虫在体表寄生引起。此病在泥鳅的苗种培育阶段易发生。病鳅体表及鳃黏液分泌增多，离群独游，漂浮水面，呼吸困难，食欲减退，严重感染时可引起死亡。取病鱼体表黏液或鳃丝镜检，若低倍视野下有20个以上的车轮虫或舌杯体虫，有5个以上的三代虫，即可诊断为患相应的寄生虫病。

防治方法：病鳅患车轮虫病或杯体虫病，可用每升0.7mg的硫酸铜或每升0.7mg的硫酸铜和硫酸亚铁（5：2）合剂全池遍洒；三代虫病，可用每升0.5mg的晶体敌百虫全池遍洒治疗。

六、泥鳅的捕捞与加工

（一）捕捞与运输

泥鳅有入泥过冬的习性，因此应在入冬前就进行捕捞。捕捞泥鳅可用须笼和套张网两种工具。须笼与虾笼相似，用竹篾编成，笼口有逆须，笼端可装袋子。套张网呈方锥形，用尼龙线手工编织而成，由网口、网身及囊网组成。

捕捞泥鳅的方法很多，既可以在排水时用上述网具捕获，也可以在排水时将泥鳅驱赶至集鱼坑内进行捕捉。

泥鳅的运输可用塑料袋加水充氧进行运输，视运输的远近而决定充氧量多少。

（二）加工

泥鳅可鲜用或干用，干用者取鲜泥鳅洗净，去头尾，阴干；或取活泥鳅放清水中养1d，使其肠内容物排净，然后用干燥箱100℃烘干。泥鳅滑液的鲜用，是在收取活泥鳅后滴下滑液，或取活泥鳅洗净，撒以白糖，腻滑涎即出，去鳅用其涎。

第四节　海　马

海马（*Hippocampus*），又名落龙子，在动物学分类上属于刺鱼目、海龙科。分布于我国的东海和南海以及朝鲜、日本、新加坡、菲律宾、印度尼西亚、夏威夷群岛、澳大利亚、印度洋、非洲东海岸等海域。

一、海马的药用与经济价值

海马无食用价值，但药用价值很高，为珍贵的中药材。海马性温，味咸、甘。具有补肾壮阳、温通血脉、镇静安神、舒筋活络等功效。主治阳痿、遗尿、虚喘、难产、症积、疔疮肿毒等。海马一直受到人们喜爱和国内外市场的青睐，素有“北方人参，南方海马”之美誉。

目前全球海马每年交易量达到2 000万只，范围涉及32个以上国家和地区。近年国内销量也剧增，每年消费量1 000多万只。由于需求增加，导致滥捕乱捉，使海马资源日渐减少。据有关资料介绍，全球共有35个海马品种，但过去几年内已减少了一半。因此发展人工养殖已势在必行，海南省、广西壮族自治区已有养殖户发展海马人工养殖，并取得了养殖经验，人工养殖海马，不失为一条生财之道。

二、海马的生物学特性

（一）形态特征

不同种的海马，形态虽不尽相同，但有共同特征。其体型很小，身体侧扁弯曲，腹部凸出，躯干部呈七菱形，尾部四棱形，向后细长，可随意弯曲，体长10cm左右。头呈马头状，与躯干部呈直角，头顶部有冠状凸起。眼较大，侧上位。口小，位于吻管顶端，无牙。吻细长，管状。体无鳞，完全为骨环所围，有10～13个骨环。背鳍基短，臀鳍较宽呈扇形，无腹鳍和尾鳍。体侧具不规则白色斑点或斑纹。雄海马的头和身体具有发达的刺，体呈淡棕色，并散有暗褐色的小点，其尾部腹面有口袋状的育儿囊。雌海马的身体较平滑，色泽均匀。“马样的头、极为弯曲的身体、猴子似的尾巴、袋鼠般的腹囊、石龙子的塔状眼睛、犰狳样的甲胄”逼真地说明了海马的形象。

（二）生活习性

海马是一种游泳力不强的浅海小型鱼类，游泳速度很慢，主要靠胸鳍、背鳍和臀鳍相互配合摆动而游泳。尾部具有卷曲能力，缠卷在海藻或其他漂浮物上。平时游动姿势有两种：一种是尾巴、身体水平伸直，游泳速度快；另一种是尾巴卷曲，游泳时身体近于垂直，速度慢。海马抗敌本领差，但能模拟环境变换体色，避免被敌害发现。

海马对水温变化的适应能力较强，适温范围12～33℃，最适温度为19～28℃。温度过高，海马会出现烦躁不安、乱闯、头浮出水面并发出“咯咯”的声音等情况，同时摄食减弱或停止，造成死亡。温度过低（11℃以下），海马不活动、摄食停止、活动缓慢、沉底，最后导致死亡。海马生长的适宜海水相对密度为

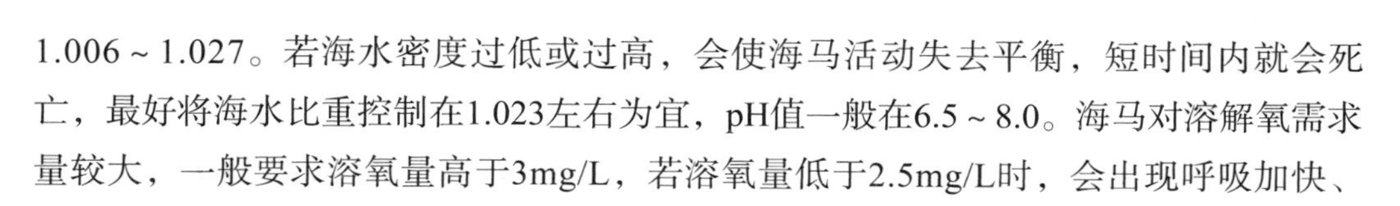

1.006～1.027。若海水密度过低或过高，会使海马活动失去平衡，短时间内就会死亡，最好将海水比重控制在1.023左右为宜，pH值一般在6.5～8.0。海马对溶解氧需求量较大，一般要求溶氧量高于3mg/L，若溶氧量低于2.5mg/L时，会出现呼吸加快、发声、乱撞，最后沉底死亡。

海马适应的光范围为500～20 000lx，最适光照为3 000～6 000lx。光线过弱，海马不活动不摄食；光线过强，藻类大量繁殖，会引起各种疾病。因此海马若在室内养殖，应增加门窗灯光以便加强光照；若在室外养殖时，应遮顶避免太阳光直射。

海马喜食活饵，不吃死后变味的食物。饵料主要以端足类、桡足类、糠虾、毛虾、磷虾、萤虾等浮游甲壳类动物为主，可用扒网及浮游生物网等在港湾、沟渠及盐田沟渠等处捕获饵料。海马采食依靠鳃盖和吻的伸张活动来吞吸食物。

（三）繁殖特性

海马雌、雄异体，生殖方式极为特殊。雄性海马性成熟时，尾部腹面的育儿囊明显，负有孵化卵子和照顾仔鱼的任务；雌性的腹部膨大、凸出。繁殖季节一般于3月中旬开始，6—8月为最盛期。若水温在20℃以上，其他条件又适宜，海马全年均可繁殖。在繁殖季节，性成熟的雌海马把卵排入雄海马的育儿囊内，雄海马同时排精在囊内受精，经8～20d便孵出幼海马。每尾雌海马每年能产几胎到几十胎，每胎可产苗数十尾至千尾。海马的繁殖力与年龄及个体大小有密切的关系，以2龄海马的繁殖力最强。海马生长速度较快，幼海马经过几个月的生长即可达到成体大小。

三、海马的人工养殖技术

（一）养殖池

人工养殖海马的常用方法有水泥池养殖、水缸养殖和池塘养殖。目前我国普遍采用水泥池的养殖方法。根据海马生长的不同特点，分别建造幼苗池、幼鱼池、成鱼池。幼苗池（或育苗池）主要是供培育初生海马幼苗或供亲海马产苗之用，面积为0.5～2.0m^2，水深0.5～0.8m；幼鱼池用以放养培育15～20d以后的海马幼苗，面积2.0～5.0m^2，水深0.8～1.0m；成鱼池用于饲养体长6cm以后直至收获的成海马或亲海马，面积5～20m^2长方形池，池深1.0～1.2m。建造各种池时，最好池底埋于土中1/3左右，可使水温较稳定，排灌水方便，长方形池便于操作，便于遮光调节光线。水池可建在室内或室外，但室外水池应有遮光设备，防止日光暴晒，水温升高而导致幼苗死亡。

（二）繁殖技术

繁殖一般选择1～2龄、个体大、粗壮活泼、摄食能力强的亲体，按照1：1的雌、雄比例混养，让其交配受精。海马发情一般在上午，表现为雌海马追逐雄海马，在此期间，体色由原来的黑色变成淡黄色，雄海马表现很被动，雌海马追逐到一定时间，雄海马育儿囊张开，其内有透明的精液，雌海马通过生殖乳突把卵排入雄海马张开圆形袋口的育儿囊中，并在此受精。卵为红色，一端透明，卵长径为1～1.2mm，短径为0.8～1mm。排卵至育儿囊的过程只需1～2min，最适温度19～20℃。怀孕期温差不能超过2～3℃，以免流产或早产。在此期间要精心护养，每天喂4～5次新鲜、大小合适的饵料，水质要保持清洁，溶氧应充足。一般受精卵经过8～20d就孵化出苗，并可从育儿囊中排出，在排出前雄海马以尾部卷在海藻或其他物体上，呼吸紧张，运动加快，一仰一伏地摇动着。每当育儿囊张开1次，就排出1只或几只小海马仔。海马产苗在天亮前，每次产苗数分钟至10多分钟，在短时间内产完苗，苗质量好；产苗时间长，苗质就差。产完苗后，应立即把亲海马和幼苗分养，以防止亲海马残食或撞伤幼苗。

四、海马的饲养管理

（一）密度

初生苗每平方米放1 000尾左右，经过7～15d，苗体渐大，密度可酌减。7～9cm的幼海马每立方米200～300尾，10～13cm的幼海马每立方米100尾，13cm以上的成海马每立方米30～50尾。高温季节要适当疏养和勤换水，低温季节可适当密养。在条件许可时尽量疏养一些，这样可使海马生长发育良好，减少疾病，成长迅速。

（二）水质

水质要新鲜，氧气要充足。孵化后3～5d内，可以在原池中排去1/2～2/3旧水，并将池底污物吸除，然后添放新鲜海水。随着海马生长，通常采用全换水的方法，温差不超过±2℃，操作要轻、快。夏季1～2d换水一次，越冬期可4～6d换水一次。如遇下雨、池水过淡或出现食欲减退、浮头、发声、急喘、乱窜、沉于水底或病变时，要及时换水、换池抢救或遮阴处理。在饲养过程中，每个育苗池安装1～2个充气口，连续充气，保持水中溶氧充足。夏、秋季白天池中遮阴，避免烈日直射，防止硅藻大量繁殖，或水温过高引起病害。冬、春阳光较弱，水温低，要防风防冻，做好保温工作。

（三）饵料

海马喜食活饵料，但鲜饵及冻饵可进行驯化后投喂。海马吞吸食物主要是靠鳃和吻的伸张、收闭活动来完成的。海马无牙齿，主要是囫囵吞下食物，故饵料的大小以不超过吻径为度，对饵料种类和鲜度有一定的选择性。海马苗产后不久就摄食，初生苗主要摄食轮虫及桡足类无节幼体（100目筛绢能滤过为佳）。随着幼海马的生长，可

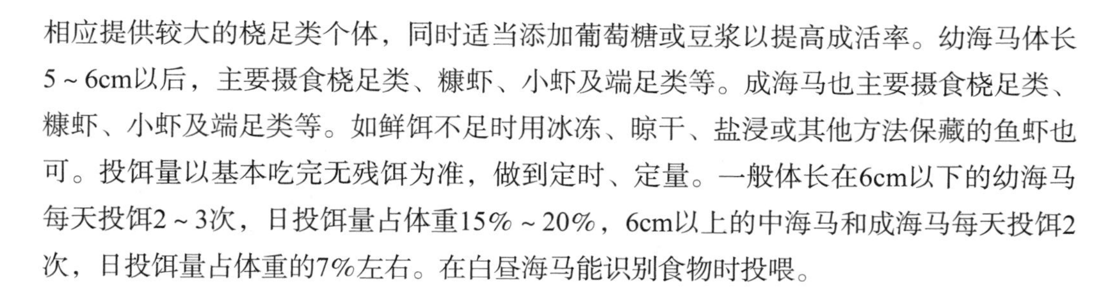
相应提供较大的桡足类个体，同时适当添加葡萄糖或豆浆以提高成活率。幼海马体长5～6cm以后，主要摄食桡足类、糠虾、小虾及端足类等。成海马也主要摄食桡足类、糠虾、小虾及端足类等。如鲜饵不足时用冰冻、晾干、盐浸或其他方法保藏的鱼虾也可。投饵量以基本吃完无残饵为准，做到定时、定量。一般体长在6cm以下的幼海马每天投饵2～3次，日投饵量占体重15%～20%，6cm以上的中海马和成海马每天投饵2次，日投饵量占体重的7%左右。在白昼海马能识别食物时投喂。

五、海马常见疾病的防治

（一）胃肠炎

该病是由细菌感染引起，多发生在1—5月。患病海马肛门松弛、红肿，并有白色黏液外泄。常孤独离群、活动迟缓、食欲减退、消瘦、衰弱致死，多发生在幼苗阶段。

防治方法：保持水质和饵料洁净新鲜，池水常用高锰酸钾或明矾消毒灭菌。用50万单位/L的土霉素海水溶液浸浴，每天30min，连续处理3d。用3g/L的呋喃唑酮或40g/L的磺胺胍水溶液浸泡干制毛虾30min后投喂，2次/d，连续3～5d。

（二）烂鳃病

该病又叫车轮虫病，是由车轮虫寄生引起，春、秋季节发病率高。症状为鳃组织溃烂，甚至死亡。

防治方法：常用8mg/kg硫酸铜和10mg/kg高锰酸钾混合液浸浴15min预防，效果较好。

（三）胀鳔病

该病主要是由于生活环境突变，水质恶化，溶氧不足，饵料不足等引起，多发生在育成阶段。表现为鳔内充满气体，腹部胀大，不能下沉，游泳困难，鱼体消瘦，最后死亡。

防治方法：改善生活条件，保持水质清新，氧气充足，水温稳定，避免强光，采用优质饵料。

（四）气泡病

该病多是由于水质不洁，强光照射或不及时换水，致使藻类大量繁生引起，特别是雨后转晴时易发。症状为体表臌起一个个小气泡，状若烫伤，漂浮于水面，严重时致死。

防治方法：避免强光直射，控制藻类繁生。用针刺破气泡放出气体。可用5mg/kg

的高锰酸钾海水浸泡5～10min。

（五）敌害

有些硅藻如舟形藻等附生于海马的鳃上，分泌大量黏液覆盖鳃，有时甚至引起淤血，严重影响呼吸。病海马活动缓慢，体瘦浮于水面，数日死亡。

防治方法：控制光照和藻类的繁生。

六、海马的采集与加工

（一）采集

一般在越冬前或繁殖季节，个体含水量较低时收获，张网捕捉。采集饲养1年半以上的个体，晒干率可达30%以上。

（二）加工

捕捉后先将海马放在淡水中浸泡一段时间，洗刷体表灰黑色皮膜，去除内脏将尾盘起，然后放在阳光下晒干，天气好时一般晒3d就可以了。如果收获时天气不好，可烘干，但不要烘焦。选择雌、雄大小相近的两只用红线捆扎成对，称“对马”。幼小海马直接晒干，称“海蛆”。用纸封包，在木箱或坛罐等干燥盛器内底部先放些石灰，然后放入晒干或烘干的海马。经常检查有否发霉、虫蛀，如有变化要及时在阳光下晒数日即可。

第五节　刺　参

刺参（*Stichopus japonicus*）属棘皮动物门、海参纲、木盾手目、刺参科。主要分布在北太平洋沿岸浅海，如日本、朝鲜及俄罗斯远东的近海。在我国主要分布在辽宁、山东和江苏省近海，是唯一能生长在黄海、渤海区域的温带种类。

一、刺参的药用与经济价值

刺参味道鲜美，营养丰富，蛋白质含量高。据分析每百克生鲜刺参含蛋白质21.5g，主要成分是大量的黏蛋白及多种氨基酸。刺参是宴席上早已名闻遐迩的佳肴，远在几百年前就被视为一种珍贵海味而名列“八珍”之首。

刺参不仅是一种保健食品，而且可以用于治疗或辅助治疗某些疾病。刺参味咸、微甘、性温，归心、肺、肾经，有补肾壮阳、益气补阴、通肠润燥、止血、消炎之功效，主治肺结核、肾虚阳痿、肠燥便秘、再生障碍性贫血等症。刺参中含有刺参素，能抑制多种霉菌。另外刺参还含有防衰老的酸性黏多糖。初步研究证实内脏中所含有的较多的酸性黏多糖具有抗肿瘤及抗凝血作用。

近年来需要量不断增加，天然产量已远远不能满足市场的需要。刺参本身的营养价值和较高的商品价值决定其具有较高的养殖效益。

二、刺参的生物学特性

（一）形态特征

刺参体呈扁平圆筒形，两端稍细，分背、腹两面。身体柔软，伸缩性很大，当其受到外界的刺激时易收缩，当其爬行时体先收缩后伸展，呈蠕虫状。伸展时最大体长可达40多厘米。体背为黄褐色或栗子黑色，分为2个辐部（步带区）及3个间辐部（间步带区），有4～6行圆锥状的肉刺（又叫疣足），是变形的管足。腹面比较平坦，为黄褐色或赤褐色，有3个辐部及2个间辐部，整个腹面有密集的管足，管足的末端有吸盘，管足在腹面大致排成3个不规则的纵带。口位于体前端偏腹面，周围有20个木盾状触手，呈环状排列，触手生在圆筒状的柄上，前端宛如花瓣一般，瓣的裂片常常呈短的水平分叉，刺参靠触手的扫和抓将食物送入口中。肛门位于体后端且稍偏于背面；生殖孔为位于前端背部距头部1～3cm的间辐部上，色素较深，只在生殖季节明显可见。

（二）生活习性

1. 栖息环境

刺参喜欢生活在潮流畅通、水质清澈、无大量淡水注入的岩礁底或沙底，其生活区多富有底栖硅藻及大型藻类。幼小个体多生活在大叶藻基部及礁石、砾石下，成年个体逐渐移向深水区，即分布在水深3～20m的海底。刺参在海底缓慢匍匐行动，10min可运动1m。水温达到20℃时刺参要进行“夏眠”，时间大约为100d。在此期间不食不动，消化道等脏器萎缩，紧紧吸附在岩礁缝中或石板背面，一直睡到仲秋季节才开始活动。另一个习性是“排脏”，当其受到强烈刺激或遇水质浑浊等恶劣条件刺激时，会将全部脏器从肛门中排出体外。与此相适应其再生能力很强，条件适宜时，失去的脏器及切断的体段均可再生，成为一个完整的个体。

2. 生长特性

依其生活的海域不同，个体生长速度也不同。当年繁殖的幼参可长到5～8cm，个别可超过10cm，达到商品规格通常需要3年左右。

3. 食性

刺参用触手扫、抓底质表层中的底栖硅藻、海藻碎片、细菌、微小动物，有机碎屑等，将这些物质连泥沙一起摄入口中。其摄食量相当大，体重为200g的个体，年摄食量可达13kg。摄食强度具有季节性，摄食最高值出现在2—3月，最低为8月。

（三）繁殖特性

刺参为雌、雄异体。生殖腺位于食道悬垂膜的两侧，呈多歧分枝状，其主分枝为11～13条，各分枝在围食道环处汇集成一总管通入生殖孔。生殖腺一般在5月中旬开始发育，5月下旬至6月上旬成熟，进入繁殖期。在生殖季节母性生殖腺呈橘红色，雄性呈乳白色。卵和精子由生殖孔排入海水中受精。受精卵经囊胚期和初耳幼体、中耳幼体、大耳幼体发育为稚参，进一步成长为成参。

三、刺参的人工养殖技术

（一）养殖场地建造

养殖场地宜选择在风浪小、不受季风影响、适于刺参生活习性的湾口及内湾，并应具备水质清新、潮流畅通、流速缓慢等条件，养殖场所要方便操作。目前常采用人工池塘养殖：养殖池以长方形，南北走向为好，南北两面各设一个进排水闸门，海水更换依靠自然纳潮，日换水量为30%。在池塘中设一些人工海参礁，可投石块、人工礁或轮胎等，投礁以每块30～50kg重为宜，堆放成条状或堆状，条状堆高1～2m、宽2～3m、行距3～5m，堆状每堆石块2～3m^3·堆距10～20m。并向池塘内移植海带、裙带菜、鼠尾藻等海藻，从而为刺参创造一个良好的爬行、栖息、摄食和夏眠环境。规格为1cm左右的小参苗要用网袋投放，网口半开，让参苗慢慢爬出来。4～5cm的大参苗可直接投放入池。投放密度10～20头/m^2。

（二）繁殖技术

1. 引种

一般采捕亲参进行人工育苗。采捕时间为5月下旬至6月中旬，选择体重在250g，体长20cm以上，体质健壮，无损伤，活动正常的3龄海参作亲参，放在池内进行蓄养。蓄养密度为20～30头/m^{3}水体，溶氧量要求在5～6mg/L以上，水温18～20℃。蓄养期一般不投饵，每天早、晚各换水1次，每次换水1/2或1/3。要及时清除池内的亲参粪便、污物，观察亲参的活动情况，发现有排精及即将排卵的个体时，及时做好产卵前的准备工作。

2. 产卵与孵化

亲参蓄养3～10d后便可自然产卵排精。为了使亲参精卵集中排放，可采用阴干、冲水刺激法。刺激一般在下午5时左右进行，将蓄养池中水放干，使亲参阴干45min至1h，然后用高压水冲击5～10min后清洗水池，注入新鲜海水。亲参经冲水刺激0.5～1h后，即开始频繁活动，2h后雄参排精，在精液诱导下，半小时后雌参开始产卵。一般将雌参放入产卵箱中产卵，雌参的怀卵量很大，据推算，具100g重卵巢的个体，怀卵量为1 830万～2 630万粒，人工蓄养的体长20cm以上的个体，平均每次产卵量为600万～700万粒。待产卵后将雌参捞出，取精液放入产卵箱，同时进行搅拌，精子投入量为一卵周围有十几个精子为宜。将受精卵移入幼体培育池中孵化、培育，投放密度为100万/m^3水体。

3. 幼体选育

当受精卵孵化发育至耳状幼虫时，将浮于中上层的幼体采用虹吸法，选到培育池中进行培育，培育密度为10万～60万/m^3水体。幼体培育时间一般需10～15d。除采捕亲参人工繁殖育苗外，也可直接购进稚参苗放养。应选择附苗量均匀、规格整齐、镜检无畸形、无病变的稚参，大小最好在2～4mm。一般采用干运法，连同育苗场的附着基及框架一起运回。运输时应避免光照，防止风干，以利提高保苗成活率。由于稚参个体小，抗风干能力差，为保证成活率，一般就地购苗，避免长途运输。

四、刺参的饲养管理

（一）饵料

幼体选入池后即应投喂饵料。适宜的饵料有盐藻、湛江叉鞭金藻、牟氏角毛藻、三角褐指藻、小新月菱形藻等。采用上述饵料单一或混合投喂均可获得较好的培育效果。但以2～3种饵料混合投喂效果更佳，饵料混合投喂可使其营养互补，满足幼体的营养需求。投饵量按培育水体计算饵料密度，头3d投饵量可按1.5万～2.0万个/ml，以后按3.0万个/ml投喂。如果饵料不足时，可加投5×10^{-7}浓度的酵母粉上清液。当幼体变态为樽形幼体时，为充分利用水体，加大附着面积，应及时投放适合的附着器材。在波纹板组装的附着器材上接种上底栖硅藻，使用前10d左右要将已附着底栖硅藻刷下，重新用筛绢反复过滤，去掉大型藻体及老化藻体等再次接种，使板上重新均匀地附上一薄层底栖硅藻，以便稚参早期食用。刺参苗除食用自然生长的底栖硅藻外，还需投喂一定量的杂鱼、虾粉、藻粉、豆饼粉制成的人工配合饲料，可根据池内饵料情况及时补充，一般每3～5d投喂人工配合饲料10～15g/m^3水体。幼参对高温的适应性较强，进入高温期夏眠时间较短，但增长缓慢，应适当减少投饵量。

（二）水质

1. 盐度

刺参生活的最大盐度为1.5%～3.3%，体长4mm的稚参，适盐下限为2%～2.5%，稚幼参发育适盐范围为2.6%～3.2%。刺参保苗正处于夏季多雨季节，极易在短期内造成盐度急剧下降，尤其是一些靠近河口的大棚和受上游淡水影响较大的海水井，雨季要经常测量海水盐度，避免因抽入低盐度海水而造成保苗损失。

2. 水温

刺参在自然海区内20℃以上即进入夏眠状态。稚参的最高生长温度为24～26℃，长期处于27℃以上则停止生长，甚至大量死亡。调控水温的主要方法是利用地下海水，龙口地区地下海水的温度，一般夏季18℃左右，冬季14℃左右。

3. 水质管理

除大潮期间纳排水外，平时要根据水色、水温情况及时排纳水，无法纳水时，要用机器提水。夏季高温季节日换水2～3个全量，有条件的最好常流水，4～6d倒池1次；冬季日换水1个全量，10d左右倒池1次。倒池后要进行严格消毒处理方可使用。

五、刺参常见疾病的防治

稚参培育阶段正值夏季高温季节，加之培育密度过大，投饵量、排泄物增加，细菌大量繁殖，往往易发生病害。常见疾病有桡足类（主要是猛水蚤）伤害、溃烂病、肠炎等。水中桡足类大量繁殖时，将会导致稚参受害致死。稚参易患溃烂病，主要症状是稚参的皮肤溃烂，因皮肤溃烂，骨片散落，最后使其躯体全部烂掉而在附着片上只留下一个白色印痕，此病有传染性，一经发生，很难控制，很快会波及全池，甚至在短期内可使整池稚参覆灭。

防治方法：首先要以防为主，附着基使用前要严格洗刷消毒，培育期间加大换水量，保持水质清新，按时倒池，彻底清除残饵、粪便。高温季节尽量夜间提水，注意开窗通风。可在稚参培育阶段，每7～10d按1g/m^3水体投敌百虫一次，控制桡足类的繁生。溃烂病及肠炎治疗可使用（1～3）×10^{-6}浓度的土霉素与磺胺类药物交替使用，每个疗程3d。

六、刺参的采集与加工

（一）采集

依地区不同，在采集时间和方法上也有所不同。刺参的收获时间一般一年分春、秋两季，收获春参多从4月初（清明节前后）至5月初（立夏前后），收获秋参多从10月中旬（霜降前后）至天寒水凉（大雪前后）为止。采捕期主要应从繁殖保护来考虑，产卵期应禁捕。此外采集也与刺参的“夏眠”有关。当亲参资源不足时，春季最好不捕，但从产品质量上看，春季捕的参质量好，商品价值也高。采收方法采用潜水捕捞，即用潜水船由潜水员采捕，这是目前主要的作业方法。潜水船一般4～5个人作业，也有用小型汽船拉刺参网（俗称参耙）拖捕，作业时应选择较为平坦的作业区进行，并应选在好天气时作业，此时刺参的头部抬起觅食，便于拖入网内。

（二）加工

刺参的加工程序可分为以下4个步骤。

1. 皮参处理

捕上来的刺参，需立即用刀或剪刀沿背部从肛门上方向前切开，切口长度为体长的1/3，去除内脏，得皮参。这种去掉内脏的皮参应放在木桶或搪瓷桶中，放于阴凉处以防暴晒。

2. 一次煮参

将皮参用清水洗净后放入开水锅中煮沸，水量以淹没参体为度，边煮边不断翻动参体以免糊锅，同时要及时除去表层的浮沫。煮沸约1h至参体收缩变黑、肉刺发硬、切口处变为金黄色即可。煮好后将参捞出，控干放入水缸或瓷缸内，同时加拌食盐，一般每千克刺参加盐0.5～1kg，然后加盖保存，注意防油防尘。

3. 二次煮参

煮过一次的参，在放置7～8d或1个月后可进行二次煮参。将参汤放入锅内加热使其成为饱和盐水，再将一次煮参加入继续烧煮，此次煮的时间长一些为好，直到捞出立即干涸并有盐灰挂附为止。

4. 灰参及晾晒

经二次煮过的参捞出并控去水分后倒入已备好的灰槽中（草木灰或木炭灰），与灰搅拌后置于草席上晾晒至参体及肉刺硬直，灰不脱落为止。至此已加工成商品参，称为“骨参”。

第四章　爬行类

第一节　鳖

鳖（*Pelodiscus sinensis*），俗称甲鱼、水鱼、团鱼、脚鱼、圆鱼和王八等。在动物分类学上属于脊索动物门、爬行纲、龟鳖目、鳖科、鳖属。分布在全球的温带与亚热带地区，我国大部分地区均有分布。鳖属有30多种，分布最广、养殖量较大的是中华鳖。

一、鳖的药用与经济价值

鳖是一种名贵的、经济价值很高的水生动物。不仅肉味鲜美，营养丰富，蛋白质含量高，被视为名贵的滋补品，而且还具有很高的药用价值，鳖甲、鳖肉、鳖头、鳖血、鳖胆、鳖卵、鳖脂及背甲均可入药治病。

1. 鳖甲

性平味咸，有养阴清热、平肝熄风、软坚散结、退热除蒸等功效，主治结核、阴虚、经闭经漏、小儿惊痫。

2. 鳖肉

性平味甘，有滋阴凉血之功效，主治精力亏损、崩漏带下、久疟久痢、瘰疬、寒温脚气及肝硬化腹水等。

3. 鳖头

烧灰内服或外敷，治久痢脱肛、产后子宫下垂、阴疮、无名肿毒。

4. 鳖血

可治口眼歪斜、虚劳潮热、脱肛、妇女血痨等病症。

5. 鳖胆

加冰片、麝香少许，鸡毛蘸取可治痔漏。

6. 鳖卵

盐腌煮食，主治久泻久痢。

7. 鳖脂

有滋补强壮作用。

8. 鳖甲胶

有滋阴补血、退热消瘀功效，主治阴虚潮热、久疟不愈、痔核肿痛。

现代医学研究证实，经常吃鳖还有防癌、治癌的作用。

随着人民生活的提高和外贸事业的发展，市场对鳖的需求量越来越大，靠捕捉野生鳖已远远不能满足国内外市场的需要。近几年随着农村商品经济的发展，我国有不少地方开展鳖的人工养殖研究，并取得了丰硕的成果，积累了很多成功的经验。有的甚至已能大规模养殖生产或进行池塘鱼鳖混养。最近几年鳖的价格也不断上升，因此发展人工养鳖业是一项高效益的淡水养殖业。

二、鳖的生物学特性

（一）形态特征

鳖外形似龟，身体扁平，略呈圆形或椭圆形。体表披以柔软的革质皮肤。有背腹二甲，背甲稍凸起，周边有柔软的角质裙边，腹甲则呈平板状。鳖颈长而有力，能伸缩，转动很灵活。吻尖而突出，吻前端有1对鼻孔，便于伸出水面呼吸。眼小，位于头的两侧。口较宽，位于头的腹面，上下颚有角质凸起，可以咬碎坚硬的食物。鳖的四肢扁平粗短，位于身体两侧，能缩入壳内。前肢五指，后肢五趾。四肢的指和趾间生有发达的蹼膜，第1～3指、趾端生有钩状利爪，凸出在蹼膜之外。由于鳖有粗壮的四肢和发达的蹼膜，因此它既能在陆地上爬行，又能在水中游泳。

（二）生活习性

1. 栖息习性

鳖是主要生活在水中的两栖爬行动物，喜栖息在江河、湖泊、池塘、水库和山涧溪流中，偶尔上岸栖息或游至水上层，头伸出水面进行呼吸。鳖是变温动物，对外界温度变化很敏感，其生活规律和外界温度变化密切相关。鳖是用肺呼吸所以时而潜入水中或伏于水底泥沙中，时而浮到水面，伸出吻尖进行呼吸。鳖具有“三喜三怕”的特点：一是喜阳怕风，在晴暖无风天气，尤其在中午太阳光线强时，它常爬到岸边沙滩或露出水面的岩石上“晒背”；二是喜静怕惊，稍有惊动便迅速潜入水中，多在傍晚出穴活动寻找食物，黎明前再返回穴中，刮风下雨天很少外出活动；三是喜洁怕脏，鳖喜欢栖息在清洁的活水中，水质不洁容易引起各种疾病发生。鳖还具有挖穴与攀缘本领，所以在建造养鳖池时，做好防逃设施是十分重要的。鳖生性胆怯，但好斗，大鳖残杀小鳖，强鳖残食弱鳖现象屡见发生。

2. 摄食习性

鳖为变温动物，其活动能力也随水温变化而变化，适应它摄食和生长的水温范围为20～33℃，最适水温为25～30℃，此时鳖的摄食能力最强，生长速度也最快。20℃以下摄食量下降，15℃以下停止摄食，10℃以下即钻入泥沙或石缝中冬眠。冬眠期间不吃食不活动，能量消耗较少，主要依靠体内积累的脂肪维持生命。

鳖的食性广而杂，并且比较贪食，以摄食蛋白质含量较高的动物性饲料为主。动物性饲料种类有螺、蚬肉、蚌肉、鱼肉和泥鳅等，水生昆虫也是鳖喜食的饵料，尤其爱食动物的内脏、畜禽加工厂下脚料等。也食腐败的植物及幼嫩的水草、瓜果、蔬菜、谷类等植物性饵料。还可投喂新鲜的蚕蛹、蝇蛆、饼类、豆类等。鳖需要的营养物质比较全面，为了保证鳖对各种营养成分的需要，提高其生长速度，最好将各种动物性和植物性饲料晒干，粉碎后按比例配制成配合饲料，定时、定量投喂。

3. 生长习性

鳖的生长速度缓慢，在自然条件下从稚鳖养成商品鳖（500g/只）一般需3～4年，其原因是冬眠期长。但是如果常年在温室条件下饲养，鳖不进行冬眠，其生长速度大大加快，养殖一年多时间即能达到500g以上，其中最快的6个月就可达到商品鳖规格。

三、鳖的人工养殖技术

（一）养鳖池场地选择与建造

1. 养鳖池的场地选择

选择养鳖池要以能满足鳖的生活习性和生产管理的需要为宜。主要从以下几个方面考虑。

（1）鳖生性胆小，喜静怕惊，因此养鳖池应尽量远离厂矿、公路等，宜选建在环境优美、安静、噪声和其他干扰少的地方。

（2）鳖喜阳怕风，鳖池宜建在背风向阳的地方，这也将有利于鳖池水温提高，加速鳖的生长。

（3）鳖池应选在近水源，水量充沛，进、排水方便的地方。水源一般以江河、湖泊、水库、池塘等地表水为好，也可以利用温泉和工厂余热水源，这对延长鳖的生长期，缩短养殖周期有利。鳖喜洁怕脏，所以要求水质清新，无污染。

（4）养鳖池的土质要适宜，应选壤土或黏土作为鳖池底质，以便形成淤泥，供鳖钻泥冬眠和栖息。而且这样的底质所建的池塘池埂不易坍塌，可防止池水渗漏，还能保持池塘形状和水位稳定。

（5）鳖是以动物性饵料为主的杂食性动物，所以养鳖池附近最好有畜、禽屠宰场或有小鱼、虾、螺、蚌等天然饵料，以便就地取材，降低生产成本。

2. 养鳖池的建造

鳖在不同的生长阶段对环境的适应能力不同，需建造不同的池塘分别进行饲养。养鳖池可分为亲鳖池、稚鳖池、幼鳖池和成鳖池。

（1）亲鳖池。用于养殖产卵繁殖的成鳖，一般为室外池。亲鳖池的面积应根据实际生产规模确定，一般每个亲鳖池面积200～400m^{2}较为适宜，池深1.5～2m，水深0.8～1.2m，池底应铺一层0.3m左右的松软沙土，以利于鳖的潜沙栖息和越冬。鳖池四周要用砖或石块砌防逃墙，墙高不低于40cm，墙内壁要求光滑，防鳖攀爬逃跑。墙顶端要做成向池内伸出15cm的檐，以提高防逃效果。在亲鳖池的进、排水口处也要设置可靠的防逃设施，一般安装适宜网眼的铁丝网即可。在鳖池周围防逃墙的内侧要建休息场，面积一般为亲鳖池面积的1/10～1/5，休息场上设几处饵料台，以使亲鳖养成定点摄食的习惯。为了给亲鳖提供产卵场所，亲鳖池还需修建产卵场，产卵场设置在地势较高、地面略有倾斜、背风向阳的堤岸上。

（2）稚鳖池。最好建在室内，采用水泥砖砌结构；面积不宜过大，以3～10m^{2}为好，池深0.5m，池内水深0.2～0.3m，池底铺上0.1m厚的细沙。在水平面处架设由木板或水泥板搭设的休息台，面积约占池面积的1/5。室外池的面积可大些，每口池面积50m^{2}左右较为适宜，如在池上面盖层旧网更好，可防止敌害侵袭。

（3）幼鳖池。宜建在温室内，也可以建在室外，最好也用水泥池塘。面积要相应大些，一般50～120m^{2}为宜，池壁高0.7～1m，水深0.4m左右，池底也可采用水泥底，但要铺上0.1m左右厚的细沙和软泥。进、排水口都要有防逃设施。幼鳖池和稚鳖池一样，也应在池中搭设休息场，其面积大约占饲养池面积的1/10。饲料台设在休息场上，饲料台上方用帘子遮阴。

（4）成鳖池。成鳖池可以利用原有养鱼池修建，池子的结构、设施基本同幼鳖池，每口成鳖池面积300～1 000m^2，池深1.5m，水深1m左右，池底可以利用原有的自然土层，若自然土层过于坚硬，可以铺上0.2～0.3m厚的泥沙。池的周围要留一定的斜坡作为鳖的休息场，坡面与水面夹角为30° ～40° 为好。池的周围砌有高0.4m以上的防逃墙，墙顶出檐15cm，以此提高防逃效果。另外养殖池的进、排水口也应安装可靠的防逃设施。

（二）繁殖技术

1. 亲鳖的选择与放养

鳖的性成熟一般要经3～4年以上，亲鳖最好选择6龄以上，体重大于1kg的已产过数次卵的大鳖。选择的亲鳖应无病无伤、无畸形、健壮、皮肤光亮、体型正常，背甲后缘革状裙边较厚，并较坚挺，行动敏捷。放养前亲鳖要对池塘进行清塘消毒，先清除杂物、污物，然后用生石灰或漂白粉等按常规方法彻底消毒。放养时间宜在4—5月或10月中下旬，尽量避免在冬眠期放养。亲鳖的母、公搭配比例一般为（3～4）：1。

2. 亲鳖的发情、交配和产卵

每年4月下旬至5月上旬，当池水温度上升到20℃左右时，性成熟的亲鳖开始发情交配，时间一般在下半夜至黎明前夕。繁殖期间多见雄鳖尾追雌鳖，然后爬到雌鳖背上交尾，时间可长达15min。亲鳖交配后10～20d雌鳖就开始挖穴产卵，产卵时间一般在夜间或黎明。产卵前雌鳖爬上岸寻找离水不远、地势较高、安静僻静的泥沙滩作为产卵场所。产卵时鳖先用后肢挖土掘洞，然后将尾巴伸入洞内，卵产在其中，待产完一窝卵后，便用后肢扒土覆盖洞穴，抹平洞口，并用身体压实。

3. 鳖卵的采收

在产卵期内，每天早晨日出前，在产卵场根据母鳖产卵留下的足迹仔细查找卵穴的位置，一旦发现卵穴后就在旁边插上标记，等8～30h胚胎固定后再进行采收。可采用浅木箱作为集卵箱，箱底铺上一层3～5cm厚的细沙或稻壳，将挖出的鳖卵动物极向上，整齐地排列在卵箱中。鳖卵采收完毕后，应将卵穴重新填平压实，把地面沙土平整好，再适量洒些水，使沙土保持湿润，以利下批亲鳖产卵和人工寻找卵穴。

收取的鳖卵，在送孵化器孵化之前，还要进行受精鉴定。若一端出现圆形的白点或白色亮区（动物极），白点周周清晰圆滑，卵壳颜色鲜明，略显粉红色，卵壳外表似有一层新鲜粉粒，沙粒沾不上，即为受精卵；若取出的卵无白点或白点不明显或白点模糊，卵壳外表沾有沙粒，该卵就是未受精或受精不良的卵，应予以剔除。最后将当日收取的受精卵，标记取出时间，立即放孵化器中孵化。

4. 鳖卵的人工孵化

鳖卵的人工孵化有多种方式，通常采用室内孵化器孵化和室外半人工孵化两种方式。

（1）室内孵化器孵化。孵化器采用木板或者其他适宜材料专门制作，也可利用现有的木箱、盆、桶等多种容器代替。孵化器一般规格为60cm×30cm×30cm左右较为适宜。孵化器底部钻好若干个滤水孔，铺5cm左右厚的细沙，然后再在沙上排放卵，卵与卵之间保持1～2cm的间隙，并根据孵化器深浅，排卵2～3层，每层卵都要在其上盖一层3cm左右细沙，使整个卵都埋在沙中。孵化器内沙土要有7%～8%的含水量，因此孵化期间，每隔3～4d喷水一次，使沙内既不积水又保持一定的湿度。孵化室内温度最好控制在28～32℃，湿度保持在80%～85%。这样经过40d时间的孵化，稚鳖就能破壳而出。

（2）室外半人工孵化。孵化场地一般选择在亲鳖池背北朝南的向阳一侧。在靠近防逃墙的地势较高处，挖几条10cm深的沙土沟，将鳖卵并排放在沟内，卵的动物极朝上，然后覆盖10cm左右的湿润沙土，沙土含水量以手捏成团，松手即散为宜。沟边插上温度表和标牌，温度表插入10cm深，标牌上记好鳖卵数量和开始孵化日期等。在孵化沟的两端用砖叠起；砖上横置几根竹竿用于遮阴挡雨。在孵化过程中要注意在孵化沟上洒水，以使沙土保持湿润状态。孵化后期稚鳖即将孵出之前需在孵化场周围围上防逃竹栅，可在竹栅内地势较低处埋设水盆，盛少量水并使盆口与地平面相平，以诱使出壳后的稚鳖入盆，便于收集。

四、鳖的饲养管理

（一）稚鳖的饲养管理

稚鳖在沙盘或浅水盆内暂养2～3d后，即可移到稚鳖池中饲养，注意以下几点。

1. 放养密度

稚鳖的放养密度以每平方米水面15～30只为宜，也可放到50只。

2. 池水管理

稚鳖入池饲养前，用万分之一的高锰酸钾溶液浸泡1～2h。稚鳖对不良的水质环境适应能力也较弱，因此稚鳖池水必须3～5d更换一次，并及时清除饵料残渣，使水质保持清新。

3. 饲料投喂

稚鳖对饵料要求较高，饵料要精、细、软、鲜、嫩，营养全面，适口性好。通常在稚鳖出壳后的1个月内喂些红虫、糠虾、摇蚊幼虫、丝蚯蚓等，也可投喂鸡、鸭蛋类和生鲜鱼片、动物的肝脏等。在投喂动物内脏、大鱼虾、河蚌、螺等饵料时，必须预先绞碎后再投喂，以提高适口性。如果有可能最好将鱼粉、蛋黄或鱼虾、螺、蚌肉绞碎后加入少量的面粉，制成人工配合饲料投喂。投饵不但要定点、定时，还要做到定量。一般投饵量为全池稚鳖总体重的5%～10%，并应根据鳖的食欲、天气、水质情况灵活增减。

4. 越冬管理

稚鳖饲养管理中最重要的是越冬管理。为了使稚鳖安全越冬，应在秋后稚鳖停食前加强饲养管理，保证喂足营养丰富、脂肪含量较高的食物，使稚鳖体内脂肪得到积蓄。当室外气温降到10℃左右时，就应将稚鳖全部转入室内稚鳖池中进行越冬。稚鳖越冬的放养密度为100～200只/m^2。

（二）幼鳖的饲养管理

越冬后的稚鳖即进入幼鳖饲养管理期，应放入幼鳖池内饲养，注意以下几点。

1. 放养密度

视鳖的大小而定，一般体重10g以上的幼鳖放养量5～10只/m^2；体重在10g以下的10～15只/m^2。随着鳖的生长，饲养过程中还可按个体大小分池调整饲养密度。

2. 池水管理

幼鳖池面积小、水位浅、水质易恶化，其管理要求与稚鳖池一样，每隔5d左右换1次新水，使水色呈绿褐色为好，透明度约30cm。夏季炎热可在池边种树，或在一部分水面上搭棚种上瓜果、葡萄等。

3. 饲料投喂

幼鳖摄食能力较强，除投喂高蛋白质的动物性饵料外，还要投喂一定量的含淀粉多的植物性饵料。投喂的种类和数量，因季节和水温而异。春季水温较低，摄食量不大，可投喂含脂肪较多的饵料，如动物内脏、大豆等，日投饵量为鳖体重的5%左右，一般每天投喂一次即可。5月以后或水温升至20～26℃时，鳖摄食旺盛，是鳖生长发育的最佳季节，这时应投喂含蛋白质多的新鲜饲料如螺、蚌等，日投饵量为鳖体重的10%左右，一般每天投喂2次。入秋后水温逐渐降低，幼鳖摄食量不断减少，投饲量为幼鳖体重的5%～10%。越冬前为了增加幼鳖体内脂肪的积累，可适当增加动物内脏和鲜蚕蛹的投喂比例，以保证幼鳖越冬安全。

（三）成鳖的饲养管理

幼鳖越冬后就进入成鳖饲养管理阶段，成鳖饲养管理基本上与幼鳖管理相同。

1. 放养密度

体重50～100g，每平方米放养5只左右；体重约200g，每平方米放养2～4只；体重在400g以上的，每平方米放养1～2只。

2. 池水管理

由于成鳖池一般面积较大，水也较深，所以其水质比较容易控制。成鳖池水要求肥度要适中；透明度30～50cm，水色呈茶褐色、油绿色等。如果水质过于清瘦，透明度太大时，可以向池塘中施一定量的发酵腐熟的粪肥，培肥水质。当水质过肥时则应适当灌注新水或每半月至一个月施一次生石灰加以调节。

3. 饲料投喂

成鳖的投饵方法、数量、次数和采用的饲料种类和幼鳖基本一样。养殖成鳖时采用人工配合饲料比单项饲料效果更好。

（四）亲鳖的饲养管理

1. 放养密度

应根据个体大小而定。个体大的少放，个体小的多放，一般以每1～3m^2放养一只为宜。

2. 池水管理

亲鳖池应定期灌注新水及时清污，以保持水质清新，透明度为35～40cm较为适宜。要特别注意保持亲鳖池的安静环境，注排水时应尽量控制不出现水流声，尤其在亲鳖的交配期。

3. 饲料投喂

亲鳖冬眠期过后，当池水温度上升到18～25℃时，每天投喂一次；当水温达到25～30℃时，鳖的食欲旺盛，生长和发育最快，应抓紧时机投以量足、质好的饲料，最大限度地满足其营养需求，每天早、晚各投喂一次，让亲鳖吃饱、吃好。当水温32℃以上时其摄食量又明显减少，投饵量要相应减少。在一般情况下每次的投饵量为池内亲鳖总体重的5%～15%。亲鳖产卵前投喂蛋白质丰富、营养全面的饲料，以动物性饲料为主，辅以植物性饲料。

五、鳖常见疾病的防治

（一）出血病

该病由病毒所致，此病传染性很强，常成批死亡。病鳖腹甲遍生出血斑和出血点，背甲出现溃烂状增生物，溃烂出血，咽喉内壁大量出血和坏死，严重时肠出血和黏膜溃疡明显，肾脏、肝脏也有出血。

防治方法：将病鳖隔离饲养，并用生石灰清塘消毒；使用磺胺药或抗生素拌入饲料中投喂，每天每千克体重用药0.1～0.2mg，或用抗生素涂擦患处，有一定疗效。

（二）水霉病

该病由水霉菌大量繁殖引起，对稚、幼鳖危害较重。菌体常寄生在鳖的四肢、颈部和腹下，形成棉絮状，病鳖食欲不振，生长发育缓慢。

防治方法：鳖在放养、捕捞和运输时，操作要小心，避免皮肤受伤；可选用硫酸锌、水霉净或美婷，按说明使用，进行全池消毒；也可用0.04%的小苏打和0.04%的食盐合剂全池泼洒，有一定的预防效果；病鳖可用3%～4%浓度的食盐水浸浴5min。

（三）腮腺炎

该病为病毒所致，传播迅速，死亡率极高，加温养殖的稚、幼鳖易形成暴发，一旦染病可造成全群死亡。病鳖颈部明显肿大，口鼻出血，全身浮肿，但腹部无出血斑和出血点，腹中间泛白呈贫血状，严重时肠内大出血，肠道内充满淤血。

防治方法：将病鳖取出隔离；对池水、底沙及饲养工具、食具等用2×10^{-4}浓度的漂白粉彻底消毒。

（四）腐皮病

该病由单孢杆菌感染而致，由于鳖在池内残斗受伤感染细菌后，使受伤部位周围皮肤组织坏死引起。病鳖四肢、颈部、尾部、裙边等处皮肤腐败、糜烂坏死，形成溃疡。严重时四肢皮肤烂掉，爪也脱落，骨骼外露，颈部肌肉和骨骼也露出在外，裙边溃烂。

防治方法：首先应该注意池水清洁，发现鳖病应及时隔离治疗，每立方米水用10g的磺胺类或抗生素药物浸洗病鳖48h。

六、鳖的捕捉与加工

（一）鳖的捕捉

鳖全年皆可捕捉，但在秋、冬两季捕捉的较多。野生鳖可以用钩钓、网捞、手摸、干塘等多种方法捕捉，因为资源量渐少，需求不断增加，目前多以人工养殖满足需求；人工养殖的鳖一般在体重适宜时集中捕捉或按照各池塘、网箱养殖鳖进行捕捞（体重500g较为适宜）。

（二）鳖的加工技术

1. 鳖头

鳖头活体剁下，焙干、烧灰，可治疗小儿脱肛等症。

2. 鳖甲

将捕捉到的鳖处死后，用刀划开裙边，去除头、尾、内脏，剥取背甲，除去残肉，用清水洗净，晒干；或将鳖体置于沸水中煮1～2h，烫至背甲上的皮能剥落时取出，剥下背甲，去净肉，洗净晒干。

3. 鳖肉

将新捕捉的鳖宰杀，鳖肉洗净煮食、炖服鲜用或炙灰研末备用。

4. 鳖血

宰杀鳖同时收集血液鲜用，多与40°以上白酒混合，饮用。

5. 鳖胆汁

鲜用，涂擦。

6. 鳖卵

5—8月是中华鳖的产卵期，可在河、湖及池塘岸边鳖的产卵场进行观察和收集。收集到的鳖卵可以鲜用、冷藏或腌渍后使用。

第二节　乌　龟

乌龟（*Chinemys reevesii*），又名金龟、草龟、泥龟、墨龟，在分类学上属于脊索动物门、脊椎动物亚门、爬行纲、龟鳖亚纲、龟鳖目、龟科、乌龟属，是我国分布最广、最常见的淡水龟类，特别以长江中下游的丘陵地带最多。

一、乌龟的药用与经济价值

乌龟作为中药材，全身都可入药，常见的有以下几种。

1. 龟肉

味甘，咸平，性温，有强肾补心壮阳、滋阴补血、强身解毒之功，主治痨瘵骨蒸、久咳咯血、血痢、筋骨疼痛、伤风、痔血、病后阴虚血弱，尤其对小儿虚弱和产后体虚、脱肛、子宫下垂及性功能低下等有较好的疗效。

2. 龟甲

气腥，味咸，性寒，具有滋阴降火、潜阳退蒸、补肾健骨、养血补心等多种功效。其主要成分为骨胶原、蛋白质、脂类、钙、磷、肽类和多种酶以及多种人体必需微量元素。主要治疗肾阴不足，骨蒸劳热、吐血、崩漏带下，小儿脑门不合等症。

3. 龟血

龟血的血浆中含有蛋白质、尿酸、脂肪酸、肌酐、尿素氮、血糖、转氨酶及钾、钠、氯离子等多种成分，可治脱肛、跌打损伤，与白糖冲酒服，可治气管炎、干咳和哮喘等。

4. 龟胆汁

味苦、性寒，主治病后目肿，月经不调。

5. 龟头

可治脑震荡后遗症、头昏、头痛等症。

6. 龟皮

主治血痢、解刀箭毒及药毒。

7. 龟尿

治耳疾，用龟尿滴入耳内，用棉球拭净，再用棉球醮龟尿塞进耳内，隔一夜后取出，数次可愈；治疗成人中风、舌暗；此外小儿惊风不语，用龟尿少许点于舌下有神效。

8. 乌龟肉

肉质细嫩，味道鲜美，高蛋白、低脂肪、肥而不腻、鲜而不腥，自古就视为高级滋补品和防止疾病的食疗佳品，是我国各地和港澳同胞喜食的名贵海鲜之一。研究表明每100g龟肉含蛋白质16.5g、脂肪1.0g、糖类1.6g，并富含维生素A、维生素B_1、维生素B_2、脂肪酸、肌醇、钾、钠等人体所需的各种营养成分。乌龟的食法有清蒸、油浸、煎炸、煲汤等，尤以龟肉为主料烹饪的多种龟肉羹，已成为高档筵席上的时尚珍味佳肴。

乌龟长寿，有灵性，颜色多变，形态各异，不仅可把它当作长寿的标志，也可供人们观赏。乌龟的背甲盾片，其色泽亮丽，花纹艳观，属世界名贵工艺品原料。乌龟在仿生学、医药学以及气象预报等科学领域有很高的研究价值。

近年来由于乌龟的生态环境遭到破坏，野生乌龟资源日益枯竭，但人们对它的需求量与日俱增。开展乌龟的人工养殖，不仅可减少对野生龟类资源的损害，而且能较好地满足人们的需要，并可获得可观的经济收入。

二、乌龟的生物学特性

（一）形态特征

乌龟整个身体是盒状，龟体可分为头颈、躯干、四肢和尾4部分。乌龟头部光

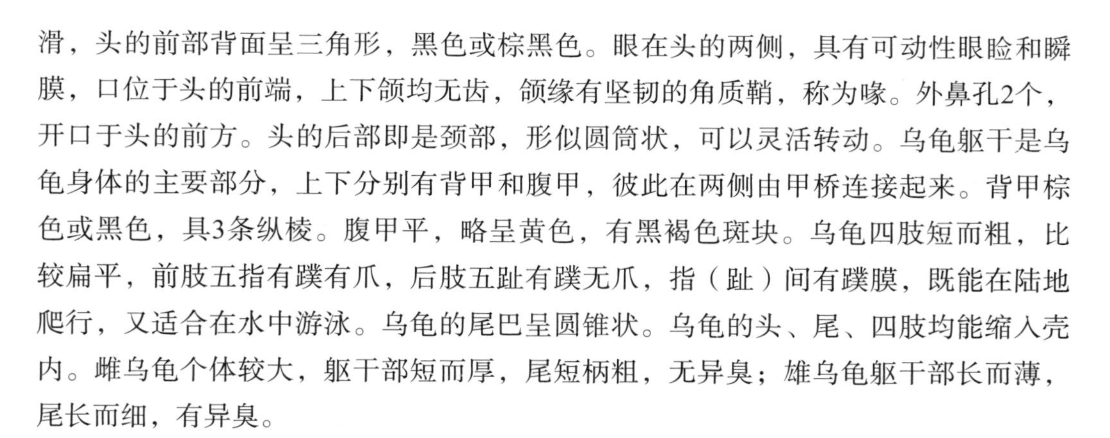

滑，头的前部背面呈三角形，黑色或棕黑色。眼在头的两侧，具有可动性眼睑和瞬膜，口位于头的前端，上下颌均无齿，颌缘有坚韧的角质鞘，称为喙。外鼻孔2个，开口于头的前方。头的后部即是颈部，形似圆筒状，可以灵活转动。乌龟躯干是乌龟身体的主要部分，上下分别有背甲和腹甲，彼此在两侧由甲桥连接起来。背甲棕色或黑色，具3条纵棱。腹甲平，略呈黄色，有黑褐色斑块。乌龟四肢短而粗，比较扁平，前肢五指有蹼有爪，后肢五趾有蹼无爪，指（趾）间有蹼膜，既能在陆地爬行，又适合在水中游泳。乌龟的尾巴呈圆锥状。乌龟的头、尾、四肢均能缩入壳内。雌乌龟个体较大，躯干部短而厚，尾短柄粗，无异臭；雄乌龟躯干部长而薄，尾长而细，有异臭。

（二）生活习性

乌龟性情温驯，愚钝，懦怯，喜僻静爱群居，喜欢栖息于峡谷、溪流、湖沼、石缝、荒塘或草丛处。多半时间生活在水中，只有在觅食、休息、晒背、产卵时才到陆地上活动。

乌龟生长适宜的温度为25～32℃，当气温高于35℃时，会隐蔽在沿水的洞穴中避暑，当气温下降到10℃以下时，潜伏于水底泥土中或钻入岸边的洞穴中，不吃不动，进行冬眠。

乌龟是杂食性动物，喜食小鱼虾、小螺、蚌等，自然环境中的昆虫、蠕虫以及植物嫩叶、浮萍、草种、谷物等也均可为食。乌龟一般在4月中旬，气温15℃以上时，开始采食食物，食量日渐增加。6—8月为最盛期，10月后食量逐渐减少。此外乌龟耐饥能力极强，可以数月不食而不会饿死。

乌龟的生长较为缓慢，在常规条件下，雌龟生长速度为：1龄龟体重多在15g左右，2龄龟50g，3龄龟100g，4龄龟200g，5龄龟250～350g，6龄龟400g左右。雄龟生长缓慢，性成熟最大个体一般为250g以下。

（三）繁殖特性

乌龟是卵生动物。在自然条件下，乌龟一般5～6龄性成熟，每年的4—5月、9—11月，气温在20～30℃时进行交配。交配时间多在晴天的傍晚5～6时。雄龟的精子在雌龟的输卵管中能存活180多天。

乌龟为分批产卵类型，雌龟每年产卵3～4次，每次产卵3～7枚，每次间隔10～30d。产卵时间一般是在5—10月。产卵时选择土质疏松，含水量5%～20%，隐蔽防敌的树根旁或有杂草的斜坡地挖穴。挖成的洞穴大小一般在8～10cm，深9～12cm。穴挖好后，乌龟稍作休息即开始产卵于其中，每4～10min产卵一次，产完卵后还要在卵上盖土将穴填满压平。产卵一般在黎明前完成。

三、乌龟的人工养殖技术

（一）养龟池的建造

养龟池的建设规模可大可小，以养殖数量、场地而决定，而且要建在安静、空气清新、避风向阳、排灌方便、水质无污染的地方。一个完整的养龟场应有稚龟池、幼龟池、成龟池、亲龟池等，它们在龟池总面积中的比例可依次为5%、25%、50%、20%。

1. 稚龟池建造

稚龟池最好建在室内，建于地面以上，四周用水泥抹面，要求光滑，防止糙面伤及稚龟腹板。面积以2～8m^{2}为宜，池深40cm左右，蓄水25cm左右，池底铺垫5cm厚细沙。稚龟池使用时间较短，可用盆、缸等代替，也可用光滑的竹木条制成敞口箱，放置在室内幼龟池中。

2. 幼龟池建造

幼龟池可在室内或室外建造。室内建造以面积10～20m^{2}为宜，池深80～100cm，池底铺细沙，厚10～15cm；室外建造，以面积50～100m^{2}为宜，池深1～1.3m，水深60～100cm。幼龟池的周围应修筑40cm高的围墙，以防止幼龟逃跑。水池一边要有斜坡和陆地相连，这样便于幼龟上岸活动。池底要倾斜，排水口端略低，硬底则要铺垫10cm厚的细沙土。

3. 成龟池建造

成龟池一般建在室外，以土建为主。池深1.5～2.0m，水深1～1.5m，池坡度为1：2.5，池周或在池中心留部分空地供龟上岸活动。在池子2个长边上用水泥抹成2个光面的饵料台，饵料台的倾斜度要小于堤坡的倾斜度。饵料台周围应有4cm高的边框，以防饵料流失。

4. 亲龟池建造

亲龟池要建在向阳、避风的地方，面积可为100～200m^2，池深1.8m左右，蓄水1～1.5m，池底铺设75cm厚的软泥层，供亲龟栖息和越冬。池形一般是南北长，东西短的长方形，东、南、西三面用砖石砌成，不留坡度，北面以土为岸，坡度比为1：2.5与产卵场相连。产卵场面积按平均每只亲龟0.1m^{2}计算，场内平铺松软沙土30cm厚，并适当种植一些蔬菜之类，以便于亲龟产卵隐蔽。亲龟池要有完整的进、排水系统，而且进、出水口均要设防逃网。

（二）人工繁殖技术

1. 亲龟选择与放养

亲龟应体质优良，外形正常、活泼健壮，体肤完整无伤。雌亲龟宜250g以上，雄龟150～250g。若从市场收购亲龟，宜在夏、秋季节进行。雌、雄亲龟以2：1或3：1的比例同池饲养，放养密度以每平方米2～3只为宜。

2. 亲龟培育

要使亲龟性成熟早、年产卵次数多、卵数量多、卵质量好，在很大程度上取决于饲料条件。培育亲龟时应注意供给充足的、富含蛋白质的饲料，如小鱼、小虾、蚯蚓、螺蛳、河蚌、蚕蛹、畜禽内脏及鱼粉等，也要适量喂些谷物类饲料和果蔬类饲料，如豆饼、麸皮以及苹果、南瓜、胡萝卜、菜叶等。动物性饲料与植物性饲料的投喂比为7：3或8：2。日饲喂量为龟体重的10%～15%，1天2次，上午8—9时，下午4—5时各1次。投喂时应注意温度变化，温度高时多投，低温天闷少喂。亲龟培育还要注意水质管理，如定期加注新水，清除污、杂物和残渣、死鱼等。春、秋季水位保持在0.8m，夏、冬季在1.2m左右。

3. 龟卵的收集

在整个生殖季节，应每天检查产卵场，检查时间以太阳未出、露水未干时为宜。如发现亲龟已产卵，要将洞口用泥或其他东西盖好，不要随意翻动或搬运卵，待卵产出后30～48h，胚胎已固定，动物极（白色）和植物极（黄色）分界明显，动物极一端出现圆形小白点，此时方可采卵。每天产的卵用不同颜色的竹片做好标志，以便采卵时分别。

采卵时用桶、盆、箱收卵都行，一般先铺一层2cm厚的细沙，沙上放一层卵，卵上再盖沙，如此反复可放4～5层。收卵时根据标志依次将洞口泥拨开，把卵取出，并剔除未受精卵、受精不良卵、畸形卵、壳上有黑斑的卵及壳破裂卵：收卵完毕，应整理好产卵场，天旱时适量喷水，便于龟再次产卵。

4. 人工孵化

常见的孵化设备有以下几种：一是室外孵化池，二是室外孵化场，三是室内孵化池，四是其他，如地沟孵化池、木制孵化箱、用恒温器改进的孵化器等。木制孵化箱孵化法：将采集的龟卵放在高25cm左右的长方形木箱内，箱底钻若干个小孔，箱底铺15～20cm厚的细沙，洒少许水，以手抓沙成团为度，然后将龟卵按2cm左右的间隔成排摆在其中，使有白色亮区的动物极朝上，最后在龟卵上盖5～6cm厚的细沙，一般每箱放置龟卵100枚左右。

除铺沙孵化法还有无沙孵化法，可采用海绵和泡沫板做介质。先将一块2.5cm厚的海绵放入孵化盘底，然后放上厚度为1.5cm的泡沫板，其上每隔2cm打直径为2cm左右（根据龟卵大小）的孔，并将受精乌龟卵的动物极朝上摆满，最后放上厚度为1cm的薄海绵，此海绵要求浸水挤干至不滴水为止，上、下层海绵含水率分别控制为45%和80%。

孵化期间温度最好控制在28～31℃，不得高于34℃或低于26℃。湿度控制在80%～82%，沙子的含水量控制在7%～8%，不得低于5.3%或高于25.0%。每天定期检查沙子的湿度，可用手轻轻扒开沙子，观察含水沙层离表面的深度。如果直到靠近卵才出现湿润沙层，则用喷雾器在沙子表面喷水，使细沙层略带湿润即可，切不可在高温下大量洒水，一般2～3d洒水1次。此外应防止表层板结使卵无法通气而闷死。

乌龟经60～65d孵化即可出壳。出壳时先用吻部顶破卵壳，伸出头部，接着用前肢支撑整个身体，脱壳而出。出壳时间多在傍晚及清晨的3—9时。龟卵孵化临近出壳时，用小耙疏松表层沙土，以利稚龟出壳。出壳的稚龟有趋水习性，这时要在孵化池的一端安置一个盛有半盆水的脸盆，便于稚龟爬入盆中。刚出壳的稚龟重3～7g，背部带土黄色，粗看似铜钱。待稚龟脐孔封闭、卵黄吸完后放入稚龟池饲养。

为了让其集中出壳，可采用人工诱导出壳。把将出壳的龟卵浸入20～30℃温水中，刺激稚龟出壳，经10～15min就能出壳，若经20min尚未出壳，应放回原处继续孵化。此外还有降温出壳法、空气暴露法和剥壳法（对体弱的龟适用）。集中出壳虽然便于管理，但对乌龟的后天生长发育可能造成不利的影响。

四、乌龟的饲养管理

（一）稚龟的饲养管理

稚龟是指刚孵化出壳至当年越冬期的龟，饲养管理有以下几个要点。

1. 暂养

刚出壳的稚龟，身体和肠胃都很虚弱，前2～3d不能摄食，需要暂养在瓷盆、塑料盆、木盆及其他内壁和底面比较光滑的容器中。暂养期间每盆放养（$0.2m^2$）50只，水深保持1～2cm，水太深会使稚龟过度消耗体力或溺死，而且每天要换2次水，并用4mg/L的高锰酸钾溶液浸泡20min，以防肚脐感染。用含粗蛋白40%的人工配合饲料，另加10%新鲜鱼打成的鱼浆，拌成团状加以诱食，暂养2～3d后即可转入稚龟池饲养。在稚龟池中稚龟的放养密度以每平方米100只左右为宜。

2. 投料

刚开始可投喂少量的熟蛋黄、水蚤、蚯蚓等，数日后可投喂绞碎的鱼虾、螺蛳、蚌肉等，逐渐掺切碎的南瓜、红薯、米饭等植物性饲料，动、植物性饲料比例为2∶1。日投喂量为龟体重的5%～12%，并根据水温、天气等情况灵活掌握。起初日投料数次，炎热天气每日上午8时、下午4时各投喂1次，入秋后每天下午3时喂1次。饵料宜投放在食台上，食台可用木板或竹筏漂在水上，其面积一般占总面积的1/10左右。在饲养过程中，要及时清除排泄物及剩料。

3. 换水

稚龟的饲养过程中，每隔3～5d就要换1次水，每次换水量为水体总量的25%～40%，并注意换入水与换出水的温差不要超过3℃。天热时应不停注入新水，将水温控制在25～30℃。

4. 越冬

从霜降开始，稚龟停止摄食，霜降后（10月底）1周内，应将稚龟从室外转入室内越冬。室内池预先要放入用清水或自来水冲洗干净的沙。稚龟潜入沙中后，池上需加网罩，以防敌害侵袭。沙要保持一定湿度，要求能捏成团但又不积水。当沙过分干燥时要洒水湿润，水的温差不超过±2℃。室内越冬池温度要保持0℃以上，防止池水冰冻。气温过低时可在池上加盖稻草帘。稚龟越冬时不喂食，一般密度为每平方米100～150只。稚龟个体小、娇嫩，小雪前（11月下旬）不管水温是否达到理论上要求，稚龟越冬工作一定要结束。

（二）幼龟的饲养管理

稚龟越冬后次年即达2龄以上，其性腺尚未成熟称幼龟。这阶段的龟体小，多在100g以下，在幼龟池中培育，每平方米放养50只左右。幼龟饲料以动物性为主，动、植物性饲料的比例可为8∶2。螺、蚌肉、动物内脏饲料等应充分剁碎或用绞肉机搅碎后投喂。也可选用营养全面的配合饲料，配合饲料应浸湿，并与榨成汁液或绞成糊状的果蔬类青饲料一起搅拌均匀后投喂。日喂量为龟体重的5%～8%，每天上午8时和下午4时各投1次，以略有剩余为好。可用木板或水泥板在池中搭饵料台。

在幼龟的培育阶段若水质不好容易发生各种细菌性疾病，使幼龟腐皮、腐甲、烂脚、烂尾。所以要密切注视水质的变化情况，经常加注新水，保证良好的养殖水体。每周要用5%的食盐水浸抹龟体一次以防病、消毒。水温15℃以下时要注意防冻。目前幼龟大多采用加温养殖，即每年10月水温下降到15℃时，将幼龟转入室内加温池中养殖，次年春外界水温适宜时，再将幼龟放入常规池中饲养。加温饲养的放养密度为每平方米10只左右，水温控制在28～30℃，池水深以40～50cm为宜。日常管理的重点放在水质管理、空气调节、饲料投喂上。

若要把幼龟留在室外自然池中越冬，水深要1m以上，密度不能过大，应每平方米20～30只，池底放10～20cm厚的淤泥，池上搭防寒架，防寒架上放塑料薄膜，留1～2个通气管，薄膜上盖草帘就可越冬。如在室内越冬，越冬方法与稚龟相同。

（三）成龟的饲养管理

成龟一般指3龄至性成熟的龟。幼龟出池的时间一般是在5—6月，出池平均规格已达到150～200g。移入室外通过3个月的饲养就能达到400g左右的商品规格。成龟的养殖阶段正是7—9月3个月的高温季节不需加温，只需要调控水质和满足龟的营养需求，防病促长，加强饲养管理。

成龟的放养密度以每平方米水面4～6只为宜，放养时龟体需用3%的食盐水浸浴15～20min。

成龟的饲料要做到动物性饲料和植物性饲料合理搭配，其比例为6：4，动物性饲料有畜禽内脏、小鱼虾、螺、蚌肉、黄粉虫、蜗牛、蚯蚓、蝗虫、蚕蛹等，植物性饲料有菜叶、瓜、玉米、高粱等。也可投喂蛋白质含量为40%左右的人工配合饲料。夏季高温应多投喂含蛋白质多的饵料，日投喂量达到龟体重的8%～10%为宜，秋后水温低应多投喂含脂肪多的饵料，日投喂量达到龟体重的3%～5%为宜。饵料投在饵料台上，饵料台可用木盆或石棉瓦做成，面积1m^{2}左右，每50～100m设一个饵料台。

成龟池的水位要控制在1.0～1.5m，水体透明度在30～50cm，水色以绿褐色最佳，如果水体清瘦可适当施一些有机肥，用量为100～150g/m^2，每隔10d换一次水，换水量为全池的1/3，高温季节每10～15d泼洒1次生石灰，用量为10～20kg/亩（1亩≈667m^2，全书同）。

还应经常观察龟的活动和摄食情况，及时捞出剩料、污物，做好防逃、防病和防止敌害侵入工作。

五、乌龟常见疾病的防治

（一）白眼病

该病是由放养密度大，水质碱性过重引起，幼龟发病率较高。发病季节多在春季和秋季，越冬后的春季为流行盛期。病龟眼部发炎充血，眼睛肿大。眼角膜和鼻黏膜因炎症而糜烂。眼球外部被白色分泌物掩盖，眼睛无法睁开。病龟行动迟缓，严重者停食，最终死亡。

防治方法：经常换水保持水质清洁，按时投喂营养药物，以提高龟自身的抵抗力。对已经患病的龟应单独饲养，并对原饲养容器用高锰酸钾溶液浸泡30min以上进行消毒杀菌。对病症轻（眼尚能睁开）的龟，用呋喃西林或呋喃唑酮溶液浸泡，溶液浓度为3.3g/100ml，浸泡40min，连续5d；对于病症严重（眼无法睁开）的龟，首先将眼内白色物及坏死表皮清除，然后将病龟浸入含有维生素B_1、土霉素药液的溶液中，每升水中放1片土霉素、4片维生素B_1。

（二）腐皮病

该病由单胞杆菌感染引起，肉眼可见病龟患病部位溃烂，表皮发白。饲养密度较大，龟相互撕咬，病菌侵入后引起受伤部位皮肤组织坏死。另外水质污染也会引起腐皮病。

防治方法：饲养过程中，保持水质良好，并避免龟体受伤，对病龟首先清除患处的病灶，用金霉素眼膏涂抹，每天1次。若龟能自己进食可在食物上添加土霉素粉；若龟已停食可将病龟隔离喂养。切忌放回水中饲养，以免加重病情。

（三）胃肠炎

龟进食后环境温度突然下降15℃以上，或环境温度不足22℃易引起此病，另外投喂腐烂变质的食物，水质恶化也会引起此病。

患病的龟精神萎靡，反应迟钝，少食或不食；轻度病龟的粪便中有少量黏液或粪便稀软，呈黄色、绿色或深绿色，龟少量进食。严重的龟粪便呈水样或黏液状，呈红棕色或血红色，用棉签蘸少量涂于白纸上可见血，龟绝食。解剖可见胃肠充血。

防治方法：在正常的饲养管理过程中，要保持环境温度稳定，龟进食后应将温度保持在22℃以上，并且要注意保持水质清洁，不喂腐烂变质的食物，不喂冰冷的食物。对已患病的龟可在饵料中加入抗生素类药物，如土霉素、氯霉素、庆大霉素等。拉稀的龟可投喂黄连素等，首次药量可大些，连续投喂1周左右即可痊愈。

（四）红脖子病

龟体受伤、饲养条件差、水质恶化等都可成为诱因。病龟咽喉部和颈部肿胀，充血发红，皮肉出现红色斑点，然后全身浮肿，爬行迟缓，脖子难以缩回壳内。严重时全身红肿，口鼻出血，双眼失明，最后上岸死亡。

防治方法：避免龟体受伤，加强水质管理，放养前每千克龟体注射卡那霉素10万单位1次，或平时用15万单位卡那霉素拌料投喂。病龟用金霉素或磺胺类消炎药，每500g龟每日服2次，每次半片，连服5～7d。用1%高锰酸钾溶液涂抹龟体红肿糜烂患处，涂后离水静养。

（五）软体病

该病主要是饲料中缺乏钙和维生素D以及缺乏必要的阳光照射所致。多发生在稚、幼龟中。病龟背、腹甲较软，骨关节粗大，有的病龟背甲有凹陷，幼的龟壳畸形，边缘向上卷曲。

防治方法：饲喂营养全价的饲料，特别是保证维生素D、维生素A和钙的含量。在饲料中添加骨粉、绞碎的鱼骨或滴入少量鱼肝油。同时给龟一定的光照时间。

六、乌龟的捕捉与加工

（一）乌龟的捕捉

龟全年均可捕收，一般以秋季捕收为佳。

1. 踩摸捕捉

穿水裤下水用脚踩摸，踩到乌龟时用手抓，先抓住乌龟的后半身，然后两指卡住乌龟的两后腿胯下，即可从水中抓出。不可抓乌龟的前部，以防被乌龟咬伤。万一被乌龟咬住手指，应速将手和乌龟一块放回水中，乌龟即松口。

2. 干塘捕捉

如需将池内的乌龟全部捕出，可先将池内水排至仅剩20cm深，下水边摸边捉，并将池水搅浑，然后将池水全部排干。晚上躲在泥沙中的乌龟会全部爬出，再用灯光照捕。

（二）乌龟的加工

1. 龟甲

龟甲的加工方法有两种：一种是杀死活龟，砸开上、下甲，挖除龟头、龟尾及内脏、四肢，刮净筋肉，再用清水洗净，晒干即得。此甲称为“血甲”；另一种是将活龟用沸水煮死后再取其甲，则称为“烫甲”。“血甲”的品质较“烫甲”为佳。

2. 龟甲胶

将已洗净的生龟放入锅中分数次用水煎煮，至龟甲变得松脆，以手捏即碎为度，此时龟甲中的胶质已基本溶尽。接着把各次水煎所得的滤液合并，加入明矾粉末少许，静置、过滤，取上清滤液以文火浓缩，或加入适量黄酒、冰糖至呈膏稠状，然后倒入特制凹槽内，待自然冷凝，切成小块，阴干即成龟甲胶。

3. 龟肉

鲜用，洗净煮食，或炖服，或炙灰研末。

4. 龟血

鲜用，和酒饮之。

5. 龟胆汁

鲜用，涂擦。

第三节　蛇

蛇（*Dendroaspis polylepis*）属脊索动物门、脊椎动物亚门、爬行纲、有鳞目、蛇亚目。蛇类的分布为热带和亚热带地区种类最多，温带次之，寒带最少。在全世界

有2 500多种蛇，其中毒蛇约650种。我国有200多种蛇，其中毒蛇约51种，主要分布在长江以南和西南各省，尤其以广东、广西壮族自治区、海南等省、区最多。

一、蛇的药用与经济价值

蛇类的药用不只限于蛇毒，蛇肉、蛇胆、蛇蜕、蛇皮及其他内脏（如血、生殖系统等）都是有名的药物。

1. 鲜蛇肉

因鲜蛇肉中保留了较多的生物活性物质，与蛇干比更有其独特的功效。杀死活蛇取肉并烘干研磨成粉后服用，可治风湿性关节炎、中风后半身不遂、小儿热痱、皮肤瘙痒等。从蛇肉中提取有效成分制成的注射液有消炎、补肾壮阳的作用，适用于治疗慢性支气管炎、浸润性肺结核等。

2. 蛇干

蛇干是用整条蛇取出内脏后，晒或烘制加工而成的干体。有祛风解毒、镇痉止痛的功效，能治疗风湿瘫痪、四肢麻木、半身不遂等症状。

3. 蛇蜕

蛇蜕不同于蛇皮，它是在蛇的生长过程中自然蜕下的皮膜（体表角质层）。蛇蜕具有祛风退翳、明目、解毒、杀虫的功效。主要用于治疗各种顽固性皮肤病，如顽癣、疥疮、肿毒与带状疱疹等。此外也可以治疗小儿惊风、喉痹、目翳、腰痛、痔漏、急性乳腺炎、绒毛膜上皮细胞癌等疾病。

4. 蛇胆

蛇胆自古以来就是一种珍贵药材，能行气化瘀、平肝熄风、祛风除湿、清凉明目、止咳化痰、治疗风湿性关节炎、眼赤目糊、咳嗽多痰、神经衰弱、清暑散寒、小儿惊风、半身不遂、痔疮红肿、各种角膜疾病、胃病、高热等症。

5. 蛇油

冬眠前的蛇类，体内贮存脂肪较多，经煎熬加工可制成蛇油。多用于治疗冻伤、烫伤、皮肤皲裂、慢性湿疹等。

6. 蛇血

服鲜蛇血可治疗关节痹痛及变形，并有升血作用。

7. 蛇蛋

我国南方有以蛇蛋浸渍后再用文火煮粥食的方法，可治赤白痢。《本草纲目》载乌梢蛇卵可以治“大风癞疾”。

8. 蛇舌

一些地区认为蛇舌有极佳的止痛效果。

9. 蛇内脏

可用来治疗肺结核。

10. 蛇毒

蛇毒是毒蛇毒腺中分泌出来的毒液。蛇毒制剂临床上可用于治疗各种神经痛、小儿麻痹及其后遗症、椎体外系神经麻痹、止血或抗凝、制备抗蛇毒血清、镇痛等。

11. 蛇鞭

公蛇的生殖器官称为蛇鞭，包括1对阴茎，1对睾丸及其相连的输精管。它含有雄性激素、蛋白质等成分，蛇鞭具有补肾壮阳、温中安脏的功能，可以治疗阳痿、肾虚、耳鸣、慢性睾丸炎、妇女宫冷不孕等。若在蛇鞭中再加入其他补益中药，药效将更佳，可起到补血养精的作用，对于男性精液少或含精量低、成活率差，以及活力低所致的不孕症、女性内分泌紊乱、排卵差，继发性闭经和经量少所致的不孕症均有疗效。

此外，蛇皮是制革工业的重要原料，通常可制成小提包、皮带、小钱包、领带、皮鞋、皮包、马甲等皮制品，此外利用蛇皮还可以制作乐器。蛇皮花纹鲜艳、美丽、皮质柔软、坚韧，颇富有魅力，成为深受人们喜爱的名贵商品。

近年来由于人类经济活动的频繁，生活水平的提高，造成野生蛇类资源的大量消耗，蛇类的种群数量大大降低，有限的野生资源满足不了市场日益增长的需要。所以开展蛇的人工饲养和繁殖，具有极其广阔的前景。

二、蛇的生物学特性

（一）形态特征

蛇身体细长，呈柱状，皮肤干燥，缺乏腺体。皮肤上覆盖着鳞片，用以防止体内水分的蒸发，鳞片是鉴定蛇种的最普遍的方法。蛇的身体大致分为头、躯干、尾等部分。头扁平呈椭圆形或三角形，躯干部呈圆筒形，腹面末端有一泄殖孔，它是躯干和尾的分界。蛇类没有附肢，有一些种类（如蟒蛇）泄殖孔两侧各有一呈爪状的后肢残余，雄性更为明显。蛇的运动靠肌肉牵引数量甚多的椎骨和肋骨，以及宽大的腹鳞来完成。

（二）生活习性

蛇类喜欢栖息在温度适宜、离水不远、捕食方便和隐藏良好的环境中，多以洞

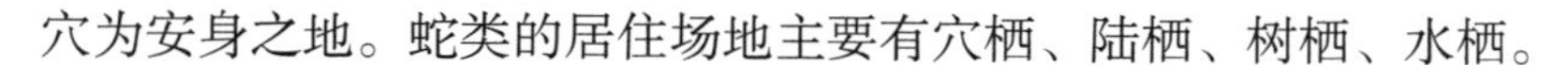

穴为安身之地。蛇类的居住场地主要有穴栖、陆栖、树栖、水栖。

蛇主要以活的小型动物为食，包括蚯蚓、蛞蝓、蜘蛛、尾虫以及各类脊椎动物如鱼、蛙、蝌蚪、蜥蜴、鸟、兽等。蛇类的食量很大，一次可吞食自身体重2倍的食物，蛇类的耐饥能力也很强，一般可以几个月甚至一年都不吃食物。

蛇类的活动有明显的昼夜性。有的蛇（如眼镜蛇）喜欢白天活动；有的蛇（如金环蛇）喜欢夜间活动；而有的蛇（如蝮蛇）喜欢在弱光下活动。蛇类活动也有明显的季节差异，一般蛇类的活动期是从春末到冬初。

（三）蜕皮习性

蛇每年要蜕皮3～4次，多者一年达10余次。蜕皮的顺序一般从上、下嘴唇蜕起，先用下唇用力地在树桩或石头的棱角上磨蹭，使下唇近旁的鳞片剥离，然后仰卧其头颈部，再用力磨蹭吻端及头背部的鳞片进行剥离。上、下唇鳞片全部剥离后，便缓缓地爬行。在树丫或石缝隙间凭借隙缝两壁的阻力，使鳞片向后倒剥。蜕到颈部后就用力收缩其肋间肌肉，再向前爬行，使身体的鳞片向后倒剥，将蛇蜕的内面向外翻出，整个过程大约需要2h。蜕皮后的蛇体更加鲜艳，斑纹更加明显。

（四）冬眠习性

蛇是冷血动物，冬季来临温度降至10℃以下时，就在干燥向阳的洞穴、树洞或岩石缝隙中冬眠。冬眠时间的长短与蛇的种类和分布地区的气候有一定的关系。东北地区一般10月中下旬开始冬眠，到次年5月中上旬解除冬眠。冬眠的顺序为先雌蛇、后雄蛇，最晚的是幼蛇。冬眠的方式有单条的，也有群居。群居冬眠，少则3～5条，多则十几条到几十条。

三、蛇的人工养殖技术

（一）蛇的饲养方法

1. 蛇场养蛇

蛇场可分为围沟式蛇场和围墙式蛇场。围沟式蛇场是以水沟将蛇场与外界隔离开来，而围墙式蛇场则是用围墙将蛇场与外界分隔开。目前养蛇场多采用围墙式。围墙式蛇场的围墙要坚固，墙基要求0.5～0.8m，并用水泥灌注，墙高要2m以上，不设进出门，用木梯进出。内墙要求光滑无缝，四个墙角要做成圆弧形，防止蛇外逃。蛇场内要设蛇洞、水池、水沟、饲料池、产卵室。此外还要有一个广阔宽畅的活动场所，并种有花草树木，使蛇遇上高温时能在花木下乘凉，并要使蛇场内保持干净、潮湿、荫凉和卫生。

2. 蛇房养蛇

蛇房是专供饲养蛇的地方，由于用途不同，有直接养蛇用的养蛇房，有供人工孵化的孵化房，有培育仔蛇的育蛇房，还有用于取毒的毒蛇房以及专门饲养商品蛇的集约蛇房等。养蛇房内墙角要成弧形，若要开窗户应在较高的地方（一般在2m以上）开。门一定要严紧，最好能设两重门，也可以在蛇房的四周再筑2m高的围墙。蛇房内可设一定数量的蛇窝，蛇窝有不同形式，坟堆式、地洞式最常见。同时在房内应设置水沟、水池，在有条件的情况下，最好还能种些花草，这样做使蛇像在自然环境里一样栖息和活动。如果养蛇的种类较多，可以在蛇房内用细眼铁丝网分成许多单间，以免互相残食。

3. 蛇箱养蛇

一般建在通风采光好的房内或房边，蛇箱的材料可用木板或砖。蛇箱一般长2.5m，宽1m，高0.8m，每立方米体积的蛇箱可养1m长的蛇5～6条。箱顶装小孔铁窗纱，再安装一推拉门。箱底铺5cm厚的潮湿沙土，四周放若干个石块供蛇躲藏和蜕皮，蛇箱养殖可与蛇场养殖相结合，平时把蛇养在蛇场，用蛇箱饲养幼蛇以及产卵越冬。

（二）蛇的繁殖技术

1. 蛇的繁殖特性

蛇类要成熟通常需3～4年时间。大多数蛇为卵生，少数蛇为卵胎生。卵胎生蛇的胚胎发育所需的营养物质与母体无关，由卵供给，幼蛇孵化出后，从泄殖腔产出。雄蛇有睾丸1对，靠近睾丸内侧有一附睾，为储存和排送精子的器官。还有1对交接器（称半阴茎），交配前囊壁上的血管迅速充血，并从里翻转突出泄殖腔外，呈圆柱状，顶端略为分叉，其上的一条纵向沟能临时闭合成细长管道。交配时把交配器插入雌蛇体内，将精子送入到雌蛇的泄殖腔内，使成熟的卵受精。雄性交配时每次把一个交配器凸出泄殖腔外，两个交配器轮流使用。雌蛇有1对卵巢和1对输卵管，输卵管的前端扩张为喇叭口，后端通入泄殖腔。卵子成熟后经喇叭口掉入输卵管内，并在此处受精。

蛇类在春季交配，夏季产卵或产仔。一条雄蛇先后可与数条雌蛇交配，而一条雌蛇交配1次之后，连续3～6年内可以产出受精卵。雌蛇的产卵（仔）数通常是5～9个，个体之间的差异较大。

蛇的雌、雄很难区分，其简单方法是比较尾部的粗细和长短。雌蛇尾基部突然变细而短，雄蛇尾基部较粗（靠近肛孔）而略长。

2. 蛇卵的人工孵化

因蛇卵的孵化率受环境影响较大，为提高孵化率，可进行人工孵化。人工孵化的方法很多，常见的有缸孵法、箱孵法，此外还有坑孵法和机器孵化法。蛇卵的孵化期相差很悬殊，短则几天，长的可达几个月之久。眼镜蛇卵的孵化时间为47～57d，金环蛇、银环蛇40～47d，百花锦蛇40～55d，其他蛇卵约为60d。蛇卵孵化胚胎发育成熟后，小蛇就用卵齿轻轻划破卵壳逸出。

人工孵化的温度一定要控制在20～30℃，相对湿度宜掌握在50%～70%，每隔7～10d翻动蛇卵一次，以利于胚胎发育。如果孵化温度低于20℃，相对湿度高于90%，孵化的时间就要延长，并有部分蛇卵孵化不出来；如果孵化温度高于27℃，相对湿度低于40%时，蛇卵因水分蒸发而变得干瘪而又坚硬。为了使卵保持相对恒定的湿度，可用新鲜而清洁的苔藓覆盖孵化卵。

3．种蛇的选择

种蛇要选择体长，健壮，凶猛有神，肌肉丰满呈圆筒状，体表油光发亮，色彩鲜艳明亮，活泼好动，伸缩弹性好，无伤无病为佳。不生猛、无光泽、有伤、腹部有皱纹的均不宜做种蛇。选好的种蛇应安排出一定的隔离区，将雌、雄种蛇按比例放在一起，组成繁殖群。

在春季发情配种期，特别是要选择发情、交配行为正常的种蛇。对以生产蛇毒为目的的毒蛇，要侧重泌毒量和毒液的质量，而对全身入药的蛇类则要侧重于体型大小、色泽与花纹等重要指标。对秋季入蛰前的种蛇，要淘汰瘦弱和患病的个体，以免冬眠中死亡或传染疾病。

四、蛇的饲养管理

（一）幼蛇的饲养管理

蛇自卵中出壳（刚孵出）或自母蛇体中产出至第二年出蛰时为幼蛇期。仔蛇在饲养过程中夭折的原因在于它们不能主动摄食，获取足够的营养物质，越冬过程中蛇箱（池）内温度过低所致。

1．幼蛇的饲养

仔蛇出生后开始时养在蛇箱中，第二年可以养在较小的幼蛇饲养场。自幼蛇进蛇场时就要母、公分开饲养。幼蛇箱可用木板制作，长1m、宽0.8m、深0.5m，箱盖用铁丝网，使其透气、透光，但不能有洞或缝隙以防逃走。箱底铺5cm厚的细沙，箱内放上水盆、瓦片、碎砖，供幼蛇蜕皮和隐蔽用。饲养的密度一般以幼蛇体的面积约占箱面积的1/3为宜，保证幼蛇有活动和捕食的场所。随着幼蛇的长大，就应该分群饲养，降低密度。

幼蛇出生后7～10d一般不进食，特别是前3d，主要靠卵黄自体营养，随着日龄增长，卵黄吸收尽后，幼蛇的活动能力逐渐增强，便需要从外界摄取营养。幼蛇主动进食的能力较差，开始时人工灌喂。灌喂的饲料一般采用流汁饲料，可取新鲜去壳的生鸡蛋1个，搅匀后放在碗内，加1滴鱼肝油，2ml复合维生素B，1片研成粉末的钙片及适量面粉等，然后全部混匀即可。或将150g畜、禽肉或动物下脚料用绞肉机加工成肉泥，加入生蛋液150g、大豆粉150g、凉开水50g、复合维B_3片和土霉素5片研末拌匀，调成稠糊状即成。流汁的温度应与室温保持一致，或是略高1～2℃。如果明显低于室温，有时容易引起反胃而呕吐，可用兽用注射器或洗耳球灌喂，一般5～7d 1次，每次每条蛇1～3ml。以后可陆续投给蝌蚪、幼蛙、乳鼠以及各种人工组合饲料。待生长到一定时期，即可投给较大的动物饲料，如小白鼠、大白鼠、成蛙、蟾蜍等。

2. 幼蛇的管理

幼蛇身体小，抗逆能力差。易受不良条件刺激而生病甚至死亡。除做好科学饲养外，还应在管理工作中注意以下几点。

（1）蜕皮时期必须要精心护理。蜕皮期是幼蛇饲养的关键阶段。幼蛇出壳或产出7～10d会进行第一次蜕皮，再过10～15d进行第二次蜕皮。蛇蜕皮时不食不动，易遭到敌害的侵扰，而且刚刚蜕皮的幼蛇皮肤易感染病菌，所以要精心管理。

（2）保持良好的生活环境。蛇箱或蛇场内要经常打扫，清除剩食、粪便，收拾蛇蜕，搞好卫生，使幼蛇有一个安乐、舒适、卫生的生活环境。饲养幼蛇的温度宜保持在20～30℃，相对湿度50%～60%，而蜕皮时的相对湿度应增加至70%左右。

（3）注意观察。每天观察幼蛇的活动情况，及时记录幼蛇的捕食、饮水、蜕皮、病害、死亡等情况。经常检查围墙或蛇箱、门户有无裂缝。对有病或瘦弱的幼蛇要进行隔离，另行精心饲养并及时治疗处理，避免病情蔓延，传染给其他健康的蛇。

（4）安全越冬。出生第一年的幼蛇宜在室内越冬，冬眠前多投喂小动物，尽量让幼蛇吃饱，加强越冬的能力。越冬时需要保持的温度为8～12℃，不宜超过15℃，一旦超过这个温度，幼蛇便从冬眠中苏醒过来，但也不能低于5℃，这样的低温幼蛇易被冻伤或冻死。幼蛇冬眠时处于“假死”状态，对外来侵袭缺乏抵御能力，因此一定要严加防范敌害入侵。冬眠后的幼蛇体质特别瘦弱，活动能力与捕食能力较差，也容易患病，应及时供应食物和饮水。

（二）商品蛇的饲养管理

商品蛇的饲养目的在于加快生长及长膘，在管理过程中应注意以下几点。

1. 饲养密度

成龄的蛇，蛇体较大，体长与体重还在增长。因此其饲养密度应适当降低，一般每平方米7～10条，高密度养殖时，每平方米10～15条，个别体重大，体长特别长

的，每平方米2～5条。

2. 合理投料

投喂动物饲料的频率要增加，一般每2～3d投料一次，每次投料量为蛇体总重的15%～20%。投料后的第二天清除未被捕食的个体较大的、活的或被咬死的动物。此外在饮水充足的情况下，每周在水中加喂1次蛇糠，可促进消化吸收，加速育肥，防止蛇发病。

3. 注意安全

养蛇人员喂养蛇或捉蛇时，要穿长筒胶鞋，扎紧裤筒、袖口，带防护手套、面具等。同时要准备好一个急救包，内备有布带、刀片、碘酊、高锰酸钾、酒精、治蛇伤的中成药以及注射用胰蛋白酶或注射用糜蛋白酶、普鲁卡因、一次性注射器等以应急需。

（三）四季管理

1. 春季管理

蛇出蛰前应该把蛇场打扫干净，并用2%～4%的热氢氧化钠溶液或10%～20%的新鲜石灰乳剂进行消毒。春季空气干燥，蛇体水分散失较多，不利蜕皮生长，蛇场要经常喷洒水以调节湿度。此外，这时春寒未尽，应继续做好窝中的防寒保暖工作。

2. 夏季管理

要做好降温和通风工作，经常更换池中的水，及时清除蛇场内的粪便，排除场内积水。及时处理病蛇，发现行动困难、口腔红肿、身体溃烂或患有其他疾病的蛇，应及时治疗或淘汰。保证饲料的供应，特别是对怀孕的母蛇。

3. 秋季管理

应供给充足多样的食物，使蛇体重增加，提高抗寒、抗病能力。而且要做好蛇冬眠场所的建造、维修工作。

4. 冬季管理

要定时检查越冬场所的温度和湿度，使蛇窝内的温度保持在5～10℃，相对湿度保持在50%～90%。尽量减少老鼠、蝎子等敌害对冬眠蛇类的干扰。

五、蛇常见疾病的防治

（一）口腔炎

口腔炎是蛇吃了不清洁、腐败的食物或者有害细菌侵袭蛇的颈部或饲养者取蛇毒时用力捏蛇头，或用力碰撞杯皿，致使蛇口流血，经细菌感染等均能引起。患蛇表现为张口不合，不能吞吃食物，呼吸困难，头部上、下颌肿胀，严重的蛇口有脓汁溢出，最后因不能进食和饮水而致死。此病易受细菌感染，具有传染性。

防治方法：进场时认真检查蛇的口腔有无红肿，毒牙有无断缺，是否发炎；露天蛇场或室内箱养要注意卫生，病蛇及时隔离治疗，木箱宜用开水烫洗、暴晒消毒；取毒操作切莫粗暴用力挤压蛇头。将蛇全身药浴治疗，草药用山乌柏、毛冬青、了哥王、大叶桉树白皮，加中药儿茶、地榆、苦参、地肤子、五倍子共水煎过滤，凉后浸蛇30min，每天1次，2d即可见效；或将患病蛇装入网袋，用清水轻轻将蛇身洗净，然后将庆大霉素、牛黄解毒片、牛黄消炎片混合，拌匀，轻扫蛇嘴，每天1次，2d见效；或用雷佛奴尔溶液冲洗口腔，再用龙胆紫溶液涂患处，每天1～2次，也可用冰硼散撒于患处，每天2～3次。

（二）急性肺炎

在饲养过程中温、湿度控制不当，蛇房内空气不流通、不新鲜、浑浊闷热极易诱发肺炎。急性肺炎主要在7—8月，产卵后的雌蛇因身体虚弱，对气温过高不适而得。病蛇初期呈感冒状、呼吸困难、盘游不安、不想归洞、精神呆滞、离群独居。病蛇往往从洞中爬出1m或只爬出半身翻滚1～2min，随之口流黏液，张口不合，甚至发出吱吱微叫声。此病传染性很强，若不及时给予治疗，有时3～5d内可危及全群，引起大批蛇的死亡。

防治方法：注意认真调节小气候，平时喂水时加入适量氟哌酸粉剂。若发现病蛇应迅速隔离，并对蛇场或蛇箱进行消毒。可用青霉素、病毒灵、链霉素、万消灵喷洒或开水烫洗蛇用具。药浴治疗，水煎过滤草药山乌柏、毛冬青、了哥王、大叶桉树白皮，加中药儿茶、地榆、苦参、地肤子、五倍子，凉后浸蛇30min，每天1次，2d见效；或注射针剂，用庆大霉素、复方黄连素、青霉素、链霉素等作皮下注射或肌内注射。成蛇每天肌肉或皮下注射的剂量一般可掌握在人体用药剂量的1/5～1/4，青霉素可以每次注射10万单位，2次/d。

（三）霉斑病

霉斑病是由真菌感染引起。病蛇腹部鳞片上产生有块状或点状的黑色斑块，这些黑色的霉斑不及时治疗会蔓延至背部，严重的延至全身，最后使蛇发生溃烂致死。

防治方法：梅雨季节多发此病，要特别注重降低蛇窝的湿度，并做好清洁卫生工作。用2%碘酊在霉斑部位涂擦，每日擦2次，一周即可痊愈；或口服克霉唑片，每天3次，每次2片。

（四）寄生虫病

由寄生虫感染引起的疾病称为寄生虫病。蛇的体内寄生虫有线虫、绦虫、蛔

虫、鞭节舌虫等，外寄生虫有蜱螨等，蛇被寄生虫感染之后，不仅造成体内或体外的机械性损伤，还可夺取蛇体的营养，致使蛇体营养不良，生长缓慢、消瘦、产卵减少，有的寄生虫还可造成体内某些器官的阻塞。寄生虫病会传染，其死亡率低，但影响蛇的生长和繁殖，亦不可忽视。

防治方法：清理、处理好蛇粪，做好蛇园、蛇房、蛇窝的环境卫生，特别要注意饮水和食物的清洁。此外还要定期消毒和更换蛇窝内的垫料与垫土，防止寄生虫在此繁殖。寄生虫的治疗先要查清寄生虫的种类，按其种类用不同的药物治疗。驱蛔虫可用驱蛔灵，每千克体重服0.1 ~ 0.2g；驱鞭节舌虫、绦虫、吸虫可服敌百虫，每千克体重服0.01g。患蜱螨的蛇可放在0.1%敌百虫溶液中浸浴3 ~ 4min，当虫体不多时，可用0.1%敌百虫溶液直接涂抹患处。

六、相关产品的采集与加工

（一）蛇胆的加工

1. 蛇胆酒

杀蛇取胆用水洗净血污，在少量酒中浸洗5min左右，然后装入盛有50° 以上白酒的酒瓶中，酒量以达到能防止变质的量为度。一般放1 ~ 2枚蛇胆，3个月后即可饮服。

2. 蛇胆真空干燥粉

将鲜胆汁放入真空干燥器进行真空干燥，即可得到黄绿色结晶粉末，可装瓶或装袋备用。

3. 蛇胆汁酒

取鲜胆1 ~ 2枚剪开，放入500ml 50° 以上的白酒中，一般现泡现喝。也可将鲜胆汁挤入盛酒的杯中直接饮用。

（二）蛇蜕的加工

1. 酒蛇蜕

将蛇蜕刷洗净剪成小段，以0.5kg黄酒喷洒5kg蛇蜕，使之湿润，然后放入锅中以文火炒至微干，至色呈米黄时为止，取出后晾干备用。

2. 煅蛇蜕

用黄酒洗去蛇蜕上的泥沙，置于罐内，加盖后用泥封固，再煅约1h，次日启封，将炮制的蛇蜕贮存于陶器中备用。

（三）蛇鞭的加工

1. 蛇鞭

杀蛇取鞭，洗净血污控尽水分，然后将其悬于通风处晒干或烘干即可。

2. 蛇鞭酒

取新鲜蛇鞭或优质蛇鞭干，直接泡于50°以上的白酒中，3个月后可饮服，用完后还可再浸泡一次。

（四）蛇毒的采集与加工

1. 蛇毒的采集

一般情况下，蛇毒的采收期是在每年的6—10月，7—8月为采毒高峰期。采毒间隔时间为20～30d，温度在20～30℃时产毒最多。为了取到较多的毒液，取毒前1周可只供水而不投饲。采集蛇毒的方法甚多，在这里介绍两种。一是咬皿采集，即一手捉住蛇的颈部，让蛇身顺其自然置于工作台上，使其不能扭动，另一手把取毒工具送入蛇口内，让蛇咬住取毒工具，毒液从毒牙滴出；二是咬膜皿，根据蛇个体大小制备大小两种类型的带柄玻皿，大号的柄管与皿相通，以便容纳同时采集的多条蛇的毒。皿口扎一塑料薄膜，将皿送入蛇口内。蛇便会咬穿薄膜滴出毒液到皿内，待蛇松口取出玻皿。毒液采集后，应立即进行干燥处理。

2. 蛇毒的干燥

把新鲜的蛇毒在低温下用离心机离心，除去沉淀物，然后取其上层澄清的毒液进行干燥。干燥方法有冰冻真空干燥法和常温真空干燥法。

3. 蛇毒的保存

由于干燥的蛇毒有极强的吸水性，在紫外线和高温的环境下其毒性易破坏，所以应迅速刮取干毒分装在小瓶中，用蜡熔封，外包黑纸或锡箔，置于阴凉处保存备用。

第四节　蛤　蚧

蛤蚧学名大壁虎（*Gekko gecko*），又名多格、蚧蛇等。在动物分类学上属于爬行纲、有鳞目、壁虎科动物。分布于广东、四川、福建、云南和贵州以及我国台湾等地。

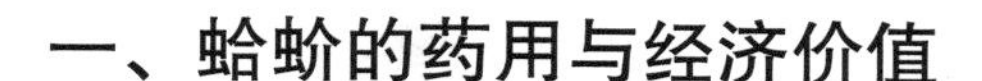

一、蛤蚧的药用与经济价值

蛤蚧是一种药用动物，具有补肾、温肺、壮阳、益精血、止喘咳之功能。广泛用于治疗虚劳喘咳、咯血、消渴、肺结核、神经衰弱、老人脚冷膝软、阳痿早泄、小便频繁、心脏性气喘等症。

蛤蚧主要成分为蛋白质和脂肪，具有性激素样作用。蛤蚧是名贵的中药材，用生蛤蚧泡酒便成著名的蛤蚧酒，誉满国内外。目前蛤蚧制成品有蛤蚧精、蛤蚧定喘丸、蚧蚧大补丸、蛤蚧补肾丸等。蚧蚧无论是生的、干的、泡成酒的还是加工制成品均十分畅销。

目前蛤蚧在国内外市场需求旺盛、货源稀缺、价格坚挺，而且饲养方法简单、投资少、成本低、收益大。因此人工养殖蛤蚧既能缓解产不敷销的矛盾，又能获得丰厚的经济效益。

二、蛤蚧的生物学特性

（一）形态特征

成蛤蚧身长30 ~ 35cm，胸背厚4 ~ 5mm，体重60 ~ 150g。其体色和色斑因栖息环境不同，有黑褐色、黑绿色、灰褐色等，在头背和体背还有黑褐、深灰、蓝褐等横的宽条纹，腹部色较浅。尾部有6 ~ 7个灰白色环带，尾的长度约与体长相等。四肢短小，只能爬不能跳。脚很特殊，有5个脚趾，能吸附峭壁。

蛤蚧的皮肤有点像蟾蜍，皮肤缺腺体，很干燥，可防止体内水分蒸发。吻端凸圆，鼻孔近吻端。耳孔椭圆形，眼大凸出，口宽大，上、下颌有很多细小牙齿。全身密生细鳞，头和背部的鳞细小，呈多角形，胸、腹部的鳞较大，均匀地排列成瓦状，尾鳞不规则，排成环状。

（二）生活习性

1. 栖息环境

野生蛤蚧多栖息在峰峦突兀、岩石暴露、植物稀少，仅覆被些次生灌木丛的石山上部、人迹不易到达的岩壁裂缝中，常常数条或单独栖息一处。在人工饲养条件下，有几条群集在一起的情况。蛤蚧穴居的石壁缝隙不大，刚好在内行动自如，缝隙的曲直不等。蛤蚧经常保持栖息环境清洁，壁缝内的粪便或杂草都搬出洞外，蛤蚧也栖居枯老中空的大树中段的树洞内，也会栖居在居民住房的屋顶、墙壁以及城墙缝之内。生活在崖壁或墙壁上的蛤蚧，总是头部朝下，居高临下，以便捕捉昆虫。

2. 活动规律

蛤蚧的活动随环境的变化而变化。在自然条件下，每年3—9月初是蛤蚧活动时期。清明节后开始蛰眠，5—7月为蛤蚧活动盛期。蛤蚧是爬行纲动物中少有的能鸣叫的动物，每天早晨6—7时，中午12时左右，晚上7—12时为鸣叫时间，鸣声为“蛤—蚧”。一般3龄蛤蚧连续鸣叫约13次，停歇一定时间后再叫，1～2龄鸣叫8～10次，不满一龄者鸣叫2～3次。可根据蛤蚧的鸣叫次数，估计蛤蚧的年龄。蛤蚧的体色，能随外界环境的光度、温度的变化而有所改变。一般在阳光下，变成灰褐色，在阴暗的条件下变成黑褐色。

蛤蚧怕冷又怕热，怕风又怕雨。蛤蚧生活最适温度28～30℃，相对湿度75%左右。一般在天气晴朗和凉爽的清晨，多在石山中部活动，傍晚多爬到上部活动，在多云无风而较闷热的傍晚，则迁移到石山下部的崖壁缝内活动。在炎热酷暑天爬出洞外，伏于岩石上晒太阳。蛤蚧在天冷时居深洞，天暖时居浅洞。刮风的天气常迁移到背风的山坡去住。当气温降至20℃时，只有10%左右的蛤蚧出来活动，至15℃以下时均不活动。立秋后天气寒冷时就进行冬眠，若气温回升至20℃以上时，又能恢复活动。

蛤蚧视力不强，但听觉灵敏，遇到敌害时，先张嘴回击，如力量相差悬殊，则弃尾逃脱。断尾仍能在原地跳动，以迷惑对方，蛤蚧乘机逃脱。断尾可再生，但不及原来的长度。

蛤蚧多是一雌一雄成对在石壁缝内活动，很少见到3～4只合群一起活动的。雌、雄分散后雌性会不断地鸣叫，彼此寻觅。

3. 食性

蛤蚧采食与活动是一致的。在野外蛤蚧全年采食，但解剖发现冬季胃肠内很少有食物，夏季则相反。采食强度与昆虫的季节变化相一致，也呈现出明显的季节变化。采食活动呈现出昼夜变化，天黑开始采食，日出停止活动。蛤蚧只吃活的动物，不吃死的和不动的，食物几乎全部是昆虫，昆虫中除大型而体硬的及体小如浮尘子、飞虱等外，其他蛤蚧都能吃，包括蟋蟀、蜚蠊、蚱蜢、蜘蛛、蟑螂、蚊虫、蚕蛹、土鳖虫等。食物的消化由吃入至排出约需12h。蛤蚧耐饥能力很强，小蛤蚧孵出后可耐饿120～135d，大蛤蚧饱食后能耐饿140～150d。

（三）繁殖特性

正常情况下蛤蚧3～4龄时才能达到性成熟，每年5月开始交配，6—9月是产卵季节，7月中旬到8月中旬是产卵盛期，但因各地气候不一，产卵期略有差异。每次产1对粘连在一起的卵，年产卵1～2次。蛤蚧的卵产出时是软壳，在空气中暴露半小时才会变硬。卵变硬前母蛤蚧守候在卵旁，防止公蛤蚧和其他动物将卵壳咬破。蛤蚧

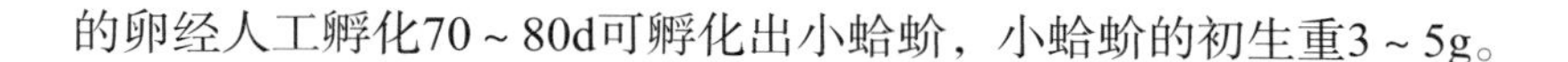
的卵经人工孵化70～80d可孵化出小蛤蚧，小蛤蚧的初生重3～5g。

三、蛤蚧的人工养殖技术

（一）养殖方式

1. 野外养殖

饲养场地应选择在依山傍水、通风良好、冬暖夏凉、便于诱虫的林荫地。场地大小视饲养量而定，一般每平方米壁面可养20～30条蛤蚧。场地四周用石头或泥砖（红砖、水泥砖有酸性或碱性渗出物，不利于产卵）砌成封闭式的围墙，墙厚约40cm，高2～3m，四周内壁下方距地面1m处，砌成几个1m^{2}的凹窗，饲养蟑螂专供蛤蚧食用。内壁上方距墙顶30～50cm处，砌成几个长方形的凹窗，专供蛤蚧栖息产卵。凹窗的宽度略长于一块砖头，长度随墙壁而定，窗内用砖头间隔，砖头可放可抽，以便捕捉蛤蚧。自墙壁顶部以下1m左右范围内垂挂麻袋或用硬纸遮光，让蛤蚧栖息在阴暗、宁静的环境里。场地顶部全部用铁丝网（网眼为0.8cm×0.8cm）封置，防止蛤蚧外逃。同时在铁丝网罩下悬挂2～3盏黑光灯，作夜间诱虫用。场地中央设一个水池供蛤蚧饮水，水池四周栽种花木。或在场内用石块垒筑一些小假山，内设40～50cm洞穴，假山外围种上一些花草，并设多处水池，供蛤蚧饮水、游水。

2. 室内养殖

可用石块或泥砖修建成长4m、宽2.5m、高2.2m的饲养房。饲养房的结构可根据蛤蚧的生活习性，设计与自然环境相类似的栖息环境。饲养房可分为大蛤蚧饲养室、小蛤蚧饲养室、蛤蚧活动场、工作室4部分。大、小蛤蚧饲养室要用砖或片石墙分隔开，内壁上半部砌长25cm以上、高5～6cm的横沟或钉木板架，南北两面开窗，床上钉铁丝网，加设可开闭的百叶窗，房顶设1～2道缝隙，作为蛤蚧出入活动场的通道。

铁丝网围成的活动场设在房顶，活动场设木板门或铁丝门，以便饲养人员出入。黑光诱虫灯安装在大蛤蚧活动场上面，灯下设收集漏斗，漏斗管长约50cm，昆虫可以落入活动场，为防止蛤蚧逃走在漏斗管下需安装一个能自动开闭的薄铁片，昆虫落下后薄铁片自动闭合，也可用塑料布制成1m长管套住漏斗下方，同样可起到防止蛤蚧逃逸的作用。小蛤蚧的活动场可将黑光诱虫灯挂在铁丝网内，只让小型昆虫进入，大型昆虫可再次飞到大蛤蚧活动场上。也可将黑光灯漏斗直接通入饲养室内。场内设饮水池一个。这种饲养房可饲养蛤蚧500条。此外还可以在石山和田洞建饲养房。石山上建饲养房，房的一面为自然石壁，其余三面用砖砌。窗及房顶用铁网围好，面积10m^{2}左右。砌洞建饲养房，可充分利用昆虫为主食，以利除虫和饲养蛤蚧。房高2m左右，房内设施有黑光灯、饮水池、游泳池等。

（二）繁殖技术

1. 引种

蛤蚧种源可到饲养蛤蚧的养殖场引进，引进时应选择3年以上，体重150g左右、体大健壮、无伤病的个体。也可到野外山间捕捉，最佳时间为每年4—8月，晚上9—10时，用手电筒照射出洞的蛤蚧，其因畏光不动，可戴上手套捕捉。蛤蚧逃进石缝中时可用一根细竹竿前端系一铁丝钩，钩上固定一只蝗虫，因蛤蚧贪食上钩而被捕捉。然后放入养殖场内，进行越冬前的强化培育，以便次年繁殖。

2. 产卵

蛤蚧繁殖时雌、雄比以（20～30）：1为宜。雄性多了会相互争雌、争食，咬断尾巴，降低药用价值。当气温上升到15℃时，蛤蚧出巢活动，20℃左右摄食并进行交配。6月下旬便开始产卵，到9月中旬为止。接近产卵期时将待产的雌性移入专门的铁丝网笼内，笼内用纸格分隔开，纸格内贴上一层薄纸，让其产卵于纸上，便于扯下薄纸取卵，集中进行人工孵化。有些卵没有产在贴纸的地方，须用铁纱网罩封，并在上方用塑料薄膜遮盖，避免日晒雨淋，以提高孵化率。笼外用布遮光，使蛤蚧安静产卵。蛤蚧每次产卵1对，产后可再发情交配，隔50d左右又可产卵1对，每年产4对。卵呈白色，圆形，直径约2.5cm，重5～8g。其卵不需要亲本孵化，在相对湿度70%～80%，温度33～35℃的条件下，经70～80d即可孵出小蛤蚧。孵出的小蛤蚧要及时移到小蛤蚧饲养室，以免被大蛤蚧吃掉（人工孵化可避免大吃小）。同时雄蛤蚧还有咬破卵和追咬小蛤蚧的习性，要加以防范。

四、蛤蚧的饲养管理

（一）饲料

人工饲养蛤蚧是否成功，饲料是关键的一环。在饲养过程中主要采用灯光诱捕昆虫、白蚁和人工养殖蟑螂、黄粉虫等来解决蛤蚧的动物性饲料。蟑螂的饲养方法是：在凹窗内放旧报纸、动物骨头、玉米粉、米糠等，然后将捕捉来的蟑螂放进去，让其自然繁殖，长大后即可作蛤蚧饲料。如动物性饲料不足，可用植物性饲料补充。常用的植物性饲料有面粉、豆腐、冬瓜、南瓜、玉米粉、红薯等。饲喂方法有两种：一种是用玉米粉0.5kg加淡鱼粉50g，适量水煮熟后加生长素4～5g拌匀饲喂；另一种是用面粉或玉米粉0.5kg、白糖50g、生长素4～5g，少量水拌匀后用油煎熟做成小颗粒投喂。初次投喂需要摆动，以引诱蛤蚧，几次后就会习惯，就不需要摇摆饲料了。也可把饲料煮成粥样，涂抹在铁丝网或墙壁上，让蛤蚧自己爬出来舔食。为了保持天然蛤蚧的品质，应以鲜活饲料为主。

在蛤蚧产卵前半个月要加强营养，除多喂昆虫类饲料外，还需加喂些白糖、鸡蛋等。小蛤蚧出生后可先喂些白糖水或盐水，5～7d后喂些小虫或白蚁，半个月后随其食量增大，逐渐增加昆虫投放量，使当年孵出的小蛤蚧在进入越冬前就达到一定的体重。同时冬眠前和开春后要注意补充营养，使其能正常交配产卵，当年孵出小蛤蚧。

（二）保持适宜的环境

蛤蚧的耐寒性较差，也不耐热，一般需在8℃以上的温度才能存活，15℃以上才能活动，17～18℃以上才能摄食，22～32℃才最活跃。由于个体之间有体质强弱之差，因此耐寒性也各不相同。健壮的个体即使在室温5℃时也不致死亡，而瘦弱个体在10～13℃都会被冻死。幼小蛤蚧的耐寒力则更差，一般不能忍受低于13℃的气温，因此在冬季和早春要做好防寒保暖工作，将门窗关严使寒风不能侵入。蛤蚧栖息的地方可挂麻袋片，必要时可烧木炭火盆增温，以保持室温不低于13℃。如果冬季室温提高到20℃以上时，可喂昆虫、蟑螂和土鳖虫等，若不给饲料，蛤蚧消耗体内营养，会很快消瘦，抗寒能力也会随之降低，易于死亡。

夏季当室温上升到32℃以上时，除应洒水和通风降温、增强遮阴设备外，还应在饲养房内增设饮水用具供给饮水，或结合在蛤蚧身上洒水降温。另外，根据蛤蚧喜净忌臭的特点，要注意保持饲养室的环境卫生，每天清除吃剩的昆虫残渣和粪便，每2～3d更换一次饮水。检查房内有无洞隙，经常打扫饲养场地，防止病菌侵入，注意观察蛤蚧是否健康，发现有病的应及时隔离。一般有病的蛤蚧主要表现在脚的吸附力差，喜欢单独在有光处或低处停留。

五、蛤蚧常见疾病的防治

（一）口角炎和口腔炎

该病主要由于维生素缺乏引起。症状表现为不吃东西，张口困难，口角、鼻根、上、下颚红肿，严重时1个星期后死亡。

防治方法：在平时饲料中添加维生素C和维生素B_2。患病的蛤蚧及时检出隔离治疗，用0.5%呋喃西林或0.1%高锰酸钾溶液洗患处，加喂维生素B_2和维生素C，每次2.5mg，日喂3次，或掺入配合饲料中饲喂。

（二）夜盲症

该病由于维生素A缺乏引起。症状为爬行不规则，不避障碍物，乱闯乱窜，眼球凸出、红肿或灰白色，视力减弱，15～20d后死亡。

防治方法：平时注意在食物中加些维生素A、维生素B或鱼肝油，则可避免此病的发生。也可用猪肝或兔肝50g、水0.5kg煎后取汤加白糖喂。

（三）软骨病

该病主要是缺钙引起的。表现为全身软弱无力，厌食，不愿活动，一连几天伏在石壁不动弹，躯体日渐消瘦，一般10d内即死亡。

防治方法：在饲料中添加葡萄糖酸钙、骨粉或贝壳粉等钙质，也可用鸡蛋壳烤焙至焦黄色研末加入饲料中。

（四）农药中毒

主要是农田施用农药时，昆虫农药中毒，蛤蚧吃后引起中毒。症状是神态昏迷发呆，有呕吐反应，几小时后即死亡。

防治方法：掌握农田施用农药时间，在此期间不要开灯诱虫，对中毒的蛤蚧灌服少量蛋清或10%的葡萄糖水。

（五）敌害

饲养房要经常清理，防止老鼠和蛇类隐藏其间。墙外洞穴要堵塞好，门窗及时关严。此外，还需防止蚂蚁啃食幼蛤蚧。

六、蛤蚧的捕捉与加工

（一）捕捉

野生蛤蚧的捕捉方法很多，最常用的方法有如下几种。

1. 昆虫诱钩法

把一根1m长的粗铁丝一端磨尖，弯成钩状，钩尖挂蝗虫1只，慢慢伸入洞里，蛤蚧见食就会一跃而起张口咬住，在吞食的片刻将铁丝扭转90°，使钩尖钩住蛤蚧的下颚，为避免钩伤蛤蚧上颚，不能直接将蛤蚧拖出，需另外用一根1m长的粗铁丝，一端弯成直角，但不磨尖伸入洞内钩入蛤蚧眼眶，然后把两根铁丝一起拖出洞口。如果洞内什么也看不见，可用草茎伸入洞内拨动以诱其出来，蛤蚧常将草茎误为昆虫，从深处爬出。

2. 铁丝钩捕法

用1m长的粗铁丝，一端弯成2cm的直角钩，利用蛤蚧对异物有张口反击和咬之不放的习性，在蛤蚧头前晃动，待蛤蚧张口还击时，将钩伸入蛤蚧口内钩住下颚将其拉出。有时蛤蚧不张口回击，反而往洞的深处躲去，此时可用细竹竿深入洞内将蛤蚧去路挡住，然后用铁丝钩钩住慢慢拖出。

3. 木棒扎发诱捕法

用木棒、竹竿或铁丝一根，顶端捆扎头发或马尾，使之紧缠成团，伸入洞内诱咬，一旦蛤蚧张口咬住，头发便会卡住牙齿，拉得越紧，蛤蚧就咬得越紧，这时便可将蛤蚧拖出洞外捕捉。不过千万不能松手，否则蛤蚧就会松口逃走。

4. 光照法

晚上用强烈灯光照射，蛤蚧见光后趴着不动即可捕获。饲养室内捕捉蛤蚧则比较简便。除用上述方法外，可在白天用网捕捉，用铁丝做一个直径15 ~ 20cm的铁丝网兜，加装适宜的手柄，捕捉时将网兜对准蛤蚧的头部由下往上一推，蛤蚧即落入网中。

（二）加工

1. 干制品

用小铁锤或刀背轻击蛤蚧头部，使其晕死。然后用利剪挖掉眼睛，再由腹至胸剖开，掏出内脏，用布擦干血液（不能用水洗），随即用两条经煮沸消毒处理过的竹片将四肢平行撑起，再用长于蛤蚧全身1/2的扁竹条自腹部纵向插入，直达头部。用沙纸包好尾部，以免折断。用50 ~ 60℃微火烘干。烘烧时数只排列一行，头部向下，干透后取出。将大小相同的2只头对头，尾对尾合在一起，用沙纸条扎紧，即为成对的干蛤蚧。为防虫蛀变质，可再用硫黄熏一下，但要控制用量以免残留。

2. 蛤蚧酒

取干蛤蚧或将活蛤蚧除去头、鳞片、内脏和眼球洗净，在60° 的米酒中浸泡3个月即成。蛤蚧尾部药用效果最好，捕捉和加工时切莫损坏。

第五章　两栖类

第一节　林　蛙

中国林蛙（*Rana amurensis Boulenger*）在动物分类学上属两栖纲、无尾目、蛙科、林蛙属。别名蛤士蟆、田鸡、红肚田鸡、油蛤蟆、雪蛤等，是我国东北特产的珍贵药用野生动物。主要分布在我国东北的吉林、辽宁、黑龙江3省，在内蒙古自治区、山西、河北、山东、陕西、甘肃、青海、四川等地也有少量分布。但近年来由于野生林蛙被大量的滥捕，数量急剧减少，已远远不能满足市场需求。因此开展林蛙的人工养殖对保护林蛙这一野生资源，维持生态平衡，满足市场需要，具有重大的生态意义和社会意义。

一、林蛙的药用与经济价值

分布在我国的林蛙主要有中国林蛙和黑龙江林蛙两种，另外在华南、西南还分布有日本林蛙的两个亚种。林蛙油又称蛤士蟆油、田鸡油，为雌性林蛙的干燥输卵管，是一种久负盛名的滋补中药。

1. 林蛙油

含有多种营养成分，含蛋白质、脂肪、碳水化合物、维生素A、维生素B、维生素C、维生素E、维生素K等，还含雌二醇等天然性激素以及锡、锌、磷、硫等微量元素。林蛙油性平，味甘，具有滋阴补肾、润肺生津、清神明目、健胃益肝等功效。主治体虚气弱、神经衰弱、肺虚咳、气血不足、精力亏损、肾虚以及妇女产后出血、产后无乳等症。经常服用林蛙油，可增强体力和记忆力，补充人体所需的18种必需氨基酸，加强对各种疾病的免疫功能。

2. 林蛙肉

性凉味咸，有养肺滋肾之功效，主治虚劳咳嗽。肉质细嫩、味道鲜美、营养丰富。长期以来作为人们宴席上的美味佳肴，被视为上等珍品。

林蛙及其油远销日本、东南亚各国，在国际市场有一定地位，享有一定声望，在我国香港及日本、韩国、东南亚一直供不应求。

二、林蛙的生物学特性

（一）形态特征

分布在全国各地的中国林蛙其外部形态有不同的特征。比较典型的是分布在我国东北长白山一带的中国林蛙。其个体大，所产的林蛙油药效显著，质量上乘。

林蛙身长6～8cm，体重30～40g，最大的体长达9～12cm，体重达45g左右，在同龄林蛙中，雄蛙比雌蛙个体小。林蛙头部较扁平，口阔而大，吻端钝圆。两眼大而凸出，位于头两侧偏上方。鼓膜黑色，呈圆形，上有三角形的黑斑。常于肩上方形成"八"字形黑色斑纹。体型较细长，前肢短而粗壮，具四指，后肢更长，胫长超过体长1/2，有五趾。其四肢背面具有显著的黑色横纹。全身皮肤光滑无疣，仅在成蛙的体侧生有较小凸起。

中国林蛙雌、雄比较容易区别，雄蛙身体较瘦窄，体表带黑褐色斑纹，腹部灰白色，前肢较粗糙，第一指上有极发达呈瘤状黑色婚垫，上有白色小刺；雌蛙体型胖而圆，腹部黄白色或深黄色，并具有红褐色的条纹，咽、腹及后肢腹面，股部为橘黄色。生活在我国其他地区的中国林蛙体型要小于东北地区的林蛙。

（二）生活习性

林蛙的一生要经过蝌蚪期的水栖和幼蛙及成蛙期的陆栖两个阶段的生活。林蛙平时喜欢栖息的环境是潮湿阴凉、植被茂密的由桦、柞、杨、椴等组成混生阔叶林带，及有少量针叶的针阔叶混交林带或高山草地、沼泽等处或是生活在山谷的溪流、水潭、池塘等处的水中。

1. 陆栖生活期

每年的春天，4月初至4月中旬，林蛙便结束冬眠进入繁殖期。春季繁殖产卵后，经过短暂的生殖休眠，大约在5月初进入夏季的森林生活期，即陆栖生活期，一般需要5～6个月。可分为上山期、森林生活期、下山期3个阶段。

（1）上山期。当年幼蛙和完成生殖与生殖休眠后的成蛙，从5月初开始5～7d的时间陆续沿小溪、谷沟离水转向森林，早春时期多半栖息在山林的阴面，随着气温升高，逐渐上山到较密的树林之中，此为上山期。

（2）森林生活期。林蛙到了高温季节，多在早、晚活动，而中午多聚集在湿润阴凉处的森林阴坡地带，即为森林生活期。此期以觅食为主，生长发育速度很快。

（3）下山期。到了每年的9月底或10月中旬间，植被开始枯萎，昆虫蛰伏，林蛙开始下山奔向河溪、池塘等有水域环境即为下山期。下山一般在夜间进行，时间约有半个月，当气温和水温降至10℃左右时，便进入水中进行冬眠。

2. 水栖生活期

（1）冬眠期。林蛙喜欢在水质清澈透明，河床内有大量石块堆积，水生植物茂盛，尤其喜欢河道之中有深水潭处栖息。冬眠初期林蛙多分散在河流、溪水等较浅水域里，有些分散潜伏在水草间、泥洞或石块树根之下。这段时间林蛙常变动栖息地点，大约历时1个月，为散居冬眠期。进入严寒冬季大约从每年的11月初，河流开始结冰，林蛙向深水中集中，往往几十只甚至上百只集中在一个冬眠场所，互相拥挤成一团，转入长时期的群居冬眠，一直到次年的3月末或4月初大约5个月。春天当温度回升到3℃左右时，林蛙结束冬眠陆续进入繁殖时期。

（2）繁殖期。林蛙是1年1次产卵类型蛙类，一般从蝌蚪到性成熟需2年多时间。林蛙繁殖完全在水中进行。繁殖时一般选择水层浅、水面小、有静水区的河流或沼泽、水甸子等的岸边草丛处鸣叫寻偶。雌、雄蛙多在中午或前半夜交配，若遇阴雨天气则多在深夜进行。雌蛙产卵的场所多属泥质水底，也有部分为沙石水底。蛙卵呈块状、黑褐色，卵直径为1.5～2mm。雌蛙每次产卵为800～1 500个。蝌蚪孵出时间与水温有关，一般为3～9d。刚孵出的蝌蚪需要42d左右变态成幼蛙，再经过1年的生长发育为成蛙。

雌、雄林蛙在生殖之后，要在陆地上寻找适宜的地点进行短暂的陆地生殖休眠，一般选择产卵场附近的土壤、树根或洞穴等，然后在其下单独分散地潜伏。一般经过15d左右的不动不食，在5月初陆续结束休眠，进入森林生活期。

（三）食性

林蛙同其他蛙类的食性一样，以昆虫为主。但只能捕捉活的昆虫，不捕食死的或不活动的昆虫。在蝌蚪时期以浮游生物为食，逐渐发展到以大型甲壳类、软体动物、水生昆虫等。在陆地上从幼蛙到成蛙，主要捕食森林内的昆虫，如叶蝉、蟋蟀、蝼蛄、金龟子、瓢虫、夜蛾、蚯蚓、甲虫、蜗牛、蚊、蝇等，食物缺乏时偶尔也吃一些植物的种子。

三、林蛙的人工养殖技术

（一）养蛙场建造

林蛙养殖场的建造要结合其生态习性和当地自然条件进行。最好建在水源充足，树木密集，植物茂盛，湿度大的地方。林蛙养殖场根据养殖方式的不同有开放式养殖、全封闭式养殖、温室大棚养殖及封沟养殖等。

1. 开放式养殖

开放式养殖是一种比较传统的养殖方式。养殖场内包括产卵池、孵化池、蝌蚪池、幼蛙池、成蛙池以及越冬池等。

（1）产卵池。也叫亲蛙池，大小由养殖规模而定。面积一般为15m^{2}左右的长方形土池结构。池内分水、陆两部分，由斜坡相连。水深一般为30～40cm，最好池内能铺一些鹅卵石，并堆积一些较大石块。水中需种植一些水生植物，池中进、出水管道应设在一侧，并设拦网。陆地上堆放部分石块，并种植花、草、树木等，为亲蛙产卵后的生殖休眠提供栖息场所。场地周围可种植一些藤蔓植物或其他树木遮阴降温，到了盛夏池塘上还要搭遮阴棚避暑。产卵池周围砌50～100cm高的防逃墙，地基要深入地下20cm左右，墙顶向内弯曲成檐。在产卵池上方安装一只黑光灯引诱昆虫。

（2）孵化池。一般建在场中背风、朝阳、水流缓慢、水温较高的地方。每池4m×6m，水深20～30cm，用以分别孵化不同时期的卵。每个池子两边设有纱网相拦，上下进出水口位于水池一侧，并设拦网封住。

（3）蝌蚪池。每池10m×4m，水深50cm左右，池内分为水、陆两部分。一般需建2～5个，以便进行不同时期蝌蚪的培育。池底铺一层表土，种植一些植物、花草等用来遮阴和诱虫。四周建50～60cm的围墙或池埂，上下进出水口位于水池一侧，并设拦网封住，防止蝌蚪或幼蛙外逃。在水陆连接处放一些树枝或蒿草，堆积一些石块，以便变态后的幼蛙顺利登陆。

（4）幼蛙、成蛙池。幼蛙和成蛙池应建在背阴之处，池子周围栽种垂柳、速生杨树或果树遮阴。池子面积一般50～100m^2。周围要用单层砖砌100～150cm高的防逃墙，墙根要埋入地下20cm，以防蛙打洞逃跑。池内铺一层腐殖土，放些石块堆成洞穴，然后栽植树木、花草等植物，最好有小溪从中穿过，在溪流进、出口外要设防逃拦网。或在池子中间建一水塘，种植荷花等水生植物，既能诱虫又能增大湿度，给林蛙造成一个良好的生活环境，池内还要悬挂黑光灯诱虫。

（5）越冬池。越冬池是林蛙冬眠的场所，应建在背风向阳的地方。越冬池面积为20～40m^{2}或因地制宜，池内仅留少部分的陆地。水位应在2m以上，即使在封冻时节，水下温度也在2～9℃，林蛙可安全度过漫长的冬季，也可在池上加盖塑料大棚保温。

2. 全封闭式养殖

场地四周用塑料薄膜、尼龙纱网或水泥墙圈成高度在1.2m左右的防逃墙，四周拉上防鸟网，顶部覆盖遮阴网进行全封闭。养殖场内种植树木、植物等进行遮阴、保湿。场地大小以30对种蛙占地70～140m^{2}计算。在封闭的场地内，再围成几个100m^{2}左右的幼蛙和成蛙养殖池。养殖场的中央挖一个20m^{2}的水池，水深30～40cm，孵化池、蝌蚪池和变态池共用一池，水池的四周为斜坡。配备自动喷淋设施，以喷水降温、调湿。越冬池可在封闭的场地内另行建立。

3. 温室大棚养殖

温室大棚养殖是一种高密度集约化的养殖方式。具有占地面积小，生产周期短，高密度集约化饲养，便于管理，可立体经营，产品反季节上市等优点。但投资大，技术难度高，要求养殖者具有一定的经济实力和技术基础及业务知识。

4. 封沟养殖

封沟养殖是利用自然条件，人工放养，自然生长繁殖的养殖方式。封沟养殖的优点是投资小，技术难度低，易操作，饲料易解决，但看管困难，易逃逸，回捕率低。

（二）繁殖技术

林蛙的人工养殖是指用人工的方法，促使雌、雄亲蛙，在人工养殖的条件下，达到性成熟，并能交配繁殖，从而获得受精卵，在一定的人为条件下，使受精卵发育，孵化出蝌蚪。林蛙的人工养殖包括亲蛙的引种、抱对产卵、受精卵孵化、蝌蚪的发育等过程。

1. 引种

林蛙无论雌、雄2龄以上就达到性成熟年龄。以3～4龄作为种蛙最好，此时求偶欲望强，产卵量既多又成熟的好。产于我国东北长白山地区的林蛙油质量最佳，所以一般多引进该地区的中国林蛙为亲蛙进行人工养殖，也可直接引进蛙卵或幼蛙。

（1）蛙卵。引进时间一般选在每年的3—5月。将蛙卵用浸湿的新纱布包好，上放冰块，转入有通气孔的保温罐中低温运输。如路途遥远每隔4～5h用冰水冲洗，并换上新冰块，可使蛙卵在20h内仍能存活。到达目的地后，要使蛙卵水温逐渐过渡到孵化池内的水温，然后才能将卵放入孵化池中进行孵化。若将蛙卵直接放入孵化池内，由于卵的温度与池水湿度温差过大，将会造成蛙卵大批死亡。

（2）亲蛙。引种时间应选在繁殖期前比较凉爽的天气。亲蛙应选择体质健壮，体表光滑湿润，外形完整，活力旺盛，品质优良，生长2年以上者。雄蛙体长6cm、体重达40g以上；雌蛙体长7.5cm，体重50g以上，雌、雄均具有典型林蛙特征的个体，体色呈黑褐色者更佳。亲蛙雌、雄比例为1：1，采用特殊有通气孔的运蛙箱来运输。箱

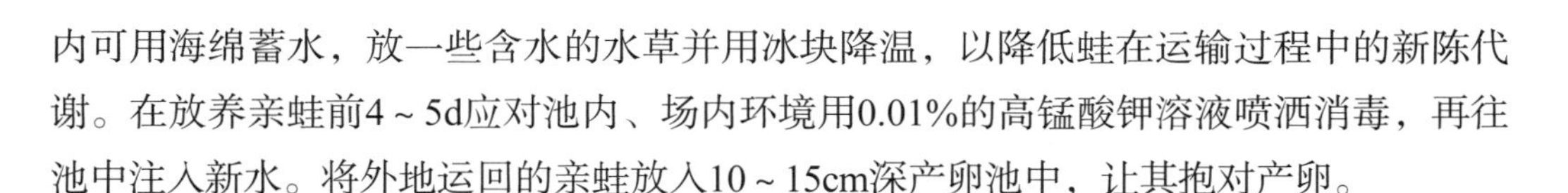

内可用海绵蓄水，放一些含水的水草并用冰块降温，以降低蛙在运输过程中的新陈代谢。在放养亲蛙前4～5d应对池内、场内环境用0.01%的高锰酸钾溶液喷洒消毒，再往池中注入新水。将外地运回的亲蛙放入10～15cm深产卵池中，让其抱对产卵。

2. 抱对产卵

每年春天的3月底或4月初，当气温升至10℃左右时冬眠的林蛙便复苏，开始鸣叫，鸣叫是雄蛙求偶的信号。这时要将林蛙从越冬池中取出，放置在产卵池中。产卵池中要设置隐蔽物，池底要平坦、无污泥。蛙抱对后雄蛙停止鸣叫，抱对时间短则几小时长则1d。林蛙抱对交配时间多选择在中午或前半夜，一般交配10h后雌蛙便开始产卵，产卵高峰期多在凌晨。

3. 受精卵的孵化

蛙卵产出后，呈团状，沉于水下，经一段时间后卵团吸水膨胀漂浮于水面，此时可捞出放于孵化池中进行孵化。但不是同一天产的卵不可放于同一池中孵化。应注意卵团不能捞出太早，否则会影响受精率。孵化池要求水质清新、无污染、溶解氧充足，池底要干净无污泥，否则卵团沾上污泥后会影响孵化率。孵化池的水白天可适当降低水位，这样有利于水温升高，缩短孵化时间。受精卵在水温15～18℃时，3～4d就可孵化出蝌蚪，但如果水温、气温过低，孵化时间将会延长至15～20d。

4. 蝌蚪的发育

蝌蚪刚孵出时，不能摄食，靠吸收自身体内卵黄维持生命。1～2d后开始活动，3d能摄食，主要以卵胶膜为食。卵胶膜采食完后，能采食水生植物的嫩叶及低等藻类。蝌蚪先长出后肢，过5～6d长出前肢，体长、尾长开始缩短。发育至45～60d时，尾巴彻底消失，完全变态成幼蛙，开始登陆。

雌蛙产完卵便进行短暂的休眠，结束休眠后，便出来活动觅食。这时将雌蛙同雄蛙一起捉到成蛙养殖场内进行养殖。

四、林蛙的饲养管理

（一）饲料

林蛙的饲料主要有4种，一是谷物性饲料，如玉米面、豆饼粉、豆腐渣、麦麸、豆粕、米糠；二是动物性饲料，如鱼粉、蚕蛹、动物内脏、血粉、骨粉、蝇蛆、黄粉虫、蚯蚓及利用灯光诱捕的各种昆虫；三是各种蔬菜及青草；四是各种复合维生素及矿物质添加剂。以上各种饲料调配合理，是完全能够满足林蛙的正常生长繁殖需要的。

（二）饲养管理

1. 蝌蚪期管理

初生的蝌蚪在3～5d内以卵胶膜为食，此时可不投饵料或投入适量熟豆浆。在以后的5d内，投喂浮游生物、熟蛋黄和豆浆等，在清晨和傍晚分别投食，后期应适量投入煮熟的蔬菜。10～20日龄的蝌蚪，投喂煮熟的玉米面、豆饼粉、鱼粉、麸皮、蔬菜、嫩草叶等配合饲料，投放时应多点投放。在混合饲料中适当添加多种维生素和微量元素，每天投喂3～4次。25～40日龄加喂昆虫。

为了增加雌蛙的数量，可使用雌性诱变剂的方法来获得。蛙类的性分化期在蝌蚪的尾芽形成到幼蛙后肢出现的35～45d期间内，因此药剂处理时间要在胚胎发育的尾芽期开始，蝌蚪发育的外部形态为弯月形即应投药。投药前计算好孵化池的水容量，按每升水加入30μg雌二醇量，用酒精溶解好然后用清洁水稀样至2 000倍，调好池水深度，封闭好进、排水口，用喷雾器向池中均匀喷洒。在蝌蚪性分化期内，每3～4d换水1次，每换一次水，要按量投药1次。蝌蚪开食后，在每千克饲料中拌入0.3%的雌二醇饲喂。

产生雌性蛙的适宜水温为20～25℃。水温高时要用搭遮阴棚等办法降温。随蝌蚪长大，要注意调整密度。池水应保持水质清新、氧气充足，在早、晚无阳光时换水，处于变态期时在池岸边经常洒水，铺上蒿草或草帘，便于幼蛙登陆和防晒。并在陆地撒一些豆渣类食物或牛粪，招引昆虫，供幼蛙上岸后捕食。性别诱变的雌蛙不能作种。

2. 幼蛙和成蛙期的管理

幼蛙和成蛙要分开饲喂。幼蛙和成蛙除饲喂配合饲料外，还要投予人工繁殖的蝇蛆、黄粉虫、蚯蚓、切碎的动物内脏、绞碎的鱼虾、螺蛳等。同时进行灯光诱虫和堆积蒿草引诱甲虫，以使饲料多样化，补充各种营养成分，有利于林蛙的生化发育。对放置水体上的活动式饲料台，每隔3～4d就应清洗一次，必要时可在池内放些以蛙残饵及排泄物为食的小杂鱼。要为林蛙提供相对潮湿的环境，天气干燥时应及时喷水。盛夏设置遮阴设施，种植绿色植物。提供充足的饵料，定期消毒，预防疾病。可用麦麸子人工繁殖的黄粉虫作饲料。也可用猪、牛、羊血中的任意一种1份，对40～50份水加入少量麦麸子或玉米面放到室外的缸、盆、水泥池、土池中，3～5d就会产出大量的蛆作饲料。

3. 越冬管理

为了使幼蛙和亲蛙能安全顺利地渡过越冬期，在进入冬眠前1个月要饲喂足量的高蛋白饲料，使其积蓄能量，提高抗寒能力。水温控制在1～8℃，保持水质清新、

洁净、无敌害。

（1）利用越冬池越冬。将整修好的越冬池注满水，水深保持在1m以上，池中放一些石块、草把等隐蔽物或挖一些小坑、洞穴。然后在蛙即将进入冬眠之时，将捕捉到的大量幼蛙或成蛙直接放入池中。越冬期间经常巡逻，加强管理，随时注意水位的变化，以便及时采取相应的措施确保安全越冬。

（2）利用温室、室内越冬池、温泉、工厂余热越冬。如果有条件可修建温室或在室内修建越冬池。室内修建深1m的水泥越冬池，水深70～80cm。需经常换水防止缺氧，水池上边盖上防逃网。也可利用温泉，工厂排出的温水等，使水温保持在7～10℃，蛙能安全度过冬季。在此条件下林蛙的新陈代谢水平有所降低，所以仍需投喂饵料，投喂饵料的量和次数可减少。还要定期为池水增氧、排除粪便等。利用这种方式越冬，需设有陆地环境，以便林蛙温度适宜时爬上陆地觅食。

（3）利用塑料大棚加温越冬。建安装取暖设施的塑料大棚，使棚内处于蛙的生活温度之内，这样可打破休眠期，缩短林蛙的养殖周期。

（4）窖内越冬。窖宽2m，深2m，四壁用砖石水泥等砌成，窖底为土层，窖盖覆土保温，留有通气孔道，地面放入石块、落叶等隐蔽物。每平方米大约贮幼蛙3 000只，亲蛙700只，窖内需经常喷水。

（5）焊接镀锌板水池越冬。有移动方便、控温方便、换水方便的三大特点。可放置在空房的炕上，天冷时烧一下炕或在池下方放一电暖气控制温度。实践证明采用这种方法不仅操作简便，且安全可靠。

五、林蛙常见疾病的防治

在养殖过程中，避免饲喂单一饲料，加喂适量的多种维生素和微量元素。既能促进林蛙的快速生长，也能提高林蛙的免疫力。在场地建设好之后要进行全面彻底的清理消毒。在养殖过程中要有计划地进行定期消毒，最好是做到多种消毒剂交替使用。生石灰用于池塘或水体消毒，化成乳液泼洒池塘时的浓度为每升200mg，定期消毒浓度为每升20～50mg。漂白粉对细菌、真菌、病毒均有杀灭作用，也常用于池塘消毒。

（一）肤霉病

该病又称白毛病，病原体是水霉菌，主要寄生在蝌蚪体表皮肤损伤的部位。肉眼可以见到棉絮状浅白色的菌丝，逐渐从伤口向四周扩大，致使蝌蚪游动迟缓，觅食困难，导致死亡。

防治方法：用10%紫药水涂抹或用5%的盐水涂抹和清洗患处，效果良好。

（二）气泡病

该病主要是由于水质不良，发酵或溶解氧过多形成气泡，被蝌蚪或蛙吞入体内造成。患气泡病的蝌蚪或蛙腹部膨胀，腹面向上漂浮在水面，严重时很快死亡。

防治方法：对蝌蚪池中的水质要注意检查，水生植物过于繁茂的应经常加入新水，发生气泡病后应将漂浮的蝌蚪捞出置于新鲜水中不投饵料暂养1～2d，可恢复正常。

（三）车轮虫病

该病的病原体是车轮虫。蝌蚪被大量车轮虫寄生后，食欲即减退，呼吸困难，单独游动，动作迟缓，若不及时治疗，会引起大量死亡。

防治方法；减少养殖密度，扩大蝌蚪活动空间，即可避免此病的发生。发病初期可用硫酸铜、硫酸亚铁合剂全池泼洒，每立方米水使用硫酸铜0.5g和硫酸亚铁0.2g。

（四）红腿病

该病由嗜水气单孢酶引起。病蛙精神不振，不愿活动，食欲减退甚至废绝。腿部肌肉充血、红肿，甚至腹下的皮肤出现红斑和红点。

防治方法：将病蛙放入20%磺胺溶液内浸洗30～40min，2d即可治愈。也可用3%盐水浸洗15～20min，每只肌内注射庆大霉素1 000单位。

（五）烂皮病

该病是由于长期采食单一饵料，缺乏维生素所致。刚发病时背部的局部皮肤脱落，后扩展至整个背部和躯干且有出血现象，食欲不振，逐渐消瘦而死亡。

防治方法：饲料多样化，并添加适量的维生素及微量元素。

六、相关药材的采集与加工

（一）蛤士蟆油的采集

林蛙经过2～3年的生长，便可采收蛤士蟆油。其采集一般选择在每年的9—10月进行，尤其在霜降期间林蛙肥胖，油多质量好，经济价值高。蛤士蟆油的采集方法有鲜剥法和干剥法两种。

1. 鲜剥法

将捕捉到的2年以上的雌蛙，冲洗干净，横向破腹，将腹内两侧白色朵状输卵管取出即可，或将林蛙烫死后剖腹取出输卵管。鲜剥时不要将输卵管撕断或将蛙血混入输卵管中。

2．干剥法

将捕捉到的雌蛙用细铁丝或线绳从吻端处串起悬挂在通风阴凉干燥处7～10d成林蛙干。将林蛙干放于60～70℃的热水里，浸泡5～10min，然后从水里取出放在容器里，用湿润的麻袋等物覆盖，当林蛙皮肤和肌肉变软即可取油。

（二）林蛙肉

将鲜剥或干剥蛤士蟆油后的雌蛙或雄蛙，去掉头、爪、皮、内脏，洗净污血，直接食用。

第二节　蟾　蜍

蟾蜍（*Bufo gargarizans*），俗称癞蛤蟆，在动物分类学上属于脊索动物门、两栖纲、无尾目、蟾蜍科，现已有25个属300种左右，我国目前已知有2个属17个种和亚种，其中中华大蟾蜍分布最广，几乎全国各地均有分布。

一、蟾蜍的药用与经济价值

蟾蜍是一种极具药用价值的经济动物，其全身是宝。药材名分别为蟾酥、干蟾、蟾衣、蟾皮、蟾头、蟾舌、蟾肝、蟾胆等。

蟾蜍耳后腺、皮肤腺分泌的白色浆液的干燥品叫蟾酥，是珍贵的中药材，内含多种生物成分，有解毒、消肿、止痛、强心利尿、抗癌、麻醉、抗辐射、增加白细胞等功效，可以治疗心力衰竭、口腔炎、咽喉炎、咽喉肿痛、皮肤癌等。德国已将蟾酥制剂用于临床治疗冠心病，日本以蟾酥为原料生产“救生丹”。我国著名的六神丸、梅花点舌丹、牙痛丸、心宝、华蟾素注射液等50余种中成药都含有蟾酥。

1. 蟾蜍

除去内脏的干燥尸体为干蟾皮，性寒、味苦。用于治疗小儿疳积、慢性气管炎、咽喉肿痛、痈肿疔毒等症。近年来用于多种癌肿或配合放、化疗治癌，不仅能提高疗效，还能减轻副作用，改善血象。

2. 蟾衣

蟾衣是一种从民间新挖掘的动物类新药，是自然脱下的角质衣膜，蟾衣的初步临床应用，已表现出对慢性肝病、多种癌症、慢性气管炎、腹水、疔毒、疮痈等有较好的疗效。

3. 蟾皮

性凉味辛，微毒。内服清洁杀虫，外用解毒散肿。近年多用于食道癌、胃癌、鼻咽癌、肝癌、子宫癌、淋巴癌、心力衰竭、痈疽疮毒等症，蟾蜍头、舌、肝、胆均可入药，而蟾蜍肉肉质细嫩，味道鲜美，营养丰富，是很有开发价值的保健佳肴。

由于生态环境日趋严峻，野生资源急剧减少，人工养殖蟾蜍势在必行。蟾蜍的人工养殖十分简单，可利用废塘沟、庭院菜园、河边滩地、大田放养，是一项成本低，见效快，效益高，无风险，易掌握，很有发展前途的家庭养殖业。

二、蟾蜍的生物学特性

（一）形态特征

中华大蟾蜍体长10cm以上，体粗壮，头宽大，口阔，吻端圆，鼻孔近吻端，眼大而凸出，后方有圆形鼓膜，眼间距大。头顶部两侧有大而长的耳后腺。前肢长而粗壮，后肢粗而短，左右跟部不相遇。全身皮肤极粗糙，体背布满大小不等的瘰疣。背面肤色随季节变化，且雌、雄不同，雌色淡，雄黑绿色（生殖季节）。腹面不光滑，乳黄色，有棕色或黑色的细花斑，无声囊。

（二）生活习性

蟾蜍喜湿、喜暗、喜暖，常栖息在湿润的石头下、洞穴内、草丛中、水沟边，也能长期在陆地生活，白天潜伏，傍晚和清晨出来觅食，特别在阴雨天或雷雨过后更活跃。冬天当气温下降到10℃以下时，蟾蜍就先后钻入砖石、土穴、水底或泥水、烂草堆内栖息，待次年气温回升到10℃以上时，结束冬眠出来觅食，出蛰后就在静水塘或流动性小的水沟中抱对、产卵、受精。蟾蜍以捕获甲虫、蛾类、蜗牛、蚂蚁、蛞蝓、地蚕、蝇蛆、蚯蚓等动物及藻类为食物。

（三）繁殖特性

蟾蜍为卵生，水中产卵，体外受精，繁殖能力较强。每年当水温在10℃左右、空气相对湿度在90%时产卵。每个母体一次产卵量为5 000枚左右，卵一般成双行排列在管状的胶质卵带内，卵带缠绕于水草上。蟾蜍对自己产的卵没有保护功能。受精卵在水中孵化出蝌蚪，形似小鱼，用鳃呼吸，有侧线。约经60d的变态发育，蝌蚪尾消失，变成幼蟾蜍，开始到陆地生活，用肺呼吸，同时其皮肤分泌黏液帮助呼吸，其内部器官系统也逐渐完善，约16个月发育成成体，性成熟。

三、蟾蜍的人工养殖技术

（一）养殖场建造

养殖场要选择在有水塘或水池、虫源比较丰富、气温较暖和的地方。一般养殖户可根据现有水面，对池塘、渠道、水沟、水田进行改造即可。场地四周建1～1.5m高的围墙或尼龙网，以防蛇、鼠爬入危害蟾蜍和蟾蜍外出逃跑。里面设蝌蚪池、幼蟾池、成蟾池、配种与产卵池、孵化池。蝌蚪池面积3～6m²，池深40cm，池底成微斜坡状，低处有一排水孔，孔用细铁丝网封罩，水深保持在25～30cm。幼蟾蜍池面积30～70m²，池深60cm，池底亦有排水孔，孔亦加网罩，水深40cm，池底铺10cm厚的泥沙，池中必须留出1/3～1/4的活动场地，且高出水面5～10cm。活动场宜设在池的南边，与水相接的一面做成斜坡，便于蟾蜍上岸觅食，活动场中要种草和小灌木。成蟾蜍池面积为40～80m²，池深70cm，其他要求与幼蟾蜍池相同，水可深些；繁殖池面积2～4m²，池深40cm，水深20cm，池中种适量漂浮水生植物，如绿萍、水葫芦等。在即将产卵时再撒少量干稻草或杂草，以便卵附着。饲养池上安黑光灯诱虫，供其捕食。

（二）繁殖技术

每年3月下旬到4月下旬是蟾蜍产卵盛期，解决苗种的方法有3种：一是在产卵季节的雨后到静水处寻找蟾蜍卵块，捞回后放在养殖池中孵化，3d就可孵出小蝌蚪，采用这种方法必须一次放足，否则孵化时间不一致，蝌蚪大小不一影响成活率。二是在惊蛰后气温稳定在10℃以上时，到野外潮湿的地方捕捉越冬蟾蜍，选择个体较大，健康强壮，无伤无病的作种用，按母、公比3：1放到产卵池中养殖，让其自然交配、产卵、受精，受精率可达90%以上。收集每天产的卵在其他池存放，使其自然孵化。产完卵的亲蟾也要另池存放，没产的继续留产。三是到养殖场购买选育好的优良亲蟾，采用人工催产的方法，集中产卵和孵化。

四、蟾蜍的饲养管理

（一）孵化期

卵块放养密度每平方米10～15团，水温保持在10～30℃，最适为18～24℃，经过3～4d即可孵化出蝌蚪。孵化期注意更换水质和调节光照。蟾蜍的卵是深黑色的，有利于吸收阳光，气温较低的春天，不需直接光照，盛夏高温可适当遮阴，遇寒流、暴雨等恶劣天气，可用塑料薄膜保温。

（二）蝌蚪期

刚孵出的小蝌蚪，常吸附在卵壳或水草上不取食，靠自身的卵黄囊供给营养。2～3d后小蝌蚪开始吃水中藻类或其他饵料。养殖池要提前一星期施入少量发酵的猪、牛粪，繁殖浮游生物。蝌蚪入池后不能再泼洒粪尿，以免伤害蝌蚪。如果水质太瘦可投喂切碎的菜叶、鱼肠、猪血、淘米水，每天1～2次。水温保持在18～24℃。刚孵出的蝌蚪每平方米可放养2 000～4 000个。经15d左右的培育，体长达3cm时，就可捞出放入幼蟾蜍池中养殖。

（三）幼蟾期

放养密度以每平方米50～100只为宜。幼蟾生长快、食量大，要保证有充足的饵料供给。一是在养殖场上空装黑光灯，每天晚上开灯诱虫；二是将各种畜、禽粪堆积在养殖池陆地上一角，让其自行诱集和孳生虫子，供幼蟾捕食；三是到潮湿的地方寻挖蚯蚓或配套养殖蚯蚓；四是到无农药处理过的厕所里捞取蝇蛆冲洗干净投喂，或人工培养蝇蛆。如饵料仍不足可用30%饼类、30%屠宰下脚料、5%鱼粉、30%麸皮、5%大豆粉做成配合饲料，与动物性饲料结合投喂。从卵孵出蝌蚪到幼蟾约需40d，之后转入成蟾池养殖。

（四）成蟾期和越冬期

成蟾蜍养殖池每平方米水面放养40～50只为宜。成蟾蜍主要以昆虫为食，可在养殖场内种植各种植物招引昆虫，夜间用灯光引诱昆虫，还可养殖黄粉虫、蚯蚓，捕捉蝇蛆或在养殖场内堆积厩肥以孳生虫子为其提供食物。夏、秋季节水质易变坏，应根据水色变化，及时灌注新水，保持水质清爽。霜降后当气温降到10℃以下时，蟾蜍就隐蔽在土中或钻入洞穴中，也有的在池塘深水处集群冬眠停食。到次年惊蛰后水温回升到10℃以上时，蟾蜍开始醒眠、活动、觅食，这时应抓紧投喂。在整个越冬期间池塘要保持一定水位，以防越冬蟾蜍冻死或干死，一旦渗漏要及时灌水。陆上洞穴要覆盖稻草保温。当春天气温回升到蟾蜍醒眠时，就要挑除稻草，并大水喷灌池内陆地。经过1年的饲养，既可作种繁殖，又可采集药用。

五、蟾蜍常见疾病的防治

蟾蜍的抗病力很强。据报道将剖腹取卵手术后的蟾蜍立即放入饲养池中，无一例伤口感染，即使放入细菌大量繁殖的水中，也未发现伤口感染化脓的现象。因此疾病防治的重点主要是：加强饲养管理，防止鸡、鸭等天敌吞食蝌蚪及幼蟾，还要防止蛇、鲶鱼、黄鳝等天敌危害。人工饲养蟾蜍还应注意禁止使用石灰、农药、化肥、有毒药品等，以防蟾蜍中毒。

六、相关药材的采集与加工

（一）蟾酥

蟾蜍除繁殖季节外，均可采收蟾酥，从立夏到秋分这段时间采收最为适宜。捕捉时可用灯光诱捕，捕诱后装入竹篓内，用清水冲洗泥土，待体表的水分干后即可采收蟾酥。采收蟾酥时先将蟾蜍的四条腿用小铁钉固定在木板上，或用左手执活蟾蜍，将蟾蜍的头部朝下，右手用竹制夹钳或牛角刀片（忌用铁器，以免蟾酥与铁作用后变青黑色，影响质量），适当用力挤压它的耳后腺、背上疣疱及后腿处隆起的疣疱，将挤压出的白色浆液盛进瓦罐或玻璃器皿中（也可刮到瓷盆或小碗中），采集的浆液用铜筛滤掉泥土及杂质，薄薄的铺入圆瓷盘中晒干或阴干称为团酥。或涂在玻璃上，以一分硬币的厚度为宜，晒干或烘干称为片酥，也可将挤压出来的浆液收集后用适量面粉拌和，晒至七成干时做成圆饼，中间穿孔悬挂于通风处，吹干后即为成品，密封保存或出售。

（二）干蟾皮或干蟾

将已采过蟾酥的活蟾，剖去内脏并连同下颚及腹部一并去掉，洗去血污后用竹片将其体腔撑开晒干，也可挂在通风处阴干，或用烘箱烘干，随时翻动，药材呈干瘪状，四肢完整，背面黑褐色并有瘰疣，腹面土褐色并有黑斑，气味腥，称为“干蟾皮”，或将蟾蜍杀死，直接晒干，称为“干蟾”。

（三）蟾衣

蟾蜍每年蜕衣1～2次，边蜕边吃，所以很难采到。人工养殖就是利用高新技术，让其统一蜕衣，统一采集。一般芒种以后是蟾衣最佳采集期。在室内用玻璃砖围成蜕衣池3～5个，池底抹水泥，有一定坡度，设下水道。将养殖池内100g以上、四肢齐全、腹背无伤痕的蟾蜍用清水冲洗净泥土、灰尘，放入蜕衣池中，干后喷纯中药制剂“蜕衣素”，一般4d后开始蜕衣。蜕衣前时刻注意观察，发现离群、迟钝、外表变湿发亮时说明快蜕衣了。蜕衣一般先从背上开始，其后是头、后腿、腹部、前腿。蜕完三条腿时，立即用手把它抓起来，轻轻将剩余部分拉下，并将其口扒开，将口中吃的部分轻轻拿出来即是一个完整的蟾衣。然后用清水轻轻漂洗干净，制成标本模样，晾干，包装密封保存。

（四）蟾皮

取活蟾洗净，剥皮，晒干后研末，内服或调敷；鲜用者剥皮直接贴患部或煎汤内服。

（五）蟾头

鲜蟾头炙黄，配其他药研末，炼蜜为丸内服，或烧灰配其他药研末为散剂内服。

（六）蟾舌

现采现用，鲜蟾蜍舌研烂后，摊于红绢片或鲜蟾肚皮上，贴于疔处。

（七）蟾肝

鲜肝水煎服。

（八）蟾胆

鲜胆汁开水冲服。

第六章　节肢类

第一节　蜜　蜂

蜜蜂在分类学上属于膜翅目、细腰亚目、蜜蜂总科、蜜蜂科、蜜蜂属。人类饲养蜜蜂的历史已有几千年。我国饲养的蜜蜂主要有中华蜜蜂（*Apis cerana*）和意大利蜂（*Apis mellifera*）。

一、蜜蜂的药用与经济价值

蜜蜂酿造蜂蜜。蜜蜂分泌的王浆、蜂胶、蜂蜡和蜂毒及其幼虫均可供药用。

（一）蜂蜜

蜂蜜是蜜蜂采集蜜源植物的花内蜜腺或花外蜜腺的分泌物，经过充分酿造而贮藏在巢脾内的一种高度复杂的糖类饱和溶液。糖分约占1/4，以葡萄糖和果糖为主。此外蜂蜜中还含有蛋白质、氨基酸、维生素、微量元素、有机酸、色素、花粉、激素等。蜂蜜性平味甘，有补中、润燥、止痛、解毒、抗菌等功能。主治脘腹虚痛、肺燥干咳、肠燥便秘、外治疮疡不敛、水火烫伤等。蜂蜜还广泛应用于中药的膏剂、丸剂、丹剂的制作。在食品工业、化妆品等生产中应用也非常广泛。

（二）蜂王浆

蜂王浆又称蜂皇浆、蜂乳。是幼龄工蜂的舌腺和上颚腺共同分泌的一种乳白色或浅黄色的浆状物，有独特的香味，主要用于饲喂蜂王故而得名。含蛋白质、氨基酸、脂类、糖类、激素、酶类、核酸和矿物质。有滋补、强壮、养肝健脾的功能。主治病后虚弱、小儿营养不良、年老体衰、传染性肝炎等。并能增强物质代谢，促进组织再生，改善内分泌功能，抑菌、消炎、防癌、抗癌。在食品饮料行业、美容化妆品等生产中应用也相当广泛。

（三）蜂胶

蜂胶是蜜蜂从植物新生枝芽或树皮上采集的树脂，混以蜜蜂上颚腺的分泌物和蜡质加工而成的芳香性不透明的胶状固体。含有黄酮化合物、氨基酸、维生素、矿物质等。具有抗菌消炎，镇咳祛痰、抗疲劳、抗高血压、抗癌、增强免疫等功能。主治上呼吸道感染、口腔黏膜溃疡、慢性肠炎、高脂血症、前列腺炎等。

（四）蜂蜡

蜂蜡是蜜蜂蜡腺分泌的一种脂肪性物质。主要成分是高级脂肪酸和高级一元醇所合成的酯。具有补中益气、止咳，止血、敛疮、生肌镇痛等功能。主治肺虚咳嗽、妊娠胎漏、溃疡不敛、臁疮糜烂等。在医药、食品、化工等产业中应用范围相当广泛。

（五）蜂毒

蜂毒是工蜂毒腺和副毒腺分泌出的具有芳香气味的一种透明毒液，贮存在毒囊中，蜇刺时由蜇针排出。具有祛风湿、平喘、降压、清血解毒功能。主治风湿性关节炎、支气管哮喘等。

（六）蜜蜂幼虫

蜜蜂幼虫包括蜂王幼虫、雄蜂幼虫和工蜂幼虫。是一种高蛋白、低脂肪的纯天然营养食品，有润燥、止痛、解毒的功能。主治肺燥咳嗽、肠燥便秘、胃脘疼痛、头毒等。

蜜蜂的产品除有很高的药用价值外，蜂蜜、蜂王浆、蜂胶等又是重要的滋补、营养保健品和医药、食品、化妆品等行业的重要原料，具有很高的经济价值，也是我国出口创汇的重要产品之一。随着人们生活水平的提高，对蜂产品的需求将越来越大。另外，人工饲养蜜蜂具有投资少、收益大、花工夫少、见效快的特点。

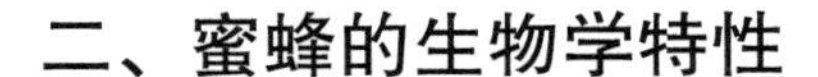

二、蜜蜂的生物学特性

（一）形态特征

1. 中华蜜蜂

由蜂王、工蜂和雄蜂组成一个群体。工蜂为生殖器官发育不完全的雌蜂，体长10～13mm。头部呈倒三角形，头上方两侧有1对复眼，头部有3个单眼。中胸和后胸各具1对膜质翅，有前、中、后3对足，后肢既大又长，特化有携带花粉的构造花粉筐。腹部末端具螯针，分泌毒液，腹面有蜡板4对，可分泌蜡质；蜂王个体较大，体长13～16mm，头部呈心脏形，无毒腺和螯针，生殖器发达；雄蜂个体较工蜂大，头部因复眼大而突出，呈圆形。无毒腺、螯针、蜡板和蜡腺。

2. 意大利蜂

蜂王体长16～17mm，工蜂体长12～14mm，雄蜂14～16mm。工蜂与中华蜜蜂的外形非常相似，但个体稍大，唇基黑色，不具黄斑，后翅的中脉不分叉。

（二）生活习性

中华蜜蜂和意大利蜂均为完全变态昆虫，其个体发育经过卵、幼虫、蛹、成虫4个时期，营群体生活。一个蜂群通常由1只蜂王，上万只工蜂和千百只雄蜂组成。它们共同生活在一个蜂群里，有着不同的分工，但又互相依赖，以保持群体在自然界里生存和种族繁衍。工蜂负责采蜜、酿蜜、照料蜂王和雄蜂，喂养幼蜂及建造、清洁和保卫蜂房。蜂王是蜂群中唯一的生殖器官发育完全和能产卵的雌蜂，能与雄蜂交配产卵繁殖，并控制蜂群。蜂王能选择不同的巢房，产下应产的卵。如未受精卵产于较大的六角形雄蜂房中，以后发育为雄蜂。在王台和工蜂房内产的受精卵，因发育条件不同，可分别发育为蜂王或工蜂。如产在一般六角形的蜂房中，生长发育成工蜂。如产在王台中，喂以营养丰富的王浆，以后就成长为蜂王。处女蜂由于种种原因没有交尾机会，20～30d以后就失去交尾能力而产出未受精卵，只能发育成雄蜂。雄蜂的职能是在巢外空中与处女蜂王交配，交配后不久即死亡，平均寿命只有20d。

三、蜜蜂的人工养殖技术

（一）养蜂场建造

建养蜂场首要条件是周围要有丰富的蜜粉源，如油菜、紫云英、柳树、椴树等，有多种花期交替的辅助蜜源植物。场址的地势应较高且背风向阳，地面干燥，有适宜的温、湿度。夏季有树阴遮阳，附近有良好的自然水源，交通便利。周围环境较安静，远离工厂、矿山、农药厂、牧场，不受任何污染物的影响，最好有院墙或西北面有密林。山区可选在山脚或半山腰南向的坡地，冬季背面有山体作为挡风屏障，前面地势开阔，阳光充足，盛夏有小树为蜂群遮阴。

养蜂场的基本设施应有采蜜室、仓库、蜂群越冬室等，还要配备蜂箱、巢脾、摇蜜机、面网、喷烟器、割蜜刀、起刮刀等工具。

（二）蜂群春繁技术

蜜蜂种源可自养蜂者处购买新分群的蜂，也可到深山老林中收集野蜜蜂。蜂群春繁技术有单王群单脾春繁和双王群单脾春繁两种。

1. 单王群单脾春繁

单脾春繁是以1个脾为起点的繁殖技术。单王群单脾春繁是在冬季将蜜蜂强群放在暗室内越冬，单王群保持每群确蜜蜂约6框以上，并将蜂王关在蜂王笼中，使其停止产卵。

春繁的时间为1月中旬，可选择在晴天的傍晚将蜂箱从越冬室内搬出，箱底垫草。每群蜂用1框蜜粉脾放在蜂箱的中央，供蜂王产卵。在蜜粉脾的两侧约20cm的地方各加上1个隔板，然后将蜂箱中原有的巢脾上的蜜蜂抖落掉，将空巢脾取出。待蜜蜂上脾结团后，用稻草把两隔板外侧的缝封堵好，可达到保温的目的。当晚饲喂稀蜂蜜，以促使箱内的蜜蜂进行飞行与排泄。第二天将蜂王从蜂王笼中放出产卵，以后每晚奖励饲喂糖浆100～200ml。每隔7d加1框蜜粉脾，至紧脾的第25d，在加蜜粉脾的同时，可在蜂巢中央加1框空脾。随着新蜂的源源出房，每隔4d左右可加1框空脾，供蜂王产卵，同时要更换外侧的粉脾。

2. 双王群单脾春繁

是在蜂箱中央插上闸板，将蜂箱分成两室各5框，然后闸板两侧各放1框蜜粉脾，将巢脾上的蜜蜂抖掉，空巢脾取出，外侧加上隔板，同时用稻草保温。以后每隔7天左右向两室各加1框蜜粉脾。

四、蜜蜂的饲养管理

（一）常规饲养管理

1. 蜂群的检查

可分为全面检查和快速检查。目的是要了解蜂群的详细情况，以便采取必要的措施。全面检查是对蜂群的巢脾逐个提出检查，快速检查是取其中1～2个巢脾检查。检查时间以春、秋在中午检查，夏季在早、晚或傍晚检查为宜，而北方早春应在晴朗无风、气温不低于14℃时检查。流蜜期检查应避开蜜蜂出勤高峰期，一般半

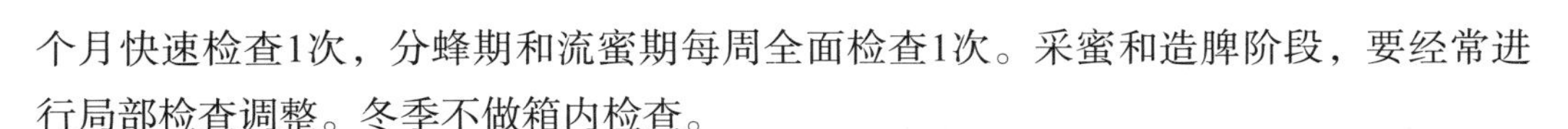

个月快速检查1次，分蜂期和流蜜期每周全面检查1次。采蜜和造脾阶段，要经常进行局部检查调整。冬季不做箱内检查。

检查人员身上和手上应无特殊气味，宜穿浅色衣服，戴好套袖与面网，携带喷烟器、起刮刀等用具，站在蜂箱巢口的侧面，提起巢脾，在蜂箱上方垂直翻转查看。若遇蜂王起飞，可从箱中提一框蜂，在巢门前抖落，盖好箱盖，人蹲箱侧观察，蜂王很快会随工蜂归巢。如发生盗蜂应暂停检查。检查结束后要按原脾间蜂路放好，随即盖好副盖和箱盖，写好记录，再检查下一群。

2. 蜂群的迁移

蜂箱一般不就地随意移动位置。如必须进行短距离的蜂箱移位，应在每天傍晚渐渐移开原位置向预定位置靠近，但邻近不能有其他蜂群。如需长途搬运蜂群，应用铁纱或尼龙纱门把巢门封堵后，选择在夜晚或清晨进行迁移，并用距离夹固定巢脾和打开纱窗通风。

3. 蜂群的饲养

蜂群的饲养可分为补充饲喂和奖励饲喂两种方法。

（1）补充饲喂。在蜂巢内缺乏饲料而外界又无充足的蜜源时，给蜜蜂补充饲料，以维持其应有的饲料贮备量。方法是先将贮备的封盖蜜脾割开房盖调给蜂群。无蜜脾时可将蜂蜜加一半开水稀释，或把2份白糖加1份开水溶化，凉至微温后，于傍晚用饲养器放在巢脾一侧或将糖浆灌入空脾饲喂。

（2）奖励饲喂。奖励饲喂是蜂巢内饲料不足，外界蜜源缺少，起不到刺激蜜蜂积极繁殖作用时进行的饲喂方法。一般在流蜜期前1个半月开始，直到野外蜜源不缺为止。应掌握少量勤喂，凡强群或贮蜜少的要多喂，弱群或贮蜜多的要少喂。

4. 修造巢脾

巢脾有两面，每面都由许多巢房组成，巢房为六角形棱柱体，有6个房壁，是蜂群生活、繁殖、贮存蜜和花粉的场所。当外界有蜜源，巢内出现白色新巢房或框梁出现新蜡时，即可加入巢础造脾。加入的巢础框应两面喷以新鲜蜜水，能刺激蜜蜂泌蜡造脾的积极性。一般蜂群每次加一张，插在子脾与蜜粉脾之间，当巢房修起一半后再移到子脾中间供蜂王产卵。晚间还需奖励饲喂糖浆。在流蜜期到来时，可在继箱中部，同时间隔插入2～3框巢础造脾。在春季加巢础造脾时，应在隔板外侧的空间添加保温垫保温。

5. 合并蜂群

目的是提高蜂群质量，加强蜂群的实力，保存蜂群的生活条件。合并蜂群的原则是保护优良蜂王，弱群并入强群，或无王蜂并入有王蜂。时间应在早春蜂群排泄的最初几天，在午前把并群的蜂王或王台除去，傍晚将无王群移进有王群的蜂箱中，两群中间留20mm宽的空隙，接着往蜂箱里喷几下烟混合气味，盖好箱盖，2～3d不要开箱惊动。或在两群之间放一个装有蜜汁或糖浆的饲养器，如能在双方框梁上洒数滴香水，混同群味效果更佳。也可将两群的巢脾喷上蜜水或糖浆，盖好箱盖。

6. 预防盗蜂

盗蜂是指盗窃其他蜂箱蜂蜜的蜜蜂，会给蜂群带来很大损失，盗蜂常发生于蜜源缺乏时期。此期应缩小巢门，堵严蜂箱缝隙。巢脾、蜜、蜡或切下的废脾要严加保管。蜂箱周围不能留下蜜迹或糖浆，白天不要饲喂蜂群。所有蜂群的群势要保持平衡，群内贮蜜充足。中蜂和意蜂要分场放养，且附近也不能有异种蜜蜂。发生盗蜂时立即缩小被盗群的巢门，向巢门和盘旋于蜂箱四周的蜜蜂喷水冲击。同时将樟油或煤油棉球插在被盗蜂群的巢门口来驱赶盗蜂，也可用青草、树叶遮掩巢门或安上防盗蜂巢门。如盗蜂很少可将被盗蜂群移离原位数米远，原位上放1只装有几个空巢脾的蜂箱，盗蜂飞回原位后，发现没有蜂王、贮蜜和子脾，既停止盗行。经1～2d后，再将原群调回。若属全场性盗蜂，应立即迁场。

7. 收捕分蜂群

当自然分蜂结成蜂团集结于小树枝上时，将装有1框未封盖子脾和几个空脾的蜂箱放在蜂团的下方，将小树枝轻轻截断，将蜂团抖入蜂箱。对于集结于高处的蜂团，可用喷蜜的巢脾或捕蜂笼举到蜂团上方或附近招引，待捕到蜂王时，大部分蜜蜂也会跟着进入。或直接用空巢脾，靠拢蜂团上方，待蜂上脾后取下放入空巢箱，再从原群抽两个脾补充即可。

8. 王台的诱入

将成熟的王台从巢脾或育王框上轻轻割下来后，用锡箔纸或塑料薄膜条包裹起来，则让王台盖露出。再诱入群中选择靠近子脾，蜜蜂密集处，先压倒一些巢房，然后把裹好的王台嵌入凹处即可。

9. 蜂王的诱入

在诱入蜂王前半天，先把巢内王台毁掉。用诱入器把蜂王带几只幼蜂扣在既有蜜房又有空房的巢脾中间，诱入器下口的周围要扣到巢房的底部。2～3d后观察蜜蜂是否啮咬诱入器的铁纱或重叠包围诱入器，如铁纱上只有稀疏的蜜蜂，表明蜂王诱入成功，可以放出。

（二）春季管理

春季管理的要点是要促使蜂群迅速恢复壮大，顺利完成新老交替，使蜜蜂能充分利用蜜源。为保持巢内温度，要撤出多余的巢脾，使蜂量密集，蜂多于脾。对缺乏饲料的要适当补给蜜脾，并适时给蜂群喂水。当气温上升蜜源和粉源充足，蜂

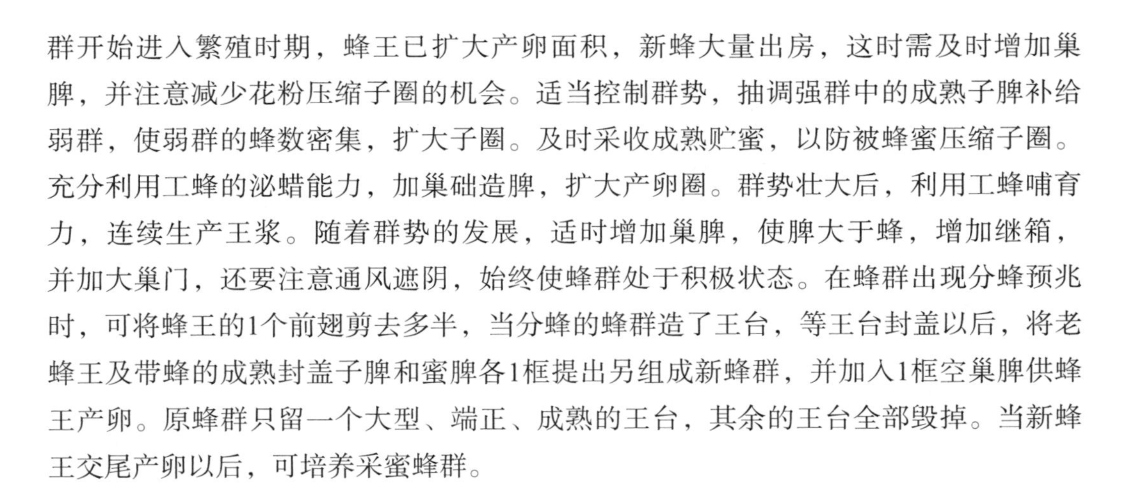

群开始进入繁殖时期，蜂王已扩大产卵面积，新蜂大量出房，这时需及时增加巢脾，并注意减少花粉压缩子圈的机会。适当控制群势，抽调强群中的成熟子脾补给弱群，使弱群的蜂数密集，扩大子圈。及时采收成熟贮蜜，以防被蜂蜜压缩子圈。充分利用工蜂的泌蜡能力，加巢础造脾，扩大产卵圈。群势壮大后，利用工蜂哺育力，连续生产王浆。随着群势的发展，适时增加巢脾，使脾大于蜂，增加继箱，并加大巢门，还要注意通风遮阴，始终使蜂群处于积极状态。在蜂群出现分蜂预兆时，可将蜂王的1个前翅剪去多半，当分蜂的蜂群造了王台，等王台封盖以后，将老蜂王及带蜂的成熟封盖子脾和蜜脾各1框提出另组成新蜂群，并加入1框空巢脾供蜂王产卵。原蜂群只留一个大型、端正、成熟的王台，其余的王台全部毁掉。当新蜂王交尾产卵以后，可培养采蜜蜂群。

（三）流蜜期管理

目标是使蜜蜂经常处于积极工作状态。主要工作是消除分蜂热，要提前给强群增加哺育负担，从弱群换进虫卵脾，及时生产王浆、生产花蜜、多造新脾，及时采收封盖蜂蜜或用空巢脾换走蜜脾，还要及时消除自然王台。在主要流蜜初期，要有足够的青、壮年蜂群，如估计蜂群势不足，应在20d前补充蛹脾。掌握流蜜期前发展群势，流蜜期中补充封盖子脾。流蜜期后调整蜂群，恢复和发展群势。在主要流蜜期间采用“强群采蜜，双王群繁殖”等措施，以解决采蜜和繁殖的矛盾。在流蜜期应根据花期长短、蜜源间距对蜂群进行不同的处理。千方百计把蜜蜂的积极性调动起来，达到繁殖与采蜜两不误。

（四）夏季管理

关键是保持蜂群的有生力量，为秋季繁殖准备条件。应每年更换新王，维持夏季产卵力。集中子脾，子脾多的和子脾少的蜂群要继续平衡，群势衰弱的要及时撤去多余的空脾和箱体，密集蜂巢，使脾略多于蜂。越夏蜂群宜保持2～3足框蜂，只要不妨碍子脾的发展，巢内以多贮蜜为宜，如蜜水不足，应及时饲喂。

蜂群宜于通风阴凉、排水良好、有清洁水源之处。蜂群的巢闸一般只放1cm高，宽度以每框蜂留1.6cm为宜，以防敌害，如发现工蜂扇风激烈，应酌量将巢闸放宽，但不能打开纱窗通风。

（五）秋季管理

本期的工作重点是增产蜂蜜和王浆，为安全越冬准备强壮的蜂群和优厚的饲料条件。抓紧蜂群的繁殖，扩大群势，应采荞麦蜜、枇杷蜜、胡枝子蜜，贮存封盖蜜脾做越冬饲料。秋季也是蜂螨寄生率上升到高峰时期，要抓住有利时机，采取可靠措施用安全高效的药物杀灭蜂螨。同时注意预防盗蜂，做好保温、通风、防潮等，为安全越冬做好准备。

（六）冬季管理

在结束繁殖越冬蜂时要促使蜂王停止产卵，适时断子，可采用带有蜂王隔离栅的王笼幽闭蜂王。此期若有封盖蜜脾可直接换入蜂巢中，将巢内原有的巢脾及花粉脾撤出，以蜂略多于脾为宜。冬季管理主要是做好保温工作，有箱内保温和箱外稻草包装法等。

五、蜜蜂常见疾病的防治

（一）囊状幼虫病

该病又叫囊雏病，是一种由病毒引起的幼虫传染病。春末夏初多发，主要传染源为被污染的饲料，病蜂一般于5～6日龄大量死亡，发病蜂群子脾常常出现不规则的空房。

防治方法：选育抗病蜂种，加强饲养管理。密集蜂群，加强保温。断子清巢，减少传染源。备足饲料，提高蜂群抗病力。

防治方法：将市售碘酊加水配成1%～3%的溶液再加少量白糖，配成稀糖液喷脾。使用浓度要由低到高，最好在傍晚使用。按每框蜂病毒灵1片，多种维生素1片，调入糖浆内喂蜂。

（二）麻痹病

该病又叫黑蜂病或瘫痪病，病原体为慢性麻痹病毒和急性麻痹病毒。一般在春、秋所发生的成年蜂病中，多为麻痹病。气温较低的早春或晚秋多以大肚型为主，夏、秋季多以黑蜂型为主，主要通过饲料传播。

防治方法：替换蜂王，加强保温，防止蜂群受潮，给病蜂群饲喂奶粉、黄豆粉等蛋白质饲料，提高其抗病力。1kg糖浆加入20万单位的金霉素或新霉素，每框蜂喂50～100g，隔3～4d喂1次，3～4次为一疗程。或每千克糖浆加病毒灵3～4片，每框蜂喂50g，3～4次为一疗程。也可用1kg糖浆加板蓝根冲剂20g，土霉素2片，隔天喂1次，连用4次。

（三）美洲幼虫腐臭病

该病又叫烂子病是由幼虫芽孢杆菌引起的一种封盖幼虫传染病。被污染的饲料和巢脾是传染源。腐烂的幼虫有黏性，挑起能拉细丝，有鱼臭味。

防治方法：加强检疫，杜绝病源，不购病蜂，禁用来路不明的饲料。对蜂群用0.1%的磺胺噻唑糖浆预防。发现病蜂群立即隔离治疗。对重病群要彻底换箱及脾，彻底消毒，轻病群进行人工清巢和消毒。土霉素、四环素、磺胺噻唑钠3种药物可交替使用。每群蜂用土霉素粉5万～10万单位（四环素10万～20万单位、磺胺噻唑钠0.5～1g）混于0.5kg白糖中，加食用油揉成面团连喂4～5d后改为隔天饲喂，直至不见烂子为止。

（四）欧洲幼虫腐臭病

该病主要是未封盖幼虫的传染病。由蜂房链球菌、蜂房芽孢杆菌、蜜蜂链球菌和蜂房杆菌等多种细菌混合感染所致，春、秋两季易发。患病幼虫一般死于4～5日龄，尸体有很浓的酸臭气味，但无黏性，易被工蜂拉出清除。

防治方法：加强饲养管理，紧缩巢脾，饲料要充足。早春对病蜂群适当补饲蛋白饲料，以提高蜂群的清巢力和抗病力。用每千克糖浆加入10万～20万单位链霉素或土霉素，按每框蜂50～100g进行饲喂，每4～5d给药1次，连用3～4次为一疗程。

（五）孢子虫病

该病又叫蜜蜂微粒子病，是由蜜蜂微孢子虫引起的蜜蜂成虫慢性传染病，早春、晚秋和越冬期间多发。病蜂逐渐衰弱，头尾发黑，并伴有腹泻，失去飞翔力，病蜂常爬行，不久即死亡。

防治方法：备足优质越冬饲料和创造良好的越冬环境。对病群蜂巢脾和蜂具彻底消毒，更换病群蜂王。1kg糖浆加入灭滴灵0.5g，每群每次喂0.3～0.5kg，每隔3～4d喂1次，连续喂4～5次为一疗程。或用醋酸3～4ml对1kg糖浆，加10万～20万单位氯霉素混匀饲喂，每群每次250ml，每隔2d喂1次，连喂5次为一疗程。

（六）螨病

该病由大、小蜂螨体外寄生所致。使蜂群采集力下降，寿命缩短。常见遍地死蜂及蛹，翅、足缺残的幼蜂乱爬，蜂群群势急剧下降。

防治方法：常用药剂有杀蛾1号、杀蛾2号、杀蛾3号、速杀螨等。在巢内没有封盖时治螨是最佳时期，如能在蜂群断子后越冬前治疗2～3次，冬末春初蜂群开始繁殖前再治2～3次，就能有效地控制蜂螨。

六、相关产品的采集与加工

（一）蜂蜜

工蜂酿造的多为天然蜜。成熟蜜一般指封盖蜜，成熟蜜采收后，不经过任何加工、消毒，即可提供食用。在采集蜂蜜前应对摇蜜机、用具和容器进行彻底消毒。摇蜜要在清洁的室内或简易帐篷内进行。采蜜者穿好工作服，戴好面网后，先将蜂巢中要取的蜜脾提出，将蜜脾上的蜜蜂抖落在巢门前，放在空箱中，迅速搬到摇蜜处。摇蜜前先用热水加温割蜜刀，轻轻割去巢脾上的蜡盖，将割去蜡盖的蜜脾，置于摇蜜机的框笼中，然后转动摇把，逐渐加快摇速，蜜就借离心力分离到摇蜜机中。用完摇蜜机要随时洗刷。摇完蜜的空脾要及时送到蜂群中，换出蜜脾继续采收。送回的空脾框之间的距离应加宽2mm，以便多盛蜜。摇蜜时严禁混入杂质，接蜜桶上放一个双层纱的漏斗滤出蜡渣、蜂、蛹等杂质。摇蜜后先将蜂蜜放入大缸里静置一昼夜，去掉上浮的泡沫后，再装入缸、塑料桶等密封皿贮存。存放地点以5～10℃，干燥、清洁、通风、无异味的室内为好。

（二）王浆

取浆应在清洁的室内进行。取浆人应穿好工作服，戴口罩及工作帽。洗净手及所用工具、容器，再用酒精消毒。采收时间在蜂群移虫后48～72h，检查产卵群，如发现蜡杯都已由工蜂改成王台，王台里的幼虫也已长大，即可取浆。在人工王台中取浆，最好在移虫后48～60h进行，此时王浆质量好，产量高。

采浆前先提出产浆框，用割蜜刀割去王台的顶端，留下长约10mm有幼虫和王浆的基部，用小镊子轻轻夹住幼虫，放入容器中。再用牛角匙或竹制小匙取出王浆，立即放入深色的玻璃瓶内，至刮净为止。王浆应在5℃以下密闭，避光贮存。

（三）蜂胶

蜂胶一般在暖和季节采集。用防水布、尼龙纱等盖在巢框上，保持覆布与框梁的距离为2～3mm，以促进蜂胶聚集，每隔15d左右把覆布取出，换上另一块覆布，把聚集着蜂胶的一面仍然朝着巢框。将覆布上的蜂胶用刮刀刮取放入塑料袋内，置阴凉处贮藏。

（四）蜂蜡

蜂蜡在春、秋两季采收，将取出蜂蜜后的蜂巢切成碎片放入锅内，加入2～3倍水，加热熔化，除去上层泡沫杂质，装入粗布袋内加压，滤液冷却后即成蜡块。宜贮于干燥、通风处。

（五）蜂毒

采收时应穿好防护服，戴上口罩和防护眼镜。将电刺激取毒器置于蜂箱巢门口，工蜂接触刺激器触电，即排放蜂毒，并用螯针刺塑料薄膜，此时蜂毒即排在膜上，不久就结晶成小片，刮下后即为纯净蜂毒，放入深色玻璃瓶中，密闭于避光阴凉处保存。

（六）花粉

拔去原巢门板换上花粉截留器，使蜜蜂采回的花粉团截落，并在巢门及巢门踏板上平铺一层塑料薄膜，安装托粉盘，每天收集1～2h。收集的花粉可平摊在厚纸或布上，上覆一层白布或白纸，置阳光下晒干。当花粉含水2.5%时，将其放入食品袋冷藏保存，或用蔗糖腌制，每千克花粉加蔗糖0.5kg混合捣实，上层盖3cm厚的蔗糖，然后密封保存。

（七）蜜蜂幼虫

蜜蜂幼虫包括蜂王幼虫、公蜂幼虫和工蜂幼虫，可在繁殖季节大量生产。采集蜂王幼虫的最佳时间为10日龄，应和蜂王浆的采集相兼顾。挑出破损的幼虫，装入已消毒的塑料袋或瓶内，排出空气，密封，立即放入冰柜冷冻保存。

第二节 家 蚕

家蚕（*Bombyx mori*）属蚕蛾科昆虫，是家蚕蛾的幼虫，别名桑蚕、白蚕。家蚕的产地较广泛，全国大部分地区都有产出，江苏、浙江、四川等省最多。家蚕蛾的一生变态及其排泄物和病理产物均是我国传统的中药材，主要有感染白僵菌而僵死的幼虫，干燥全虫和蛹，药材名白僵蚕、白僵蛹。其雄蚕蛾、卵、幼虫干燥粪便、蜕皮、蛹、茧的药材名分别为原蚕蛾、原蚕子、原蚕沙、蚕蜕、蚕蛹、蚕茧。

除家蚕外，经济价值和养殖规模仅次于家蚕的是柞蚕，柞蚕属鳞翅目大蚕蛾科昆虫。柞蚕主要分布在辽宁、古林、黑龙江、湖北、贵州、云南、广西壮族自治区等省、区。还有蓖麻蚕、天蚕、樟蚕、琥珀蚕等在我国一些地区也有养殖。

一、家蚕的药用与经济价值

（一）僵蚕

僵蚕又名白僵蚕、白僵虫、僵虫、姜虫、天虫。性平，味咸，辛。祛风热，镇惊，化痰散结。主治小儿惊痫，中风抽搐，咽喉肿痛，半身不遂等。

（二）白僵蛹

退热，止咳，化痰，镇痉，消肿。可作为白僵蚕的代用品。

（三）原蚕蛾

味咸，性温。益精，壮阳，止血，生肌。主治遗精，早泄，阳痿，白浊等。

（四）蚕沙

蚕沙又名蚕粪、蚕屎、原蚕沙、晚蚕沙。味辛、甘，性温。祛风燥湿，镇痛，镇痉，明目，化癌宣痹，热中消渴，风痹瘾疹。主治关节不遂，风湿痛，腰脚冷痛和皮肤风疹等。

（五）蚕蜕

蚕蜕又名马明退，清热解毒，行瘀止血；主治口疮、喉风，目翳，痢疾，带下等。

（六）蚕蛹

蚕蛹味甘，性平。祛风，健脾，驱虫。主治虫症，小儿疳瘦，消渴等。

（七）蚕茧

蚕茧又名蚕衣。味甘，性温。清热解毒，破痈止血，生津止渴。主治口舌生疮，痈肿不破，消渴引饮，崩漏等症。

目前药用僵蚕等在中药材市场上需求趋旺。有家蚕参与生产的中成药及保健品有许多种，中成药如十香返生丸（僵蚕）、再造丸（僵蚕）、小儿惊风散（僵蚕）、舒筋活络酒（蚕沙）等，保健品如延生护宝液、龙燕春酊剂、蛾公酒等。

另外，养蚕制丝是中华民族的一大发明，与中国丝绸一起闻名于世。我国丝绸是传统的出口商品，每年为国家换取大量的外汇。目前我国茧、丝、绸产量居世界首位，养蚕业至今仍是我国农村的骨干副业之一，具有饲养时间短、见效快、收益大等特点。在农业和农村经济、人民生活、对外贸易中占有重要地位。

随着科学技术的迅猛发展，蚕业生产除提供珍贵的纺织原料外，并为化工、医药、保健、食品工业等方面提供重要原材料。尤其是生物技术的深入发展以及在蚕业上的广泛应用，生产基因工程疫苗、药品和杀虫剂等将形成价值更高的非丝产业。

二、家蚕的生物学特性

（一）形态特征

1. 卵

家蚕的卵一般呈椭圆形、略扁平，一端稍尖。卵的表面有一浅的凹陷，称为卵窝，卵窝一般呈椭圆形，若卵窝呈三角形，则为死卵。蚕卵的外周有一层透明或淡黄或淡绿色的卵壳，起保护作用。尖部的一端有卵孔，是精子进入卵内的通道，卵壳表面有无数微细的气孔，是蚕卵进行呼吸的通道。

2. 幼虫

圆筒形灰白色，有暗色斑纹，全身疏生黄褐色短毛。除头部外，由13体节组成，前3节是胸部，后10节是腹部。头部小而坚硬，单眼的前方有触角1对，触角是蚕的重要感觉器官。嘴有1对几丁质的大颚，大颚下方中央有白色的吐丝管。在蚕的胃部下方两侧有管状物，叫“丝腺”，能分泌丝质，吐丝作茧。

3. 蛹

蛹呈棕黄色至棕褐色，长2.2 ~ 2.5cm，宽1.1 ~ 1.4cm。近似纺锤形，雄蛹略小于母蛹，色略深。

4. 蚕蛾

蚕的成虫蚕蛾，体长1.6 ~ 2.3cm，翅展3.9 ~ 4.3cm。头小，复眼黑色，半圆形。触角羽毛状。口器退化，翅2对，前翅较大，略呈三角形，后翅较小，略呈圆形，翅面有白色鳞片。雌性腹部肥硕，末端钝圆。雄性腹部狭窄，末端稍尖。雄体分8节，雌体分7节，各节侧面有新月形的气门1对。末端有交尾器。跗节5节，有1对黑褐色的爪。

（二）生活习性

家蚕是完全变态昆虫，一生要经过卵→幼虫（蚕）→蛹（蚕蛹）→成虫（蛾）4个形态和机能完全不同的发育阶段。

家蚕的繁殖方式是以卵繁殖，家蚕的卵有越年卵和不越年卵之分，它们的区别在于：不越年卵产下后，胚胎不停地向前发育，经过10多天就形成幼虫而孵化。但越年卵产下后，约经一星期，胚胎发育到一定程度后，便进入一个停滞发育的“滞育期”。胚胎在滞育期间，形态变化很小，即使保护在适宜的温度下也不会向前发育，必须在一定条件下解除滞育后，才能继续发育和孵化。刚出卵壳的蚕呈黑色、褐色或黑褐色。形如蚂蚁称为“蚁蚕”。蚁蚕生长较快，体色逐渐变为青白色，蚕的幼虫在生长过程中，在一定时期必须蜕去旧皮，才能继续发育，这一过程叫“蜕皮”。通常在20多天内经过4次蜕皮，因蜕皮时不食不动，俗称“眠”。眠是划分龄期的界限，具体是：蚁蚕食桑后至第1眠称1龄蚕；第1眠至第2眠称2龄蚕，依此类推第4眠后称5龄蚕。通常1 ~ 3龄的蚕称小蚕，4 ~ 5龄的蚕称大蚕。幼虫发育到最后1龄的末期，逐渐停止食桑，蚕体收缩而稍呈透明称熟蚕。熟蚕开始吐丝结茧，结茧完毕后，在茧内蜕皮化蛹，蛹期10 ~ 12d，呈浓褐色，外有几丁质的外骨骼，受刺激时能左右曲动。蛹经过5 ~ 6d，如果不收茧杀蛹，就会羽化成蚕蛾。蚕蛾咬破茧，爬出茧外，就是成虫。

三、家蚕的人工养殖技术

（一）养蚕场建设

家蚕的养殖场地应包括蚕室和蚕具，建设蚕室主要考虑有利于室内温、湿度的调节和人员的操作，蚕室的位置要远离毒源、便于清洗消毒等。目前农村养蚕多是一家一户的小规模饲养，所以可以将住房兼做蚕室。根据在整个养蚕过程中的作用和要求不同，蚕室可划分为小蚕室、大蚕室、贮桑室和上蔟室。

养蚕过程中所需要的用具统称为蚕具。蚕具包括：消毒用具，如喷雾器、水桶、消毒锅等；收蚁用具，如蚕筷、鹅毛、收蚁纸（或网）等；饲育用具，如蚕匾、蚕架、蚕网、防干纸等；采桑、贮桑用具，如采桑箩、桑剪、贮桑缸等；上蔟用具，如蔟具、蔟架等。

1. 小蚕室

小蚕室指用于饲养1～3龄小蚕的蚕室，根据小蚕需要高温多湿环境的特点，小蚕室建设时要有良好的保温保湿性能，条件好的可以建设专用小蚕室，如果条件有限则可以在一间大的住房中用塑料薄膜围出一小间作为小蚕室，小蚕室要有加温设施。根据房屋特点、地理环境、当地农村的生活习惯，小蚕室的加温设施有以下几种形式。

（1）地面地火龙。在蚕室地面上用砖修建回转式烟道，通过烟道散热来加温蚕室。特点是建造容易，不用时可拆除，不损坏地面，但占用空间，影响操作。

（2）地火龙。在蚕室地坪下修建回转式烟道，在烟道上铺上一层薄黄沙，散热加温蚕室。特点是加温补湿性能好、不占空间、操作方便等，但建造时损坏原有地面。

（3）天火龙。用铁皮管做烟道，回转挂于空中而加温。装置方便，但占据空间，影响操作，保温保湿性能不如地火龙。

2. 大蚕室

大蚕室指用于饲养4～5龄蚕的蚕室。要求通风换气性能好，农户可用自己的住房兼作大蚕室。

3. 贮桑室

贮备桑叶的场所，要求低温多湿、光线暗、便于清洗消毒。有地下室或半地下室两种。

4. 上蔟室

上蔟室是蚕营茧的场所，通常与蚕室套用或轮换使用，要求通风排湿性能好，光线均匀。

（二）养殖前的准备

养蚕前应根据地理位置、桑叶产量、环境状况及养殖户实际情况确定合适的饲养规模，养蚕所需的用具、蚕室等应严格消毒，常用的消毒剂有：2%有效氯的漂白粉溶液、3%福尔马林、2%石灰浆溶液等。或用100℃以上的蒸汽蒸煮蚕具，消毒后应立即关闭门窗。气温低时领种前一天应在蚕室内加温保湿，领种时的室温应保持在25℃左右，干湿温差1.5℃。

（三）催青

催青又叫做暖种，是将解除滞育后的蚕卵保护在适宜的环境条件下，使胚胎顺利地发育，直至在预定的日期孵化，由于蚕卵在孵化的前一天卵的颜色变为青色，因此称这一过程为催青。催青的时间，春蚕种10～11d，夏、秋蚕种9～10d，多化性蚕种8～9d。解除滞育的蚕卵在自然条件下也能发育和孵化，但外界温、湿度无法人为控制，以致出现孵化不齐、孵化率低、蚁体虚弱等现象，通过人工催青，可以控制环境条件，在预定时间统一孵化，从而使孵化整齐、孵化率高、蚁体强健，所以催青的好坏是决定优质高产的重要原因。催青是一项对技术要求较高、时间短、细致而繁忙的工作，如果没有较强的技术和充分的准备工作，难免会出现差错。因此催青过程多由蚕种场在催青室内专业化完成。

（四）引种

一般养殖户只需到蚕种场购买经过催青后的蚕种即可。

（五）成蚕饲养

饲养和加工的时间，全年都可以进行。饲喂的饲料，除少量是桑叶外，可多加些月见草、剑蚕草、白三叶、串叶松香草等替代桑叶，以补充桑叶的不足，降低饲养成本。

四、家蚕的饲养管理

（一）蚁蚕期

将孵化出的蚁蚕用适当的方法收集到一定面积的蚕座里，开始给桑饲养的过程叫收蚁，它是饲养工作的开始。

1. 补催青

养蚕户将蚕种从催青室领回后，应继续按照催青标准温、湿度保护及遮光，直到孵化，这一工作叫做补催青。领种用具要清洁并彻底消毒，蚕种要平放，不可堆积挤压，途中继续遮光并防止高温、日晒、雨淋、剧烈震动及接触农药等不良气体。补催青的具体做法是：领种前一天将小蚕室加温并遮光，蚕种领回后在红光灯下将蚕卵平摊于下面垫有白纸的蚕匾内，上面盖一只1龄蚕网（线网）作为压卵网，防止卵粒滚动。然后遮光，保持黑暗，黑暗条件可以抑制发育快的蚕卵胚胎发育，促进发育慢的加速发育。蚕室温度逐渐升至25.5℃，干湿差保持1.5℃左右，直至孵化。如果胚胎发育不齐，可将蚕种继续黑暗保护，同时增大湿度，保持干湿差0.5～1℃。

2. 收蚁前准备

①准备齐全收蚁用具（蚕筷、鹅毛、收蚁纸、收蚁网、塑料薄膜等）。②准备桑叶，叶色绿中带黄，叶位为第2～3叶。③收蚁人员进行分工专人负责。④决定收蚁时刻，春蚕期一般早晨5—6时感光，7时左右收蚁，夏、秋蚕期因气温高，以4—5时感光，7时收蚁为好。⑤收蚁时将温度降低到24℃，待收蚁结束后，再升至目的温度。⑥收蚁要求在较短的时间里完成，否则会使蚁蚕挨饿，四边逸散，爬到蚕匾外造成损失。

3. 收蚁时刻

一般在收蚁当天早晨5时左右，揭去盖在蚕卵上的遮光物，蚕卵感光后开始孵化。刚孵出的蚁蚕静止不动，经1～2h开始爬动觅食，到大部分蚁蚕具有食欲时为收蚁时刻。收蚁过早、过迟均会影响以后的发育。一般春季掌握在上午7—8时收蚁，争取10时左右结束，夏、秋季上午6—7时收蚁，争取9时左右结束。晚秋一般和春季相同。

4. 收蚁方法

感光时在原来压卵网上面再平覆一只防蝇网，网上撒一点切碎的桑叶，经过10～15min蚁蚕爬到桑叶上后，把上面一只网提到事先垫好防干纸的空匾里，蚁体消毒后喂上桑叶就行了。未孵化的蚕种，应继续遮光保护，第二天早晨按上述方法再补充一次。给桑2～3次后，定座饲养。

（二）小蚕期

1～3龄期的蚕称为小蚕（也称稚蚕）。小蚕期是充实体质的时期，是整个蚕期的基础。小蚕养得好，蚕体质强，到大蚕期能增强对不良环境和病原的抵抗力，有利于蚕茧丰收。所以养好稚蚕是取得蚕茧丰收的关键。

1. 温、湿度调控

小蚕期虽然能适应较高的温、湿度，但是随龄期的发育对高温多湿的适应性逐渐减弱。因此饲育温、湿度也要逐步降低。

高温多湿有利于桑叶保鲜，保证蚕能吃饱吃好，增强小蚕体质，为养好大蚕打下基础。但高温多湿也是病原微生物孳生的有利环境，因此要求在养蚕前严格清洗蚕室、蚕具和彻底消毒，并做好蚕期中的防病工作。

当前小蚕饲养形式大致有：覆盖育、围台育、炕床（房）育。

（1）覆盖育。用石蜡防干纸或塑料薄膜盖在蚕座上养蚕，以达到保持桑叶新鲜，促使蚕饱食发育整齐的要求。薄膜不透气，有良好的保湿性，可保持桑叶新鲜。1～2龄蚕采用下垫上盖的全防干育，3龄采用只盖不垫的半防干育。塑料薄膜事先穿孔，以利适当透气。孔距3cm，孔径0.6～1mm。也可用不穿孔的薄膜，但只能盖不能垫。给桑后把上下两层薄膜的四周边缘上下对折，使之密闭。这样可以减少桑叶水分的蒸发，保持桑叶新鲜。3龄饷食开始，除去下垫的塑料薄膜。

每次给桑前30min，都要摘去盖膜，给桑后，再盖上。蚕眠止桑以后，停止覆盖不补湿，使蚕座干燥，促进入眠。

（2）围台育。四周用塑料薄膜将蚕架蚕匾围入其内形成围帐，给桑时启开薄膜抽出蚕匾给桑，这种饲养形式叫围台育。围台育既可保温保湿，也可节省加温的燃料。如果围帐内保湿性能差，则蚕匾内再用防干纸或塑料薄膜覆盖。

（3）炕床（房）育。炕床（房）育是根据我国北方农村冬天取暖的炕床构造而设计的。炕床（房）春季保温保湿性能好，夏、秋季防暑保湿好，桑叶新鲜，散热均匀，饲育环境符合小蚕生长发育的需要，而且可缩短蚕期1～2d，节省劳力30%以上，节约用桑26%～35%，同时又可解决农村养蚕升温材料的困难，可以直接用秸秆柴草升温。炕房容量较大，饲养量多，一般利用原来的小蚕室，在蚕室内地下砌烟道加温补湿，四周、上方用塑料薄膜围成，造成高温多湿的大环境，饲养人员直接在内操作的叫炕房育。

2. 饲养技术

小蚕期用的桑叶，应在枝条上自上而下地选摘嫩叶，切去叶柄，把叶片切成小方块，均匀地撒给小蚕吃，随着龄期增大，小方块可以逐步切大些。每天喂3～4次，间隔时间要差不多，每次撒2～3层叶即可。眠起或快眠时少喂些，以免浪费桑叶。刚刚眠起的蚕不用马上给叶，等到绝大部分蚕起来后，一同给叶。这样可使蚕生长整齐，便于饲养管理。小蚕期用叶量仅占全龄用叶量的5%。为了使桑叶充分成熟，增加桑叶产量，在2龄眠中或3龄初可将桑树枝条顶端的芯芽摘去。

吃剩的桑叶、蚕沙要及时清除，除沙时可先在蚕匾上加网，网上撒桑叶结合喂叶，等蚕爬上来后，把网提起，蚕匾中蛋沙就可倒出晒干，以备作药用。蚕沙还可作为鱼的饲料。1龄只进行一次眠除（晚上睡眠时除蚕沙一次），2龄起、眠各除1次，3龄则再加一次中除。

（三）大蚕期

4～5龄期的蚕称为大蚕。大蚕期蚕室温度一般保持在24℃左右，干湿差3℃左右。气温偏高时要注意蚕室的通风换气，大蚕的饲养形式如下。

1. 蚕匾式

用长方形匾、大圆匾等作为养蚕工具的，统称为蚕匾式。还需用梯形架或竹、木搭成8～10层的蚕架插放蚕匣。在匾内给予芽叶或片叶。蚕匾多层饲育能充分利用空间，占用房屋较少，但缺点是桑叶容易凋萎，给桑、除沙次数多，所花劳力多、投资多、成本高。

2. 蚕台式

用竹、木搭成固定蚕台，或用绳索代替直立柱架而搭成固定蚕台或活动蚕台，给予芽叶或片叶。蚕台搭成3～4层，每层之间相隔约60cm，并铺宽约1.5m，长3.4m的芦帘或麻梗帘。蚕台所用材料可就地取材，节省费用。采用蚕台式，空间利用率也较高，而且给桑比蚕匾式简便。

3. 地面式

选择地势高燥，通风良好，没用放过农药、化肥等的房屋，经全面打扫清洁后，堵塞鼠洞等，用含有效氯1%的漂白粉溶液彻底消毒。蚕下地前先在地面撒一层新鲜石灰粉，再铺一层约4cm厚的短稻草，然后将4龄或5龄的蚕，在起除时连叶带蚕放到地面饲养。蚕座的形式有两种。

（1）畦式。通常畦宽1.33～1.66m，长度可根据地面大小而定，两畦间设宽0.5～0.6m的通道。

（2）满地放蚕。搭跳板或放几个土墩作踏脚点，以便操作。4龄下地的需经过除沙；5龄下地的不需除沙。阴雨多湿时可在蚕座上撒新鲜石灰粉、短稻草等干燥材料。

4. 大蚕条桑育

大蚕条桑育是将大蚕放在室内地上，用带叶的条桑养蚕。用桑条养蚕，桑叶保鲜好，不易凋萎，喂叶次数少，可以节约用桑，不需采摘叶片，不需用蚕匾喂蚕，不除沙，劳动力节省，还可减少大量用具，降低成本。同时条桑育蚕座通气良好，蚕体健康，蚕儿不致遗失或受伤。大蚕条桑育可采用畦式。畦的宽度为1.33～1.67m，长16.7m左右，每张蚕种20～25m^2。每两畦间留一条宽0.5m的操作道。在蚕下地前，先在地上撒一层新鲜石灰粉，再铺一层晒过的短稻草作干燥隔离材料，然后放蚕饲养。有蚂蚁的地方，可先薄撒一层5%氯丹粉，再撒一层干土（不能用石灰）。

条桑养蚕的桑园以选择靠近蚕室，发芽好，枝条细直的桑品种为好。喂叶前先

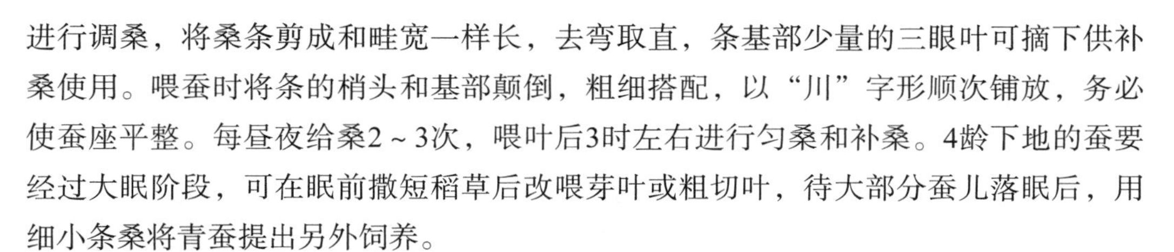

进行调桑，将桑条剪成和畦宽一样长，去弯取直，条基部少量的三眼叶可摘下供补桑使用。喂蚕时将条的梢头和基部颠倒，粗细搭配，以“川”字形顺次铺放，务必使蚕座平整。每昼夜给桑2～3次，喂叶后3时左右进行匀桑和补桑。4龄下地的蚕要经过大眠阶段，可在眠前撒短稻草后改喂芽叶或粗切叶，待大部分蚕儿落眠后，用细小条桑将青蚕提出另外饲养。

大蚕条桑养蚕不除沙，蚕座较厚，间隙也多，熟蚕容易移向下层枯桑条内营茧，因此在5龄第5d、第6d（见熟前1d）在蚕座上撒一层短稻草，改给芽叶，防止熟蚕爬到桑条内营茧，每日改给4回桑叶。上蔟方法一般在见熟时拾取始熟时青蚕另行饲育，其余一齐上蔟。

5. 大蚕屋外养育

室外大棚养蚕是养蚕技术的一项技术革新，可解决蚕室、蚕具和劳力不足的矛盾，节省养蚕投资。而大棚的保湿性能好，加上采用立体式斜面条桑育，给以条桑，使桑叶易于保鲜，因而可以采用少回育，减少了给桑次数，节省了劳力，减轻了劳动强度。但屋外育受自然条件的影响较大。选择饲养场地：大棚一般建在地势较高的地方，四周开排水沟，以防积水。为了防止日晒雨淋，可以设在高大的树林、竹园或高于桑树行间。也可在树阴下饲养。长度根据养蚕张数，按每张使用20m^{2}而定。用胸径3cm左右，长5～6m的竹竿弯成拱架，两端埋入地下。拱架间距50cm左右，两边和顶上用竹竿纵托，以使拱架连成整体。然后覆盖薄膜或编织布，再盖上草帘或稻草，以避阳光直射，使棚内温度过高。最上面交错拉以细绳，以防大风掀起。建造时要在适当位置留有通风口，便于通风换气，还有在入口处和通风口要挂上纱门以防止苍蝇、家禽或其他动物的危害。蛋座的主要形式有土坑式、地面式和蚕台式。

（1）土坑式。土坑大小，用条桑喂蚕时，坑面宽1.2m，底宽0.66m，深0.5m，呈倒梯形。用芽叶或片叶喂蚕，坑底宽1m，坑面宽1.2m，坑深0.33m（双坑式中间需留0.3～0.5m宽的过道），坑长20m，可养1张蚕种，坑面上的棚架形式有双落水式、单落水式和船篷式。

（2）地面式。在地下水位较高，不宜挖坑的地方或为了节约劳力，也可不挖坑，采用地面式。在出室放蚕前，先将场地周围打扫干净，在傍晚无风时用1%有效氯漂白粉溶液喷洒消毒。在蚕座上铺一层4cm厚的稻草，5龄饷食给桑2次后即可出室饲养。

（3）蚕台式。利用屋外走廊、屋檐下，房前屋后的场地或竹林，用竹木材料搭成简易蚕棚。棚内搭蚕台3～4层，两层之间距离40cm左右，蚕台上铺芦苇帘作为蚕座。

（四）上蔟、采茧期

上蔟是养蚕最后阶段的工作。蚕儿上蔟时间性强，工作繁忙，因此事先必须做好准备，以免到时忙乱。首先要准备好上蔟室。如用房紧张可利用原来蚕室，也可以在室外搭建上蔟棚，并做好防雨防晒工作。其次要准备好蔟具，蔟架可以利用原蚕架，蚕蔟一般用稻草秆制作，俗称“草龙”。养一张蚕种的蚕，约需草龙40条，每条长3m。蚕蔟搁在芦帘上，蔟下垫纸，可用废旧报纸代替。没有芦帘可将几只蚕匾翻个身，垫上纸代替。

蚕老熟后，捡出放置在蚕蔟上，不要放得过密，否则将造成双宫、黄斑茧增多的现象。另外未成熟的青头蚕不能混同熟蚕一起上蔟。

熟蚕营茧前排泄粪尿多，再加上吐丝、上蔟，室内温度升高。如不排除，茧丝之间胶着力增强，胶着面增大，会给缫丝带来不便，丝质也将下降，因此上蔟期要注意充分排湿。蚕上蔟一昼夜后，除雨天外，要打开门窗。尤其不能上地蔟，以免茧子受潮后颜色灰白，等级下降。蚕上蔟后经过2～3d吐丝结合，再经1～2d蜕皮化蛹。一般在蚕营茧化蛹，且蛹皮转黄时采茧。春蚕在上蔟后6d左右（春秋蚕5～6d，晚秋蚕7～8d）采收。

采茧时要做到上蔟的先采，动作要轻，防止损伤蛹体。做到边采茧边把附在茧上的草、蚕粪去掉。然后分别选出上茧、双宫茧、黄斑茧，分别堆放，切不可混同，售茧时也必须分别出售。做到不售毛脚茧、潮茧，当天采茧当天出售。

五、家蚕常见疾病的防治

（一）病毒病

1. 血液型脓病

发病蚕体肿胀发亮，体色乳白，腹部、腹侧基部和气门周围更为明显；严重时狂躁不安，常在蚕座边上爬行，皮肤破裂，流出白色脓汁，在爬过的地方留下脓汁的印痕，死后尸体溃烂发黑。由于感染途径不同，症状有脓蚕、高节蚕、斑蚕等几种。

2. 中肠型脓病

小蚕染病，发育缓慢，大小不一，食欲减退，身体软弱，继而胸部空虚，下痢，陆续死亡；大蚕食桑不旺，常爬到蚕座四周，呆伏不动，胸部空虚，排出白绿混杂的黏粪。临死时伴有吐液症状，在尸体周围有污液的痕迹。

3. 病毒性软化病

症状与中肠型脓病相似，同样表现胸部空虚、起皱、下痢和群体发育不全等。但本病胸部空虚特别明显，在灯火下透视可清楚看到体内的气管丛，胸部较膨大，

蚕粪多为稀粪或褐色污水。出现空胸、下痢等症状后，很快死亡。死前常吐出许多肠液，污染蚕座。

防治方法：拣除病蚕，勤除蚕沙，喂给新鲜桑叶；用生石灰粉撒入蚕座（蚕体见白即可），或用生石灰浑浊液（小蚕0.5%，大蚕1%）喷在桑叶上添食，1～2次/d。

（二）细菌病

1. 败血症

该病是细菌病中发生最多、危害最大的一类急性传染病，经皮肤创伤感染。从感染到死亡，在25℃温度下不超过24h，气温越高死亡越快。由于感染病菌不同，又分为黑胸败血病、青头白血病和灵菌白血病等几种，共同的症状是：感染后食欲减退，呆伏不动，继而停上食桑，体躯挺伸，胸部膨大，腹节收缩，排出软粪或连珠状粪，最后倒伏而死。死前伴有吐液和下痢。死后尸体头尾翘起，腹面拱出，腹足后倾，有暂时尸僵现象，不久体皮松弛，体躯伸直，头胸凸出，逐渐软化变色。

（1）黑胸败血病。先在背面第4～6体节出现墨绿色尸斑，很快扩展变黑，全身腐烂，充满黑褐色污液。

（2）青头败血病。临死及死后背面常出现绿色透明块状病斑，病斑下常有气泡出现，逐渐扩大，最后整个胸部背面呈淡绿色或淡褐色水泡，尸体呈灰色，破皮后流出灰白色恶臭污液。

（3）灵菌败血病。尸体变色较慢，有的出现淡褐色小圆形尸斑，随着尸体组织的解离，渐呈红色，一经震动，即流出红色污液。

2. 猝倒病

该病又名细菌性中毒病。急性者食桑突然停止，前半身挺起，呈痉挛性抖动，很快倒伏死亡。慢性者食欲减退，发育迟缓，多数出现空胸、下痢、结粪等症状，一般经2～3d死亡。刚死时尸体僵直紧张，胸部稍伸长膨大，10h后从胸腹交界处的环节开始变色，并向首尾伸展，以致全身发黑，破皮后流出黑褐色恶臭污液。

3. 细菌性胃肠病

病蚕食桑缓慢，逐渐停食，行动呆滞，粪便形状不正常或呈软粪、污液。蚕体软弱无力，陆续死亡。有的加强饲养管理还能恢复健康。

防治方法：用“防病1号”撒入蚕座，每天一次，在除沙后使用，用后不要马上除沙。败血病和胃肠病还可用氯霉素加水稀释成每毫升含500单位（即1粒药片或1支针剂加水0.25kg，喷5kg桑叶）的溶液，均匀喷在桑叶上喂食。

（三）真菌病

1. 白僵病

幼蚕、蛹、蛾均能感染。病蚕食欲不振，行动呆滞，皮色稍暗，有的在皮肤出现小圆斑或在气门处出现大块病斑，继而头胸前伸，口吐少量胃液或排污粪死亡。初死时尸体柔软，后逐渐变硬，并从尾部开始呈桃红色，再从气门、口器及节间长出白色菌丝，逐渐增多，布满全身，最后在菌丝上长出无数分生孢子，全身如覆白粉。

2. 绿僵病

症状与白僵病相似，不同的是本病病斑大，呈黑褐色，轮状或云纹状。死蚕体色灰白，尸体硬化过程中不出现红色，菌丝和分生孢子呈绿色。

3. 曲霉病

高温高湿多发，小蚕期多见。小蚕发病快，体壁凹陷，死后一天即长出白色絮状菌丝及黄绿色分生孢子。大蚕发病时蚕体出现褐色大病斑，并逐渐扩大，临死时头胸凸出，伴有吐液，死后病斑周围局部硬化，其他部位易腐烂发黑。经1～2d，硬化部位生出气生菌丝和分生孢子，初呈黄绿色，数天后呈褐色。

防治方法：在发病后除沙，保持室内清洁干燥，蚕座内撒焦糠，喂新鲜桑叶。用漂白粉配制防僵粉，小蚕用2%，大蚕用3%，每天撒1～2次。或用“防病1号”抛撒，每天见僵蚕后再用1～2d。

（四）虫害

1. 蝇蛆病

该病由多化性蚕蛆蝇产卵于蚕体上而引起。蚕蛆蝇产卵后，被害蚕体上可见到呈黄白色、椭圆形、一端稍尖的蝇卵，经1～2d后孵出幼虫，钻入蚕体，寄生部位出现黑色病斑，并逐渐增大，被寄生的环节往往弯曲。3～4龄蚕被寄生后，不能蜕皮，死于眠中；5龄蚕被寄生大多能结薄茧，以后蝇蛆破茧而出成蝇蛆茧。

2. 壁虱

壁虱叮刺蚕体，吸取血液，注入毒汁。小蚕受害后很快停食，前半身抖动，头胸凸出，体色污暗，很快死亡；眠中受害不能蜕皮而死；大蚕受害排连珠状粪，脱肛，蚕体弯曲，头胸凸出，吐水而死。

防治方法：蚕室配备纱窗，防止蚕蝇进入；检出受害蚕，除沙，更换蚕具，用25%乐果300倍溶液灭虱。用灭蚕蝇药剂可控制蝇蛆和壁虱危害。灭蚕蝇有片剂和乳剂两种，每片相当于1ml乳剂，可以喷桑喂蚕或直接喷在蚕体上。

防蝇蛆多喷桑，也可以喷蚕体；防壁虱则应喷蚕体。喷桑时每1ml加水500ml，可喷桑5kg。4龄喷1～2次，5龄饷食第2d起，隔天用一次，一般用3次。喷蚕体则每

1ml药液加水300ml，用喷雾器直接喷在蚕体上，用药时间、次数与喷叶一样，有壁虱危害时则应增加次数，每日可喷2次。灭蚕蝇用药过浓或放置过久，均能引起中毒，因此浓度一定要配准，药液要现用现配。

此外，还有农药、废气等中毒症，应注意防止。一旦突然出现吐水、翻滚等中毒症状，应迅速查明原因，隔离毒源，并用浓茶水、煮绿豆水等喷洒蚕体或添食解毒。

六、相关药材的采集与加工

（一）白僵蚕

过去多拾取自然感染白僵菌而病死的僵蚕用石灰吸收水分后，晒干或焙干，装入木箱，放在干燥处，防止受潮、霉坏和虫蛀。目前常在非蚕区进行人工接种培养，专供药用，具体方法如下。

1. 制作菌种

取50个500ml的空输液瓶，装入凉开水，将白僵菌试管母种一支，接入10个瓶中，静置1h后作原种，再将每瓶原种分别接入5个瓶中，即制成液体菌种。如无试管母种，可用凉开水淘洗自然染病形成的僵蚕，将淘洗后的凉开水，也可作为液体菌种使用。

2. 喷洒接种

在成蚕4眠蜕皮苏醒后，用喷雾器将液体菌均匀地喷洒到蚕的身上，以皮肤见湿为度。如菌株活力差，则应在制成液体菌种后1h内必须接种。

3. 加强管理

在接种菌种15～20min后，开始喂草，每隔5～6h喂1次。室内温度控制在20～30℃，湿度在90%以上，切忌通风。一般在接种菌种20～24h，蚕开始厌食，行为呆板，体表渐呈青褐色，有不同形状的黑斑点；到第3～4d，开始死亡；5～6d，死亡量达70%；7～8d，全部死完。在蚕死亡过程中，要及时挑出死蚕摊放在饲养室内，保持同样的温、湿度，让其充分僵化，以提高成品率及有效成分含量。待全部符合僵蚕要求后，便可到中药材市场上出售。

（二）原蚕沙

在养蚕季节，收集2眠到3眠桑蚕排出的粪便，晒干，除净土和轻粒、碎叶等杂质。用麻袋装，放在干燥处，防潮防碎。

（三）蚕茧

家蚕已出蛾之茧壳，剪开，去净内部杂质。

（四）蚕蛹

蚕茧缫丝后拣出的蛹，晒干或烘干。

（五）原蚕蛾

将公蚕蛾用开水烫死，晒干即成。用时去翅、足，炒黄入药。

（六）蚕蜕

家蚕起眠时收集蜕皮，晒干。

第三节 蝎 子

蝎子又名蝎，医学上又名“全蝎”或“全虫”，属于节肢动物门、蛛形纲、蝎目。全世界范围内蝎目共分6科、70属、600余种，我国共有11种，其中东亚钳蝎（*Buthus martensii*）是最常见的一种。蝎子的寿命一般为6年，长的可达8年以上。

一、蝎子的药用与经济价值

（一）药用价值

蝎子是我国传统的名贵中药。蝎子的药理作用主要依赖于蝎毒。蝎毒主要存在于蝎的尾刺中，但其他部位也含有少量。蝎毒对神经系统、脑血管系统疾病以及对恶性肿瘤、顽固病毒等有特殊疗效。可用于治疗痉挛抽搐、中风、半身不遂、口眼歪斜、破伤风、淋巴结核、疮疡肿毒等疾病。另外对肾炎、血管硬化、乙肝、癌症等疑难病也有疗效。目前以蝎子配伍的汤剂达100余种，全蝎配成的中药达60多种。如“再造丸”“大活络丸”“七珍丹”“牵正散”“跌打丸”“救心丸”“止疼散”“中风回春丸”等均以全蝎为主要成分。

（二）经济价值

利用蝎子可加工烹调成上百种美味佳肴。如油炸全蝎、醉全蝎、蝎子滋补汤等以蝎子为原料制作的食品，已成了高档药膳进入宾馆、饭店甚至于寻常百姓的餐桌。这些菜肴由于有了蝎子的加入，使它们不仅风味独特、美味可口、极富营养功能，而且具有很强的强身健体、活血化淤、定脑安神等滋补功能，这是其他普通菜肴所无法具备的。此外，蝎子还可制成具有强身健体、延年益寿的滋补保健食品。

如蝎精口服液、蝎精胶囊、蝎粉、中华蝎补膏、中华蝎酒等。

蝎毒还可以制造绿色农药，因其具有无污染，对人、畜无害，杀虫率高等特点，是生产绿色蔬菜和水果的理想农药。蝎子还被用于许多生物学理论的研究和工艺美术等方面。另外全蝎还是我国重要的出口药材。

在科学技术高度发展，生活水平不断提高的今天，蝎子却变得越来越珍贵。然而野生的蝎子资源正在减少，价格连年上涨，所以人工养蝎的热潮正在兴起。但人工养蝎中的许多问题也不容忽视，直接关系到养蝎的成败。

二、蝎子的生物学特性

（一）外部形态

成蝎体长5～6cm，体宽1cm左右，体重约1.2g，其外部形态可分为蝎体和附肢两部分。蝎体又分为头胸部、前腹部和后腹部。头胸部的头与胸愈合，背面有坚硬的背甲，背甲的中央部位有1对中眼，前侧角各有3个单侧眼排成一斜列。头胸部的前下方有口器。前腹部由7节组成，背面有3条纵向隆嵴。腹面第一节有两片生殖口盖，打开可见带褶的生殖孔。后腹部实际上就是尾部，有6节，最后一节称尾刺，成钩状上屈，能向前弯曲。附肢有6对，1对螯肢、1对触肢和4对步足。螯肢又称口钳，靠进口器两侧，在头胸部的最前方，有助食作用。触肢又称钳肢，在螯肢之后，可捕获食物和感触之用。4对步足生于胸部两侧。

（二）生活习性

1. 栖息环境

蝎子喜欢生活在阴暗、潮湿的地方，常潜伏在岩石、土穴、缝隙之间，尤其是有片状岩石杂以泥土，周围环境不干不湿、植被稀疏的山坡地。在树木成荫、杂草丛生和蚂蚁多的地方则不易找到蝎子。

2. 活动规律

蝎子属于昼伏夜出的动物，多在晴朗、无风的夜晚出来活动，日落至半夜间捕食、饮水、交尾。喜群居，好静不好动，并且有识窝和认群的习性，蝎子大多数在固定的窝穴内结伴定居。一般在大群蝎窝内大都有母有公，有大有小，和睦相处，很少发生相互残杀现象。但若不是同窝蝎子，相遇后往往会互相残杀。

3. 捕食习性

蝎子为肉食性动物，主要捕食蜘蛛、蚴蜓和蚊类、蝇类等多种体软多汁、大小适中，含丰富蛋白质和脂肪，无特殊气味的昆虫。蝎子的视力很差，主要以感知周围小昆虫活动时引起的空气震动来发现目标。蝎子的食量很大，每次可食自身体重的1/5～3/5食物，饥饿条件下一次可采食与自己体重相等的食物。蝎子的耐饥力极强，一般饱食1次后几天内不再觅食。

4. 冬眠习性

蝎子是变温动物，有冬眠的习性。当环境温度下降到10℃以下时，便潜伏在25～75cm深的窝穴中，进入休眠状态，不吃不动，只进行必须的代谢活动。冬眠时间一般达半年之久，但在人工养殖条件下可以改变这种习性。

5. 蜕皮

蜕皮是蝎子在生长过程中必须经过的重要过程。蝎子一生需要蜕皮6次。仔蝎生下来马上爬上母背，不能四处活动，而第一次蜕皮就是在母背上借助母体的帮助进行，约需6h。初产仔蝎又称1龄蝎，而以后每蜕皮1次增加1龄。从2龄开始的第2～6次蜕皮，则主要借助外物进行，大约分别发生在其出生后的第30d、第90d左右、第10个月、第12～13个月、第24个月、第26个月。

三、蝎子的人工养殖技术

（一）养殖方式

蝎子的养殖方式很多，小规模的有盆养、缸养、箱养，大规模的有池养、房养、山养等。在实际养蝎过程中，这些养殖方法一般不单独使用，养殖者可以根据实际情况和环境条件，综合选择两种或多种方法一起使用，具体介绍如下。

1. 盆养或缸养法

用一个内面光滑的盆或缸，在其底部铺上5cm的沙土，上面放一些砖瓦，瓦片间留有1～2cm的缝隙供蝎栖息和出入。容器口用纱网封严，以防蝎子外逃及天敌入侵。这种养殖方法费用低，管理方便，但饲养量不大，只适于幼蝎的过渡养殖。

2. 箱养法

箱养法是将蝎放在自制的木箱或塑料箱中养殖的方法。箱的制作与大小可根据实际情况而定，一般要求宽60～80cm，高30～50cm，长为1m左右。箱底垫1～5cm的沙土或风化土，土上面放一些砖瓦，供蝎子活动和栖息。饲养箱制作简单，容易管理，相对于盆养或缸养饲养量大，但饲养土难以保持稳定的湿度，受环境影响大，养殖商品蝎子最为适宜。

3. 池养法

池养法分室内池养与室外池养两种。室内蝎池可建在靠墙壁的两边，蝎池的长、宽、高可根据房间的大小而定，但最好宽不超过90cm，长不超过1.2m，成蝎饲养密度一般不超过560条/m^3，蝎池之间留适宜的人行道。池内用数片大瓦片层层叠在竖直的2块砖块上，可紧连着放置4个象牙形的砖瓦布局，要注意砖瓦的稳定性以免倒伏压死蝎子，还要注意保持砖堆与池壁保持15cm左右的距离，避免蝎子借助砖堆逃到池外。室内池养法有利于人工营造蝎子的最佳生态条件，缩短冬眠非生产期，还有利于控制天敌与病害，最大限度地提高生产率，是大多数养蝎者普遍采用的一种方法。

室外池养是在室外用单砖砌出深1m左右的池子，池底向一侧稍倾，并用草帘及塑料薄膜等进行覆盖以保温、保湿、防止雨水的一种养殖方法。室外池养无需建造房舍，成本低廉，可最大限度地利用自然生态条件。不论室内还是室外池养法，其池的内壁均应粗糙以便蝎子攀爬，其外壁则要用水泥严密弥合砖缝以防蝎子逃跑，另外为防止蝎子爬出外逃，池的内壁顶端还要镶上一圈宽8～10cm的玻璃或瓷砖，或将无毒的塑料薄膜在相同位置进行粘贴。

4. *房养法*

蝎房的大小可根据养殖数量和方便管理而定，一般用土坯建造即可，既满足养殖需要，又能节约大量资金。还是遵守内壁粗糙、外壁严密、粉刷的原则，既保证蝎子活动和藏身空间又能避免蝎子外逃。房内留一条0.6～1m宽的人行道，通道两边用砖或石头、瓦片堆垒，其间留1～2cm空隙，以利于蝎子的活动和栖息。蝎房四周要开窗，窗口装有纱窗，以防外界天敌侵扰。房墙四周脚基各留2个碗口大的孔，专供蝎子进出。离房基脚1～2m处挖一条宽0.6m，深0.8m的环房水沟，并常蓄水，不仅可以防止蝎子逃跑，也可防止蚂蚁入侵。与以上饲养方法相比，房养法的饲养量较多，但观察不方便。

5. *巢养法*

应用内外两层板，内板上开4列15行（60个）4cm×3cm×3cm的槽，外板开与其对应的（60个）1cm×1cm×2cm的洞，内外板合在一起正好形成单房小蝎室，内板保持固定，外板为可活动式，以便捕蝎之用，这样既避免了蝎子互相争斗发生死亡，又可统一控制温、湿度保证蝎子生长，能显著提高蝎子成活率。

6. *山养法*

选择适宜蝎子生长的山地，人工投种，任其繁殖，定期收捕。还是要修建防逃设备，山内还要用碎石、瓦片等物砌成假山，供蝎活动栖息。山养法虽简便，但收获量却难保证。

（二）繁殖技术

1. 繁殖特性

（1）性成熟。蝎子经过6次蜕皮才能长成大蝎，并达到性成熟，这段时间约需3年，公蝎性成熟比母蝎早几个月。性成熟的母蝎，1年有2次发情期。蝎子完成最后一次蜕皮并开始进食后即可进行交配。

（2）交配。野生蝎子一般在5—8月交配，在人工养殖条件下达到28～39℃交配适宜温度蝎群可随时进行交配。交配时公蝎先把精荚从雄孔中排出体外，使其倾斜固定于地面，然后再拖住母蝎把精荚插入雌孔内。需强调的是地面要平坦并有一定摩擦力，以利于精荚的固定。被刺入的精荚在生殖腔内破裂，并释放出精液，精液由生殖腔进入受精囊贮存。交配时间需0.5～1h，长的可达3～4h。精子可长期在母蝎受精囊内贮存，母蝎受精后可连续生育3～5年。但第二胎大多是弱仔，所以还需继续交配。交配后的公蝎，会有大约1%发生死亡，属正常情况。

（3）产仔。蝎子是卵胎生。蝎卵受精后仍留在体内发育，但并未与母体建立胎盘血液关系，母体也不向胚胎提供任何营养物质，当胚胎发育成熟，破卵壳之后，母蝎直接将其产出。受精卵在体内发育约40d即可形成完整胚胎。产仔时仔蝎被成批产下，每批一般5只，刚产下的仔蝎很像米粒状的椭圆形小白团。每产一批间隔半小时，长的约1h，整个产仔时间大约3h。产仔数一般为20～50只，青年母蝎比老龄母蝎产仔多。

2. 种蝎的选择与投放

（1）种蝎来源。种蝎的来源主要有两种途径，一是捕捉野生蝎作种，二是直接从其他蝎场引种。目前我国驯化、培育成功的优良种蝎品种较少，且种源紧缺，价格较贵，但引种时也不能太图便宜。由于野生蝎难以适应人工创造的室内环境，生性又凶猛，人工养殖时，不仅其正常的生理活动受到影响，也易引起同池蝎子互相残杀、强吃弱的现象，因而养殖户尤其是初养者，最好到规模较大、技术实力雄厚的正规种蝎场引种。

（2）种蝎选择。引种前一定要了解各种蝎子的种质特征，并对供种对象做认真的调查，冷静识别，如种蝎的品种、蝎龄、母蝎是否有孕等。最好挑选健壮活泼，后腹蜷曲，体态丰满，皮肤鲜艳明亮，无病无损伤，无异常表现的作种蝎。另外母蝎体长要达到4.8cm以上，才能实现产期早、产仔多的生产目的。

（3）引种时间。最好是在每年的初夏引种。这期间气温较正常，温度保持在25℃左右，并已渡过了死亡高峰。引种过早或过晚，都会影响种蝎的成活率和繁殖率。若是秋冬时节引种还要渡过一个冬眠非生产期，所以很不划算。

（4）种蝎投放。蝎子的嗅觉比较灵敏，能区别不同种群的气味，合群时会因争

夺地盘而发生争斗，造成种蝎受伤。所以种蝎合群前几天，应各自喷洒同一种气味的物质（如米酒），让它们都适应之后再合群。公、母比例以1：3为宜。饲养过程中对已失去交配能力的公蝎应予淘汰，而且公蝎要年年更新。种蝎的投放密度以每平方米500～600只为宜。

（三）常用饲料及其利用

1. 昆虫类

（1）养殖昆虫类。有黄粉虫、土元、蜈蚣、蚯蚓等，这些昆虫繁殖力强、生长快、比较容易养殖，其含蛋白质很高，是蝎子很适口的饲料。可投喂产后的母蝎，让其尽快恢复产仔时损失的营养。另外，可以饲养一些洋虫，用来饲喂仔蝎，对促进仔蝎生长发育效果明显。

（2）野生昆虫类。有蚂蚱、蝴蝶、蝇、蛆、蜘蛛和各种蛾子等。这些昆虫可在野外山坡地边或石块下人工捕捉，也可用黑光灯夜间进行诱捕或用食物诱捕潮虫等，捕后即可直接投给蝎子，让其自由采食。这些昆虫的投喂对象是2～9cm的幼蝎和未成蝎。

2. 肉类

有青蛙肉、麻雀肉、鸡肉、猪肉等。这些肉类只要是干净、新鲜的可直接投喂未产仔的孕蝎和4～5龄的中成蝎，也可投喂1～2cm的仔蝎。投喂时不能长时间放在蝎子池内，以防变质。

3. 矿物质饲料

山上石下的风化土，含有部分矿物质，初春时可在蝎池表层放上一些，让其自由采食，这也是早春不可缺少的饲料之一。此外，骨粉也含有丰富的矿物质，用骨粉拌入肉类饲料，可投喂各龄的蝎子。

4. 混合料

混合料的配制比例可参照如下：①麸皮（炒黄）30%、蛋汁40%、肉30%。②肉泥30%、麸皮（炒黄）30%、面粉（炒黄）30%、青菜泥10%，拌成颗粒状。③食糖200g、麸皮200g，乳汁150g。这些混合料只要不变质随时都可投喂各龄的蝎子。

5. 投料原则

鲜活虫类可直接投在蝎池内，供蝎子任意捕食，而非昆虫性配合饲料可放在大小盘中或塑料布上供蝎取食。投喂量应以蝎子吃后不剩料为原则，以防剩料变质。另外投喂应做到定时、定点、定质、定量的原则。

四、蝎子的饲养管理

（一）孕蝎的饲养管理

交配后受精卵就在母蝎生殖道中开始发育，母蝎也就进入妊娠期。在孕蝎饲养管理中应特别注意以下几个方面。

1. 创造适宜的环境

在母蝎怀孕期间，室内的温度应控制在28～39℃，最好是在35～38℃。在此范围内孕蝎不但产仔快，而且仔蝎的成活率也高。温度在30℃以下时，孕蝎有仔也不产。空气的相对湿度应保持在75%～85%，而且还必须增加光照时间。此外，还应特别注意养蝎场地周围环境的安静和空气的新鲜，确保孕蝎能够顺利产仔并增加数量，提高成活率。

2. 饲料搭配应多样化

供给孕蝎的配合饲料以及肉类、昆虫类等饲料，应交替投喂，而且不可时饥时饱，否则也易引起流产与胚胎发育不良。

3. 及时分出临产母蝎

刚产下的仔蝎若受到其他蝎子的干扰，就难以爬到母蝎背上，而且刚产仔的母蝎受到其他蝎子的干扰，就会烦躁不安，来回爬动，摔掉背上的仔蝎，从而降低幼蝎成活率。所以临产母蝎应及时分出，单独饲养。

4. 防止孕蝎外逃

妊娠后期母蝎会频频外出寻找繁殖场所，特别是在晚上。所以到了后期，应注意防止孕蝎外逃，应经常检查蝎池、蝎窝，及时修补漏洞，尤其要注意防止孕蝎挖掉黏土而外逃。

（二）育仔期的饲养管理

仔蝎产出后沿母蝎的附肢或头胸部爬上母蝎的背部，并在母蝎背部生活6～10d，然后爬下母背开始独立生活。育仔期就是指从产仔起到母、仔分离的这段时间。

刚出生的仔蝎尚不能取食，仅靠体内残存的卵黄营养维持生存。母蝎负仔，行动不便，常常十来天一动不动，警惕地护卫着背上的仔蝎。因此育仔期不需要进行人工投食，也不必为防止逃跑而劳神费力。但这一时期对湿度要求较高。土壤湿度应保持在15%左右，低于5%则出现母吃仔现象。

（三）幼蝎的饲养管理

幼蝎是指离开母背独立生活至3龄阶段的蝎子。这一时期的饲养管理关系到人工养蝎的成败，所以必须有针对性地采取措施，让幼蝎顺利蜕皮，提高成活率。

1. 及时进行母、仔分离

多数母蝎在分娩和背仔时期，并不吃食，体力消耗甚大，而仔蝎爬下母蝎时，正是母蝎的盛食期，如果喂料喂水不足，或其他环境不适宜，母蝎随时都有可能吃掉仔蝎。及时将母蝎分开饲养，是保证仔蝎不遭母蝎侵害的关键，也便于母蝎恢复体能，继续繁殖。但不要在仔蝎刚下背时，就将其与母蝎分开，可在仔蝎下地2～3d后分开饲养，而且分离工作最好是在晚间进行。母仔分离前还要注意避免发生公蝎爬进来吃掉仔蝎。传统的分离方法是手工将母蝎用夹子检出，还可以在蝎子窝下留一窄道让仔蝎能通过而母蝎无法通过，蝎窝外做成有一定斜坡的滑道，可实现母、仔蝎的自动分离。

2. 提供适宜的温度和湿度

仔蝎的生长发育对温度和湿度的要求比较严格，温度必须控制在30～35℃，空气相对湿度必须调节在65%～80%，蝎窝的土壤含水量在30%左右才合适。在这样的温、湿度环境内，仔蝎的蜕皮生长既快又顺利。

3. 合理的饲养密度

幼蝎开始的饲养密度为3 000只/m^2，随着幼蝎长大，应经常分群与分级。每蜕一次皮，应将密度减少一半。

4. 加强营养

幼蝎的饲料应多样化，黄粉虫、无菌蝇、小蟋蟀、地鳖虫幼虫、羊奶、牛奶以及玉米面、谷糠等粮食饲料所生的小白蛀虫都是幼蝎的优质饲料。此外，还可投喂适量的饲料添加剂，如生长激素、微量元素、多种氨基酸、抗生素及蜕皮激素等，这样既可保证其营养全面，还可调节其体内营养平衡，使其加快蜕皮和生长。2龄蝎因口器小，应有足够的小昆虫饲料，严禁喂比其身体大的昆虫。3龄蝎则可以投喂一些稍大一点的昆虫。

（四）商品蝎的饲养管理

成蝎是指6～7龄阶段的蝎子。成蝎要么作为种蝎进入繁殖阶段，要么作为商品蝎，被采收利用。一般产仔3年以上的母蝎、交配过的公蝎及有残肢、瘦弱的公蝎也都可作为商品蝎。商品蝎的投食量要增大，坚持“少吃多餐”的原则。特别是在夜晚8—11时是蝎子进食的高峰期，每小时应投喂一次。而且蝎子的饲养密度要减小，每平方米不应超过500只。此外还要合理控制环境温度、湿度，创造良好的生活环境，以促进增重。

（五）饮水与其他

保证蝎子饮水的洁净无污染，可用海绵吸收水后，拧成半干放进盘中，供蝎子获得饮水，浸湿的海绵要2～3d换一次。要保证水中无农药、洗涤剂、柴油、汽油及化肥等，以免蝎子中毒。

蝎子极易因应激反应发生死亡，所以要避免强光照射蝎窝、噪声和振动，以免发生死亡，造成损失。

五、蝎子常见疾病的防治

（一）黑肚病（体腐病）

该病由黑霉菌感染蝎体所致。多因饲料腐败、变质和饮用不洁水引起。健康蝎子如果吃了病死蝎尸体，也可引起此病。

病蝎早期腹部鼓胀、发黑，活动减少，食欲减退，白天不进窝，后期前腹部出现黑色腐败溃疡性病灶，用手挤压有黑色黏液流出，病程较短，死亡率很高。

防治方法：保证饲料、饮水洁净，定期清洁消毒。发病后要及时翻垛、清池，清除死蝎尸体。场地用2%的福尔马林或0.3%的高锰酸钾溶液喷洒消毒，消灭传染源。对病蝎隔离治疗，可用食母生1g、红霉素0.5g、拌糖类食物500g，喂至痊愈。

（二）斑霉病

该病为真菌感染所致，多发生在阴雨季节。由于高温、高湿，投喂的食物吃不完发生霉变，使真菌大量繁殖并附于蝎体，从而引起蝎子发病。此病发生快，极易传染。病蝎体表出现红褐色斑点，前期极度不安，后期表现呆滞，死后躯体僵硬，体表出现白色菌丝。

防治方法：保持饲养区空气流通，调节温、湿度，降低饲养密度，场地进行喷洒消毒。发现病蝎要及时捡出治疗，药物治疗可用氯霉素0.5g，加水500ml左右，强行喂饮，2次/d，直到痊愈。病死蝎应取出焚烧，不可加工入药。

（三）大肚病

该病多因气温偏低，消化不良而产生，发病多在早春、秋末两季低温阴雨时期。病蝎腹部隆起，肚子很大，行动迟缓，拒食亦不消化。母蝎发病后体内孵化停止或造成不孕。一般发病10～15d开始出现死亡。

防治方法：在早春和秋季低温时期应注意保温，必要时可采用明火加温，如炉火或电热炉等，将温度调至20℃以上即可预防本病发生。药物治疗可用食母生或多酶片1g，长效磺胺0.1g，拌料100g，喂至病愈，也可将药溶于蝎的饮水中。

（四）青枯病

养殖环境过于干燥，加之饲料含水量低和饮水不足，致使蝎子慢性脱水所致。有时蝎子吃食不均、饥饿过度、暴饮暴食，也会造成此病。起初在后腹部末端（尾梢处）出现枯黄色，干枯萎缩，并逐渐向前腹部延伸。值得注意的是发病初期，由于争夺水分，蝎相互残杀严重。

防治方法；气候干燥炎热时，注意调节室内湿度，供足水。每天给病蝎补喂1次水或在饲养池内洒水，水分供足后病蝎能治愈，一般不采用药物治疗。也可在1 000g水中加10g葡萄糖给蝎洗澡，在水里浸1min后捞出，放在蝎池里养3d就会色泽光亮，恢复健康。

（五）便秘

病蝎常做排泄动作，但不见粪便排出，蝎子食欲减退，不爱活动、肢节变瘦、活动缓慢、死后肢体僵硬。这是饲料构成过于单一，营养不全面所致。通过调整饲料组成、增加饲料种类，以鲜活饲料为主，提高饲料营养水平即可治愈。

（六）流产

孕蝎收到惊吓、运输中被挤压都可造成流产。可见到孕蝎在正常孵化期间慌乱不安的走动，并早产仔蝎。通过减少不当刺激，保持室内安静即可减少流产的发生。

六、蝎子的采集与加工

（一）蝎子的采收

蝎子的采收是指为了加工及外售活蝎（包括种蝎），将蝎子从饲养盆（池）中捕移集中的工作。一般在怀孕母蝎产仔前2周进行，除了较好的种蝎留种外，其他交配过的公蝎、产仔3年以上的母蝎以及一些残肢、瘦弱的蝎，都可以用来加工或使用。

1. 池养蝎的采收

先用中号毛刷将蝎窝内的蝎子扫入簸箕内，倒入塑料盆中。然后将窝内瓦片逐块揭起，将漏在瓦片上的蝎子扫出，同样放在塑料盆中。然后将塑料盆中的蝎子进行挑选，把中蝎、幼蝎以及健壮的母蝎、孕蝎留下来，其余的则进行加工处理。

2. 房养蝎的采收

用喷雾器将30° 的米酒喷于蝎房内，关好门窗，仅留墙脚两个出气孔不堵塞，在这出口处放一个塑料盆。经过30min后，酒气充满房内，蝎子忍耐不住酒味，便会从气孔逃窜出来，并掉入盆内，然后再进行挑选。

3. 缸养和箱养蝎的采收

只要将缸、箱内的砖瓦捡出，便可把蝎子一一扫入盆中，进行采收。

（二）蝎子的加工

1. 药用成品蝎的加工

（1）淡全蝎的加工。淡全蝎又叫清水蝎。加工前，把采收到的蝎子放入清水中浸泡1h左右。同时轻轻搅动，洗掉蝎子身上的污物，并使蝎子排出粪便。捞出后放入沸水中用旺火煮30min左右。锅内的水以浸没蝎子为宜。出锅后放在席上或盆内晾干，要避免火烤或太阳晒，另外，应该注意煮蝎子的时间不可过长，以免破坏蝎体的有效成分。

（2）咸全蝎的加工。首先将蝎子放入塑料盆或塑料桶内，加入冷水进行冲洗，洗掉蝎子身体上的泥土和其他杂物，这样反复冲洗几次，洗净后捞出，放入事先准备好的盐水缸或锅内。缸或锅盖上草席或竹帘，盐水以没过蝎子为度，浸泡30min至2h左右。在配制盐水时，一般lkg活蝎加入300g食盐，5L水。先将盐在锅内溶解后，再放入蝎子，待浸泡一定时间后加热煮沸，水沸后维持20～30min，然后开盖检查，用手指捏其尾端，如能挺直竖立，背面有抽沟，腹部瘪缩，即可捞出，放置在草席上于通风处阴干，即成咸全蝎或盐水蝎。切忌在阳光下暴晒，因为日晒后使蝎体泛出盐晶而易返潮。阴干后的咸全蝎在入药时以清水漂走盐质，减少食盐的含量及副作用。

2. 蝎子食用品的加工

（1）蝎酒。取鲜活蝎子25g，用清水洗净，放入500ml白酒中，密封浸泡1个月左右即可饮用。

（2）醉全蝎。取鲜活蝎子适量，洗净，放入白酒中浸泡至蝎子麻醉，捞出食用。

（3）炸全蝎。取鲜活蝎子适量，洗净，入油锅。亦可打芡后入锅。烹至焦黄时捞出，拌入佐料即可食用。

（4）蝎子滋补汤。取鲜活蝎子适量，洗净，文火炖汤，可加入适量山药、枸杞、木耳、香菇等。

3. 蝎粉的加工

首先将蝎子放入塑料盆或塑料桶内，加入冷水进行冲洗，洗掉其身体上的泥土和其他杂物，这样反复冲洗几次，待洗净后捞出，在-60～-30℃下速冻，冻干后再粉碎成粉，然后将蝎粉置阴凉通风处晾干，其含水量不超过0.2%。或者将冲洗干净的蝎子放在烘干箱内，在60℃温度下烘干，然后再粉碎成粉。蝎粉可与其他药物混合后制成不同的胶囊制剂。

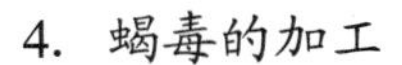

4. 蝎毒的加工

（1）蝎毒的提取。取毒的蝎子应是性成熟的6～7龄蝎子，此时的蝎子排毒量大，取毒后不会影响其生长繁殖。在自然条件下以在6—9月采毒最好，到10月以后，采毒量明显下降，到冬季时，蝎子冬眠，不能排毒。采毒的适宜温度在20～39℃，低于15℃则不宜采毒。采毒的常用方法有剪尾法、人工刺激法和电激法3种。

（2）蝎毒的干燥。蝎毒液体在常温下保存极易变质，放在冰箱内也只能保存半月左右，必须加工成干毒粉才能保存较长时间。其加工方法是：先将液体蝎毒放在冰箱内冰冻，冰冻后移入真空干燥器内，在干燥器的底层放适量的氧化钙作为干燥剂，干燥剂上面覆盖4层新纱布，纱布上面放置装有蝎毒的烧杯，接着用真空泵抽气。抽气过程中要注意观察，如果发现蝎毒表面产生大量气泡时，就要停止片刻再抽，直至基本干燥，再静放24h，使蝎毒彻底干燥，变成大小不等的颗粒结晶体为止，这就是经初加工的粗品蝎毒干粉。刮下干毒粉分装成小瓶，熔蜡密封，贴上标签，注明蝎毒粉的制备日期和重量，包上不透明的黑纸，置于−5℃的冰箱内保存。

第四节　蜈　蚣

蜈蚣（*Scolopendra subspinipes*）又名天龙，因为它的足很多，故又有“百脚虫”“千足虫”之美称。在动物分类学上属于节肢动物门、多足纲、唇足目、蜈蚣科，有30～40种。药用蜈蚣主要以模棘蜈蚣、少棘蜈蚣、多棘蜈蚣、哈氏蜈蚣为主，但我国分布最多、产量最高、最常见的是少棘蜈蚣。

一、蜈蚣的药用与经济价值

蜈蚣具有很高的药用价值和经济价值。而作为传统中药材的蜈蚣，过去多以野外捕捉为主，近几年来随着环境污染加剧，人们滥捕滥捉和应用范围的不断加大，野生蜈蚣资源日益枯竭，蜈蚣货源显得十分短缺，人工饲养是解决问题的好办法。

现代药理研究表明，蜈蚣含有两种治疗价值很高的类似蜂毒的成分，即组胺样物质和溶血性蛋白质，另外还含有脂肪酸、胆固醇、蚁酸等多种活性物质，还可分离出S-羟基赖氨酸、甘氨酸、丙氨酸、谷氨酸等多种氨基酸成分，因此药用价值很高。蜈蚣性味辛温，有毒，具有祛风、镇痉、攻毒、散结、通络、止痛、杀虫、消肿、解疱毒以及抗肿瘤、抗真菌等多种功效。可治疗中风、偏头痛、惊痛、破伤风、百日咳、瘰疬、结核、瘤块、疮疡、肿毒、风癣、蛇伤、痔漏等多种疾病，用途甚广，是常用中药材之一。

二、蜈蚣的生物学特性

（一）形态特征

少棘蜈蚣躯体扁平而长，体长6～13cm，宽5～11mm，分头部和躯干部。头部红色或金黄色，身体黑绿色，头板杏仁形，窄端向前方凸出。头板和第一背板金黄色，具有1对又细又长的触角，触角后有复眼。全身由22个同型环节构成，每节有1对附肢，蜈蚣的第一对附肢变成毒颚，称为颚足，长有利爪和毒腺，既可用来捕食小动物又能螫人，它最后1对附肢向后伸展，好像两条尾巴，其他的21对附肢用来爬行，所以叫步足。

（二）生活习性

1. 栖息环境

蜈蚣主要生活在多石少土的低山地带，平原地区只有少量分布。每年惊蛰后，气温转暖，蜈蚣冬眠苏醒，开始出土活动，善居于阴湿的杂草丛中或乱石沟里。从芒种到夏至，随着气温逐渐升高，它又渐渐移到荫凉的壕沟、坟地、田埂或土坎的缝隙之中，避过炎热的白天。到了晚秋季节则又多栖息于背风向阳的松土斜坡之下或树洞、树根较暖的地方。总之蜈蚣喜阴怕光，昼伏夜出，喜欢在阴暗、潮湿、温暖、通风的洞穴中生活。所以人工养殖蜈蚣时，就要根据其生活习性，尽力创造它要求的生活条件，如在饲养场内栽树种草，放置砖块、瓦片等都是为满足蜈蚣对生活环境的要求而采取的措施。

2. 活动规律

蜈蚣白天隐蔽在阴暗处，夜间四处活动，寻找食物。在晴朗无风的夜晚是它们活动的高峰期。气温高于25℃时活动多，10～15℃时活动少，10℃以下活动更少甚至停止活动。天气闷热、雨后的夜晚活动多，气温低、雨天的夜晚活动少。无风或微风的夜晚活动较多，大风的夜晚活动少。由此可见蜈蚣活动的频率与气温、气压、相对湿度、降水量和光照强弱等气象因素都有密切的关系，所以人工养殖蜈蚣时都要注意以上因素的影响。

3. 食性

蜈蚣为典型的肉食性动物，性凶猛，食物范围广泛，尤喜食小昆虫类。蜈蚣所食的昆虫有蟋蟀、蝗虫、金龟子、蝉、蚱蜢以及各种蝇类、蜂类，甚至可食蜘蛛、蚯蚓、蜗牛及比其身体大得多的蛙、鼠、雀、蜥蜴及蛇类等。在早春食物缺乏时，也吃少量青草及苔藓的嫩芽。人工饲养时以泥鳅、鲜鱼、青蛙、虾、蟹等为主，但要求食物新鲜，稍有腐败即不进食。蜈蚣饥饿时一次进食量可达自身体重的1/5，最多达3/5。

耐饥性也很强，10d不给食也不会饿死。但蜈蚣捕食能力很低，故不宜饲喂活食。

4. 生长习性

蜈蚣发育的速度较慢，从第一年孵化的幼体到当年冬眠前体长仅3.3～3.9cm，第二年在食物充足的条件下体长4.9～6.6cm。所以蜈蚣从产出的幼体发育至成体性成熟一般需1～4年的时间。食物是否充足和进食时间的长短直接影响生长发育的速度，所以人工养殖的蜈蚣比自然放养的生长发育得快。

三、蜈蚣的人工养殖技术

（一）养殖方式

1. 室外养殖法

半自然状态下室外养殖多采用池养方式。养殖池要建在向阳、通风、排水条件好而又较阴湿、僻静的地方。养殖池用砖或石块等材料砌成，面积为5～10m^2。水泥抹面，池深80cm为宜，池内壁四周光滑，用塑料薄膜粘贴，或在池口镶一圈与池壁成直角的玻璃，宽15cm为宜，以防蜈蚣外逃。池内紧靠围墙内侧绕门周建一条宽10cm、深4cm的水沟，靠沟的里侧建一条宽30cm、深3cm的料槽，用来投放饲料。养殖池的上方要搭棚遮阴和防雨淋。池底铺10cm左右厚的疏松细沙土，然后填3cm厚的已发酵的畜粪，粪上撒些鸡毛、鸡骨，最后铺上碎瓦片或碎石。

2. 室内养殖法

（1）缸养法。在室内设置若干中型大小的陶器缸或玻璃缸，缸的底层放一层碎石子或碎砖瓦片，上面再盖一层25～30cm厚的菜园土，然后在土表堆叠瓦片，瓦片高度要低于缸口15cm，缸口再盖上铁纱网。

（2）箱养法。箱体可用木板制作，为便于搬动，大小以长60cm、宽40cm、高30cm为宜。箱内壁衬贴一层无毒的塑料薄膜或玻璃，箱口上面配置一个纱箱盖，以防逃跑。箱底放瓦片，瓦片的四周用水泥做1.5cm高的小垫角，以5片为一叠，这样在瓦片堆叠时就有1.5cm的空隙，便于蜈蚣活动。瓦片放入前要用水洗干净，吸足水分，保持潮湿环境，瓦片要经常更换，以保持湿度和清洁卫生。

（3）池养法。室内饲养池的面积一般以1～2m^{2}为宜，正方形、长方形均可，池深50cm左右。池内壁要求光滑、严实，可以衬上塑料薄膜或用玻璃衬贴。池内铺10cm左右厚的小块泥土，再在土层上面堆放5层左右的瓦片，瓦片间留较宽的缝隙，池口盖上铁纱网或塑料纱网。

（4）室内放养。饲养室用的房间最好有天花板，或在屋顶铺设铁丝网，还要设置铁纱门和铁纱窗，以防蜈蚣外逃。室内四周用瓦片、沙、石块和少量泥土堆叠在瓦石堆中，尽量多创造一些适合蜈蚣栖息的缝隙场地。为充分利用空间，瓦石堆可尽量堆叠高些。

（二）繁殖技术

1. 蜈蚣的引种

蜈蚣的选种标准是：虫体要完整，无损伤。体色要新鲜，背面光泽好。活动正常，能取食，还可以从中挑选体长在10cm以上的蜈蚣作为繁殖对象。公、母比例一般为1∶3。公、母鉴别方法：用手指轻挤其尾部生殖器，雌性蜈蚣前生殖节的腹板无生殖肢，而雄性蜈蚣则有1对退化的生殖肢和阴茎。另外引种时要注意药用蜈蚣的地域性特点，当地有种不要跑到外地引种。蜈蚣有时会发生以强凌弱现象，因此在同一池内饲养的蜈蚣，最好是同龄的种群。

2. 交配

蜈蚣生长3年后性成熟，才能交配。交配期一般在5—9月，大多夜间交配，也有的在清晨、傍晚时交配。交配时公蜈蚣爬到母蜈蚣的一侧背面，一侧步足全部翘起。交配一次可连续产几年受精卵。

3. 产卵

母蜈蚣一年产卵一次，每年春末夏初是蜈蚣的产卵期。每条雌性蜈蚣一般产卵量为20～60粒，大多为40～50粒，少数为10粒以下。产卵前蜈蚣腹部紧贴地面，自行挖掘浅的洞穴。产卵时蜈蚣身体扭曲成“S”形，卵从生殖孔一粒一粒成串产在自行挖好的浅穴内。在无外界惊扰的情况下，产卵过程需2～3h。产完卵后随即侧转身体，用步足把卵托聚成团，抱在“怀中”孵化。

4. 孵化

蜈蚣孵化时间较长，20d左右出壳，45～50d后才能离开母体独自生活。在整个孵卵期间，母体早已蓄足养料，不必给食，否则易造成卵或幼虫被食物污染而被母体食掉，影响孵出率和幼虫成活率。

蜈蚣在产卵或孵卵期间，若受外界惊扰，就会停止产卵，并把已产出的卵或在孵化中的卵全部吃掉，这就是所谓蜈蚣的“保护性”反应。蜈蚣食卵后多能重新产卵和孵卵，但使蜈蚣的产卵期和孵化期大大推迟，且产卵少，孵出率不高，影响蜈蚣的产量和质量。因此人工养殖蜈蚣时，在蜈蚣产卵和孵卵期间，应保持周围环境的安静，避免强光照射，切忌惊扰，或在母蜈蚣产前适时将其分出在玻璃瓶或独立空间单独饲养，当幼蜈蚣能离开母体独自活动后，为避免“残幼”问题的发生，应及时将母体分出饲养，这是养殖管理中必须注意的事项。孵化期间，一般温度应控制在25～32℃，湿度应控制在50%～70%。

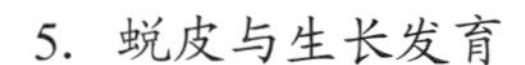

5. 蜕皮与生长发育

蜈蚣属甲壳类的节肢动物，体表覆盖有几丁质的甲壳，限制了本身的进一步生长发育。为了摆脱甲壳对进一步生长发育的限制，所以蜈蚣在生长发育过程中要蜕皮数次（从受精卵到性成熟需蜕皮11次）。每蜕1次皮，身体就增长1cm左右。在胚胎发育中要蜕皮3次，成体每年蜕皮1次，个别蜕皮2次。

蜕皮多在盛夏或产卵后进行，蜕皮前体色改变，行动迟缓，不吃食物，视力和触角能力减弱。蜕皮时由前向后逐节进行，最后蜕出尾足。蜕下的旧皮呈皱缩状，拉直时是一具完整的蜈蚣躯壳。每蜕1次皮需要2h左右才能完成。蜕皮时切忌惊扰，否则会延长蜕皮时间。人工养殖的蜈蚣蜕皮时还要防止成群蚂蚁对它趁机攻击，否则易被蚂蚁咬伤、咬死。

四、蜈蚣的饲养管理

（一）饲养密度

蜈蚣喜群居，饲养蜈蚣的密度，根据节气、虫型、沙土的厚度及气温的高低不同而有所区别。气温低、沙土较厚时，饲养密度可以高些；反之气温高、沙土薄时，饲养密度要稀些。离开产房的幼蜈蚣每平方米以养殖6 500条左右为宜，5cm长的养殖3 500条左右为宜，7～10cm的可养殖2 000条，12～13cm的以养殖1 100条为宜，15cm以上的养殖600条为宜。蜈蚣产卵孵化季节，应将雌、雄分缸饲养。

（二）空气温度和湿度

如果是室内喂养，要经常注意湿度和温度的变化。湿度过低，蜈蚣容易干枯而死，夏季高温、高湿，蜈蚣也容易突然死亡，湿度以60%～70%为宜。蜈蚣适宜生长的温度为25～32℃，温度过高要及时通风散热，若低于0℃则要采取一些保温措施等。

（三）对池土的要求

夏季偏湿，春秋和冬季偏干，饲养池周围环境相对湿度应保持在70%左右，池内湿度控制在15%～20%。如池土过湿，应考虑更换池土或在池内撒一些干燥土吸去潮气。

（四）饲料要求及饲喂方法

要使蜈蚣正常快速成长，需注意饲料搭配多样化，以满足蛋白质、脂肪、矿物质等营养需要。可以用蛙类、泥鳅、黄鳝、蚯蚓、昆虫等为精料，辅以草根、树叶、蔬菜、瓜果等粗料，最好把食物切碎做成糊状，以免造成浪费。蜈蚣一般每隔2～3d喂一次。活动期每天喂一次，投食量可视季节而定，春、夏蜈蚣活动量大，应多放，晚秋、初冬则可适当减少，孵化期间不需要喂食喂水。喂食的时间是每天下午4时30分到6时。喂食后的次日早晨须将残余食物清理掉，注意食物一定要新鲜，腐败的食物不能喂。蜈蚣投喂饲料可参照下列配方：各种昆虫类动物70%，熟土豆20%，碎青菜或面包屑10%；各种畜禽类或其他动物的肉泥70%，鱼粉或蚕蛹粉20%，青菜碎片10%。每天在喂食的料槽内放置盛有清水的小碟盘，供蜈蚣饮用。

（五）四季管理要点

1. 春季

气温达到15℃以上，蜈蚣开始活动，可用葡萄糖和奶粉水给蜈蚣饮用，气温达到20℃时用多汁小虫饲喂，超过25℃应增加精粗饲料投喂以满足蜈蚣旺盛的生命需要。

2. 夏季

气温达到25℃以上，是蜈蚣生长发育最旺盛时期，除保证高蛋白饲料的足量供应外，还要注意洁净饮水的足量供应和及时清理剩余饲料，保证卫生，降低消化道疾病的发生率。

3. 秋季

入秋后气温开始下降，此时要注意稳定气温和湿度，让蜈蚣在适宜的温、湿度中生长发育，特别是幼体蜈蚣离开母体独立生活也在此时开始，所以要保证高蛋白饲料的足量供应，以促进幼体生长。

4. 冬季

当气温降到15℃时蜈蚣开始冬眠，此时除做好养殖区的保温、保湿工作外，可在蜈蚣藏身的瓦片、砖堆上覆盖几厘米厚的细土，保证养殖区温度不低于0℃，当气温回升时可以适时通风。

五、蜈蚣常见疾病的防治

（一）绿僵菌病

该病俗称绿霉病，是人工养殖蜈蚣的主要疾病。在6月中旬到8月底，由于气温高，湿度大以及食物发生霉变，蜈蚣容易受到绿僵菌感染而得此病。受感染的蜈蚣早期主要是在关节的皮肤上出现黑色或绿色的小斑点，以后逐步扩大，继而体表失去光泽，腹部下面出现黑点，食欲减退，行动呆滞，最终因拒食而消瘦死亡。

防治方法：清除霉变的食物，喂新鲜的食物，保持好养殖池内的卫生，并进行消毒灭菌；调节养殖池内的温、湿度，保持通风散湿；对发病的蜈蚣可用青霉素0.25g加水1kg喷雾消毒或加水饮用；可用食母生0.6g、土霉素0.25g、氯霉素0.25g，

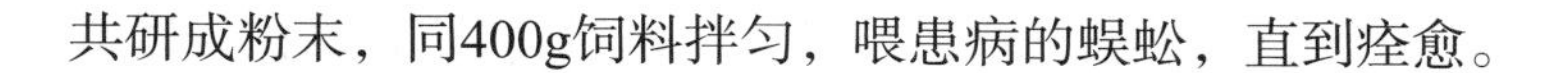
共研成粉末，同400g饲料拌匀，喂患病的蜈蚣，直到痊愈。

（二）胃肠炎

该病多发生在气温偏低而潮湿的季节以及在气温高、饲料残渣腐败变质的季节。病早期蜈蚣头部呈紫红色，毒钩全张，腹泻，少食或不食，体弱消瘦，发病5～7d后死亡。

防治方法：保持饲料新鲜和饮水清洁；清池消毒；将0.5g磺胺粉用300g饲料拌匀，另用氯霉素0.25g、饲料300g，拌匀，隔1d饲喂。

（三）脱壳病

该病由于蜈蚣栖息场所过于潮湿，空气湿度大和饲养不善，饲料营养不全，脱壳期延长，使真菌在躯体寄生引起。初期表现不安，来回爬动或几条蜈蚣绞在一起，后期表现无力，行动滞缓，最终因不食不饮而死亡。

防治方法：注意改善养殖环境，及时隔离病蜈蚣和清除死亡蜈蚣；用土霉素0.25g，食母生0.6g，钙片1g，共研成细末，同400g饲料拌匀，连喂10d即可痊愈。

（四）消化不良

消化不良是蜈蚣消化道机能发生障碍的一种生理性疾病，是由于饲养管理不良如投喂饲料不正常，时多时少，或饲料发霉变质而引起的。饲养土温度偏低，饮水温度太低也容易引起此病。患病蜈蚣因为消化道中滞留了过多的饲料，并在肠内过度发酵而产生大量的气体，使得蜈蚣的肚大似腰鼓，腹部凸起，活动迟钝，采食停止，严重时也会因过度膨胀而死亡。

防治方法：认真检测饲养池中的温度，当温度下降时适当加温；用酵母1g，奶粉5g，100ml温水调好后给患病蜈蚣饮用，每日一次，治好为止；10g蒜汁，100ml温水调好后给患病蜈蚣饮用，每日一次，痊愈为止；平时加强饲养管理。

（五）蚁害

蚂蚁是蜈蚣蜕皮和产卵孵化期的最大敌害，正在蜕皮或产卵孵化期的蜈蚣抵抗能力弱，此时蚂蚁进入后会群起而攻之，致使蜕皮时的蜈蚣被咬死，或使母蜈蚣丢弃孵化中的卵逃走。这种情况主要发生在室外养殖，室内养殖只是偶尔发生。

防治方法：在养殖池周围挖一圈围沟，注入水，防止蚂蚁入内，可用水果或其他甜食等把蚂蚁诱引开后消灭。

六、蜈蚣的采集与加工

（一）采集

一般在7—8月采集，主要捕捉雄体和老龄雌虫，以雌性个体腹中无卵为原则，否则在加工时难以烘干，且易生虫腐烂。捕捉蜈蚣可先用木棍将蜈蚣轻轻压住，然后用食指准确地重按头部迫其腭张开，再用拇指与中指捏住头部，迅速投入容器内，也可用竹夹或铁夹捕捉。捕捉时如被其蜇伤，被蜇处会剧烈疼痛，可用氨水或花露水涂抹，也可用鸡蛋清或清凉油涂抹，或用大蒜捣烂外敷。

（二）加工

蜈蚣的加工较简单，先将蜈蚣放入热水中烫死，用手指从头到尾挤出肠内物，取与蜈蚣等长的两端削尖的薄竹片，一端从腹面插进蜈蚣头部，另一端插进尾部，撑好理直，再用薄竹片按5～10条一排夹好，在阳光下晒干或用文火在瓦片、金属板上烘干均可，但要尽量避免折头断尾。如不慎有头、尾、肢脱落，也可收集起来一并销售，其药用价值不变。干燥后不要去竹片，以50条为一包，用薄绒纸包好放在缸内存放或用木箱包装。贮藏期间，应放在干燥处，并在箱内放一些樟脑或花椒，以防虫蛀。

第五节　蚂　蚁

鼎突多刺蚁（*Polyrhachis vicina*）属于昆虫纲、膜翅目、蚁科昆虫，也称拟黑多刺蚁、黑蚂蚁，其全虫可以入药，药材名为玄驹或黑蚁。蚁体和卵可以鲜用，也可焙干后用，鼎突多刺蚁是目前研究最深入的一种药用蚂蚁。

一、蚂蚁的药用与经济价值

（一）黑蚂蚁

性平味咸，能消肿解毒。主治蛇咬伤、疔毒止痛。蚂蚁具有镇静、镇痛、抗炎、抗风湿、抗癌、护肝、平喘、补肾、健脾、活血化瘀、祛风散寒等多种药理功效，还具有抗衰老、提高免疫力的作用。适用于类风湿，对气管炎、哮喘、肺结核等呼吸系统疾病有一定疗效。也可适用于肝炎、肝硬化、肝腹水，胃病、消化不良、植物神经紊乱的辅助治疗。

（二）蚁卵

性平味甘，功能益气催乳。主治病后气力不足、产后缺乳。

蚂蚁是地球上数量、种类最多、分布甚广、社会性生活的昆虫。我国已知就有400多种，其中可供药用的蚂蚁有10多种，常见的可入药的蚂蚁种类有：鼎突多刺蚁（拟黑多刺蚁）、红蚂蚁（竹筒蚁）、红尾猛蚁、树蚁、红胸多刺蚁、黑山蚁（大黑蚂蚁）、赤山蚁以及分布在吉林、黑龙江、内蒙古地区的血红蚁、长白山红蚂蚁、长白山黑蚂蚁等。当前我国各地普遍饲养的种类为鼎突多刺蚁，广泛分布于我国广东、广西、贵州、福建、浙江等长江以南广大地区。此蚁是目前我国唯一的一种已得到卫计委认可，可作为食品新资源用于保健食品、中药保健品的蚂蚁。

蚂蚁具有极高的药用价值和食用价值。我国周朝的《周礼·天宫》中就记载了当时人们采集蚂蚁并制成酱，作为珍品供皇帝享用。《本草纲目》不但记载了可食用蚂蚁的种类、形态、生活习性，而且对蚂蚁的药用功效做了较详细的说明，可见自古以来蚂蚁不但是治病的良药，而且是非常珍贵的保健食品。近代医学家和营养学家研究表明，蚂蚁可以提高人体免疫功能，它的蛋白质含量高达42%～67%，并且含有26种游离氨基酸以及锰、锌、硒等28种微量元素，还含有维生素B_1、维生素B_2、维生素B_{12}、维生素E等，是一座微型的营养宝库。自1992年卫生部正式将鼎突多刺蚁列为食品新资源后，蚂蚁的养殖和产品开发成为我国保健食品行业的一个热点，市场上出现的蚂蚁产品种类繁多。随着对蚂蚁的成分及临床药效的进一步研究，其产品开发前景将更为广阔。

二、蚂蚁的生物学特性

（一）形态特征

黑蚂蚁一生经历卵、幼虫、蛹和成虫4个时期。成虫具有多型现象，分为雌蚁（蚁后）、雄蚁（蚁王）和工蚁3种。

1. 卵

长0.9～1.0mm，宽0.4～0.5mm，初产时粉红色、椭圆形，后渐成乳白色。卵粒常数十粒聚集在一起，呈疏松球状体。

2. 幼虫

初孵幼虫体长1.0～1.2mm，宽0.8mm左右，长椭圆形。以后虫体渐长成圆锥形，体前端尖细，弯曲成钩状。成熟幼虫长7～10mm，宽2.0～2.5mm。前期幼虫常群聚，长大后渐渐分散。

3. 蛹

幼虫成熟后，吐丝结茧化蛹，茧棕黄色，椭圆形，长6～8mm，其中雌蚁茧较大，雄蚁和工蚁茧较小；蛹为裸蛹，体长5～6mm，宽约2mm，复眼红色，前期体乳白，后期渐成黑色。

4. 成虫

体黑色，具光泽，密被古铜色或金黄色刚毛。

（1）工蚁。雌性，无翅，体较粗壮，胸部相对较小，体长5.5～6.5mm。复眼圆形，触角膝状12节，下唇须4节。胸部圆而凸起，前胸刺向前外方下弯，胸腹节刺无钩。足细长，胫节内方具1列短刺。柄腹的结节高，前面平截，后面凸出，左、右剑角各具1跟刺，随腹部体型而弯曲，二刺间中央具钝齿3个，一前二后成鼎足状排列，鼎突多刺蚁即具此特征取名，腹部第一节比第二节长。

（2）雌蚁。体粗壮，胸部特别发达，体长7.5～8.5mm。触角13节，前胸背板、胸腹节及柄腹结节各有1对刺状凸起，但不如工蚁那么明显突出。初羽化时具2对翅，交尾后翅脱落。

（3）雄蚁。体较纤细，胸部发达，腹部末端较尖，体长6～7mm。触角14节，前胸背板无刺状物，胸腹节背面刺状物不明显，柄腹节背面1对刺状物较明显，具2对翅，翅不脱落。

（二）生活习性

黑蚂蚁1年繁殖1代，以雌蚁、雄蚁、工蚁、幼虫和卵越冬。次年春天气温回升后，卵和幼虫开始正常发育，5月出现工蚁的蛹，成龄工蚁5—11月出现，工蚁终年存在于蚁巢中。雄蚁在8—11月羽化，寿命为6～9个月。雌蚁只在10月羽化，10月下旬雌、雄蚁交配，雌蚁婚飞交配后，入蚁巢并脱翅成蚁后，同一蚁巢中有多个蚁后。无翅的雌蚁终年存在于蚁巢中，进行产卵，产卵高峰在5—6月和8—10月。室温26～27℃，各发育的时间为：卵（23.8±2.5）d、幼虫（20.4±4.4）d、工蚁蛹（19.0±5.5）d。

蚂蚁为社会性昆虫，有营巢习性，在野外分布于丘陵地区温暖向阳的阳坡，大多位于地面上的禾本科草丛。巢多不规则形或近圆形。由幼虫所吐的丝将植物残体、虫尸、泥沙等黏结构成，巢表面有数个出入孔，巢内分许多层及小室，孔道交错。根据蚁巢解剖结果，巢内蚂蚁总数在数百只至数万只不等，其中幼蚁（卵、幼虫、蛹）约占30%、成蚁约占70%。

工蚁负责觅食、哺育后代、筑巢；雌蚁、雄蚁负责繁殖后代。蚁后在繁殖季节每天可产卵30粒左右，每巢蚁年繁殖量大约5巢，其繁殖量在很大程度上受食物条件、环境因素、气候的影响。工蚁每年4月开始筑造新巢，常常将巢筑在近地面的茅草丛中。夏季由于南方雨水偏多、空气湿热，工蚁常将巢筑在马尾松的树枝上，有时高达2～3m，甚至高达6m。

鼎突多刺蚁主要取食活的或死的昆虫，如松毛虫、卷叶螟等农林害虫以及蚜虫和蚧虫的分泌物；有时也能取食蜘蛛及其他脊椎动物，如鸟类、鼠类等的尸体；也

采食植物花粉、花蜜、果实汁液等。

三、蚂蚁的人工养殖技术

（一）养殖场建设

场地选择远离闹市区、公路，背风向阳，空气流通，易于保温的房间作饲养室，同时要求清洁、无杂物堆放、无农药污染，且无螨、蝇、蟑螂、鼠、蛇等侵扰。房间必须配备纱窗、纱门，以防通风时天敌入侵。

（二）养殖技术

蚂蚁属完全变态昆虫，一生由卵经幼虫期和蛹期变为成虫。蚂蚁在4—9月交配，若温度20℃以上，可全年交配。蚂蚁交配后8～21d开始产卵，第一批卵200～300粒。卵约14d经数次蜕皮变成小工蚁。卵、幼虫及蛹形态相近，不易区分。蚂蚁是营群居生活的，以一窝为一个家庭，有蚁王、蚁后、工蚁、兵蚁等，一般有500～2 000只，最多达万余只。每到一定时期新生产出一批“繁殖蚁”，每对繁殖蚁可组成一个新蚁群，一年可繁殖分出15～25窝。

（三）引种

种蚁的采集可分为野外采集和直接引种两种方式。

1. 直接引种

主要指从外地养殖场或种蚁场直接购进本地所没有的种蚁品种。从外地引进种蚁要考虑到本地自然条件和人为条件，看能否满足新引进种蚁所需生活环境的要求，还要先做试验性饲养，而不能盲目地大规模养殖，在此过程中人为控制很重要。

2. 野外采集

野外采集是指根据市场信息，选择市场需要且药用价值较高，本地又有分布的蚂蚁种类适时采集。最好在春末、夏初进行，此时气温高、湿度大、食物丰富，有利于蚁群的定居、繁殖、分巢。

（1）取巢方法。一般使用双层塑料薄膜袋采集蚁巢，取巢可采用两种方法：一种是套袋法。先将巢体周围障碍物轻轻剪除，再套上布袋剪下蚁巢。另一种是砍取法。利用蚂蚁受惊出逃，平静以后归还原巢的习性，先用利刀砍下巢体，再将巢放原处5min左右再装袋。取巢最好在阴雨天进行，此时蚂蚁基本在巢内。

（2）保存。采来的蚁巢需长途运输的应放于开口的笼、箱内，口上蒙上尼龙纱，容器底部放少许湿土保湿，并投少许活体昆虫、稀糖水等食物。

（3）运输。蚁巢运输途中装车不能堆压，应立即运输，并防日晒雨淋。在调动蚁种时还要注意蚁群质量，一般蚁多、窝大的老巢较好，新巢、小巢因巢体薄且蚁少，运输时容易受损伤，引放效果差。

（4）放蚁方法。①将蚁巢直接放进林地、蚁岛等饲养场所，林地放养一般放置在茅草丛、灌木丛基部，雨季可挂、绑在树杈上。②将蚁巢放林内或蚁岛内并适当撕碎，以促进蚁群分巢。放蚁初期需补充一些饲料、糖水，能提高引放效果。放巢点可插上竹竿等做标记，便于观察。③采用笼养、箱养等封闭式养蚁方法，投放种蚁要合理掌握密度。

（四）养殖方式

1. 小沟阻隔（岛式）养殖法

此方法需要专人管理、投放饲料昆虫等，成本较高，适用于小规模的繁种、保种及试验观察。其具体方法是选一片无污染的土地作为养蚁区，四周开沟，养蚁区划成每块长、宽各为2m左右的方块——蚁岛，蚁岛之间开成沟渠，各蚁岛沟沟相连，沟壁高15～20cm、间距20cm左右即可。水沟内需常年灌水，用水阻隔蚁群逃逸。蚁岛内填的饲养土以含腐殖质较多、疏松透气、营养丰富的菜园土为好，切忌使用刚施过农药、化肥的泥土。饲养土的厚度一般为10～15cm。蚁巢摆在地面并覆土少许，每一蚁岛放2～3个蚁巢，巢外适当加盖土瓦、植物秸秆（如稻草、麦秆等）。为了充分利用空间，可采用立体养殖，在蚁岛内放置多层饲养架或用砖砌成烟囱状（中空并有许多空洞），在架上及孔洞中放置稻草、麦秆等筑巢材料。

2. 室内封闭式养殖法

在室内用塑料薄膜搭长、宽、高为4m×3m×2m的条式密封棚（棚可大可小），在密封棚对着房门的一侧，留一卷帘式出入门，卷帘用塑料薄膜做成。密封棚内用砖砌一道深10cm，宽20cm的环绕式水槽，槽用水泥砂浆抹好缝灌上水，水槽外留一人行道，以便进行观察蚂蚁的活动情况。水槽围成的空阔地四角立4个高1.7m的柱子，利用柱子搭架，层与层之间距离约30cm，每层架面要平，在架面上铺一层塑料薄膜，再撒一薄层细土，将蚂蚁放在架面上。此方法有一定难度，不容易成功。

3. 橱式养殖法

用木条制作一个橱柜式的饲养笼，大小可根据空间来定，除笼底用木板或铁皮外，其他几面用铁纱密封，在一侧留一可推拉的门，便于操作管理，笼内可用木条分隔成多层，饲养笼在冬季可以采用棉被等保暖。笼底铺放少量饲养土和一个盛水的塑料盘，盘中的水要经常更换。此种养殖法需要人为投放饵料，管理过程中要防止蚂蚁外逃。

4. 床式养殖法

先用水泥、钢筋制成水泥板，长短根据实际而定。在室内用砖头砌成床壁、床架（做蚁窝底脚用），然后将预先做好的水泥板放置在床架上，再在水泥板上隔成100cm×50cm×40cm长方形的池子。池前面用玻璃作挡板便于观察，其他三面用木板，上面配上活动的纱盖。在纱盖中间装上能拉的活动小纱门，便于操作和喂食。在纱盖四周要密封，以防蚂蚁外逃。池底铺上10～15cm腐殖土、树叶等，中间放置食盆。腐殖土湿度为10%～15%。

5. 缸式养殖法

用高1～1.5m的缸，缸底部铺上10～15cm的腐殖土、树叶等，以保持湿度，避免积水。缸盖用塑料纱窗制成或用纱布直接遮盖，以防止蚂蚁外逃和有利通气。在缸里高20cm处放一圆形挡板（根据缸门的大小，用木条钉成的形似蒸架式的木条框）。在上面铺上一层纱布，再把蚂蚁窝置放上面，中间放上食盆。

四、蚂蚁的饲养管理

（一）蚂蚁的饲料

鼎突多刺蚁为杂食性昆虫，麸皮、玉米面、花生饼、果核；蚕蛹、地鳖虫、黄粉虫、蚯蚓、蜘蛛；猪、牛、羊、鸡的肉渣和骨头；鱼粉、饼干、剩饭、米粒等都是它的食物，也可自配饲料。

配合饲料：琼脂5g，鸡蛋1枚，蜂蜜62ml，复合维生素249mg，微量元素123mg，对羟基苯甲酸甲酯0.64‰，对羟基苯甲酸丙酯0.16‰。先将琼脂溶于250ml沸水中，其余成分用250ml水溶解，并用搅拌器以2 000转/min，搅拌3min后将琼脂液倒入搅拌均匀，分装于培养皿中，凝固后切18mm见方小块备用。

（二）饲喂

蚂蚁食量很小，10万只1d食量约100g。饲料要少喂勤添，以吃光即喂，九成饱为度，饲料要新鲜，应不断变换饲料品种。在喂蜜糖等液体饲料时，一定要稀释，投放点多而分散，每点投放量要少，以免淹死蚂蚁。

（三）环境控制

室内饲养室温度应控制在15～45℃为宜，空气湿度保持90%～95%，土壤湿度10%～15%。土壤每2～3个月换一次，新土要经晒、烫、炒、筛，取细土用。夏季室外饲养要注意遮阴，一般采用种瓜类植物，使藤蔓长在架子上的办法，此法还可招引蚜虫取食，效果较好。

（四）春季管理

春天当平均气温达到10℃以上时，蚂蚁便逐渐从冬眠中醒过来。这时蚂蚁一般在白天中午气温高时出来活动觅食，早晚仍钻入土中。蚂蚁经过冬眠期身体较弱，这一阶段要喂以柔软多汁、营养丰富的食物。如煮熟的小杂鱼、水果皮、炒香后加糖水调湿的麦麸或米糠等。开始时要根据蚂蚁的活动和数量情况，宜少喂些；以后随着气温增高，蚂蚁的活动量增加，3月底4月初，蚂蚁的活动取食都可恢复正常。这时越冬的蚂蚁在蚁后的带领下，回到原来的巢里，进入生长繁殖期。蚂蚁对巢的要求很讲究，在冬眠期有相当一部分蚁巢被损坏或松动，对这些蚁巢蚂蚁一般弃之不用，营造新巢。为了增加蚂蚁口腔分泌物构筑新巢，在上述饲料中应加入1%左右的琼脂屑。

经过一冬后蚂蚁饲养场地一般都较干燥，这时要喷水调湿，蚁巢上也要喷上些水。以后在晴朗和干燥天气，每2d用喷壶给蚁巢洒水一次，但不宜淋得太湿，以手摸蚁巢经常保持有湿润感为宜。

（五）越冬

蚂蚁抗寒能力差，因此蚂蚁做的窝，质地坚固松软，有一定保温作用。冬季只要饲养室内保温适当并防止敌害侵入，蚂蚁就能安全越冬，如果冬季保持饲养室温度在25℃左右则可进行冬季饲养，提高蚂蚁产量。南方越冬期，蚁巢一般仍可在室外越冬，但需在巢外加盖稻草、麦秆，再盖上尼龙薄膜保暖。北方地区需进入温室或塑料大棚保暖越冬。加温的方法有：电灯取暖法，棚上悬挂白炽灯泡，功率因房间大小而定；火炉取暖法，用木屑炉、煤炉等加热，通过烟道对蚁室加温。

五、蚂蚁常见病害的防治

蚂蚁的自然天敌很多，有哺乳动物、节肢动物，如隐翅虫科的一些甲虫不仅盗食蚂蚁食物，还凶残地杀死工蚁。有一种蝶类的幼虫专门取食蚁卵和蚂蚁幼虫，在蚁巢中化蛹，直至羽化为成虫翩然而去。我国大兴安岭的狗熊有冬眠习惯，开春后就地舔食蚂蚁增加营养，增强体质。鸡和其他家禽和动物（如穿山甲）喜食蚂蚁成虫、蚁卵、幼虫和蚁蛹等。这些天敌的防治主要采取人工防除的方法解决。蚂蚁受真菌侵害后也会患病死亡，可用灰黄霉素等相应的抗真菌药防治。

六、蚂蚁的采集与加工

除越冬期外，其他时间都可采到，但相对来说9—10月蚁群较集中，空巢较少，此期蚁体内养分积累也较多，采集的蚂蚁质量较好。人工养殖的蚁群一般也在此时采集，采集蚂蚁方法主要有两种。

（一）捕捉法

此法与采种技术中介绍的方法一样，将蚁巢直接取下或用刀砍下巢体，将巢装入口袋中，蚁群受惊出巢即用冷水淹死，然后晒干或烘干，也可封闭在塑料袋内放在阳光下暴晒。养蚁场采蚁时，一般将蚁巢装入口袋后，用手拍几下，待蚁群大部分出巢后，留下一定数量的后代，并将巢取出放回原址作种用。

（二）诱集法

人工养蚁大多采用此法，一般用一块大塑料布铺在蚁群经常出入的地方，上面洒上糖水或蜜，当大量蚁群聚集在塑料布上取食时，用毛刷迅速扫入小簸箕里，装在小塑料袋内，扎紧袋口，窒息而死，晒干即可。采收得到的蚁干，去除杂质后装入麻袋或布袋，存荫凉干燥处。但蚁卵、幼虫、蛹含水分较多，不易晒干，易变质，宜与成蚁分开保存和包装，最好放在食用酒精中浸泡保存或放入盐、糖，加工成蚁酱。

（三）加工

1. 蚂蚁

将采集的蚂蚁放入盛水的容器桶内淹死（切忌用开水烫死蚂蚁）后，捞出，晒干或烘干，保存备用，保存时注意防潮变质。蚂蚁也可以浸酒保存。

2. 蚁卵

蚁卵含水分多，易变质，注意保存好。最好是将收集的新鲜蚁卵用清水漂洗干净，放入糖或盐加工成酱，可保证蚁卵的营养和疗效不会受到损失。

第六节　地鳖虫

地鳖虫（*Eupolyphaga sinensis*）又称土元、土地鳖、地乌龟等。在动物学分类上属于节肢动物门、昆虫纲、蜚蠊目、鳖蠊科、地鳖属，是一种常用的药用昆虫。地鳖虫在我国分布甚广，常见品种有中华地鳖、冀地鳖、金地鳖，其中分布最广、药用价值最好、进行人工饲养最为普通的为中华地鳖。

一、地鳖虫的药用与经济价值

地鳖虫性寒、味咸、微毒，有逐瘀、破积、通络、催乳、补肾、理伤的作用，主治关节炎、腰腿痛、跌打损伤、骨折、妇女血滞闭经、瘀血腹痛等症。地鳖虫作为药用昆虫有近2 000年历史了，中成药如人参鳖甲丸、迫风丸、除伤消、跌打丸、消肿膏、七厘散及数量众多的骨科配方中，地鳖虫均为主要成分，这些成药畅销国内外市场，享有盛名。目前与地鳖虫配伍的中成药已达200多种。近年来人们对地鳖虫药用价值又有了新的认识，现代医学证明地鳖虫对白血病、癌症等有一定疗效，并有可能作为一种预防肿瘤、癌症的食用昆虫。地鳖虫药用范围渐趋宽广，治病疗效安全可靠。

在食用方面，地鳖虫以其高蛋白、低脂肪以及神奇的医疗保健作用而备受人们的欢迎，许多高级宾馆、饭店常用地鳖虫做高级菜肴。还研制开发了“中华地鳖胶囊”“金鳖油”等保健品。

地鳖虫在国内外市场都有销路，也是我国出口创汇的中药材之一。以往主要靠野生药源满足市场，近年来随着化肥农药的污染，农村土坯房的消失等，其野生资源日益枯竭，远远满足不了国内市场和出口创汇的需要，因此地鳖虫的人工养殖得到了普及和推广，产生了巨大的经济效益和社会效益。

二、地鳖虫的生物学特性

（一）形态特征

地鳖虫雌、雄异体。中华地鳖雌虫长约3cm、宽约2cm，身体呈椭圆形，上下扁平，背部黑色而且有光泽，腹面深棕色也具光泽；头小，向腹面弯曲，隐于前胸；1对复眼较发达呈肾形；1对触角呈丝状，长而多节；咀嚼式口器；前胸扩大如盾状，前狭后阔；背上有横节，覆瓦状排列；有足3对，尾须1对。雄虫体长略小于雌虫，体呈浅褐色无光泽，前胸呈波纹状。有2对较发达的翅，前翅革质，后翅膜质半透明，折叠于背部，而雌虫无翅。药用地鳖虫是指雌虫而言。

（二）生活习性

1. 栖息环境

在自然环境条件下，地鳖虫喜欢栖息于安静、阴暗潮湿的环境里，多见于粮仓底下、油坊、厨房、畜禽棚舍等泥土疏松、富含有机质并有一定湿度的地方。白天躲在黑暗处，夜间出来活动、觅食，每天觅食时间在晚上7—12时，活动在8—11时达到高峰，之后就很少，大多回原地栖息。

2. 食性

地鳖虫是杂食性的昆虫，食物多样，常见的有各种蔬菜的叶片、根、茎及花朵；豆类、瓜类等的嫩芽、果实；杂草中的嫩叶和种子；米、面、麸皮、谷糠等干

鲜品；家畜、家禽碎骨肉的残渣、昆虫等，甚至畜禽粪便，均可被其利用。在食物不足或密度过高的情况下，会相互残食。

3. 生长条件

地鳖虫是一种喜欢温暖又能忍耐低温的变温动物。生长发育适宜温度范围为15～35℃，最适宜温度为20～30℃。温度低于15℃，活跃不起来，行动迟缓，随着气温升高至15～37℃，活动便频繁起来，而35℃以上显现出兴奋的状态，在40℃以上生长受到抑制，温度升至45～50℃则会死亡，而低于15℃潜伏起来不再活动，降至5℃时则停止活动，0℃以下便处于僵硬状态。地鳖虫生长发育要求空气相对湿度为70%～75%，土壤湿度为20%左右，湿度过低，生理活动和生长发育就会受影响，甚至会死亡。地鳖虫任何一个发育阶段都离不开土壤这个特殊的生态环境条件，地鳖虫在碱性或微碱性土壤中生活，其生长发育良好，在酸性土壤中则生长缓慢，甚至会死亡。

（三）繁殖特性

地鳖虫繁殖的第一个特性是变态，就是在它的一生发育过程中要经过卵、若虫、成虫3个阶段，历时1～2年，若虫与成虫除形态上不同外，其他的生活条件基本相同，属于不完全变态昆虫。

第二个特性是蜕皮，即地鳖虫在生长发育过程中要不断蜕去表皮的角质层。由于地鳖虫在生长发育过程中，体表的角质层不能随着虫体的长大而长大，为了不阻碍生长发育，地鳖虫就必须蜕去角质层。每蜕去一次旧的角质层，虫体就长大一次，新的角质层也随着长出来，地鳖虫就是这样经过一次又一次蜕皮，虫体不断长大起来。在生产实践中，人们就以地鳖虫蜕皮的次数来划分虫龄，刚孵化出的幼虫为一龄若虫，每蜕皮一次增加一龄。一龄若虫生活10d左右便蜕皮一次，随着虫龄增加，虫体增大，蜕皮日期逐渐加多，一般16～18d蜕皮一次。蜕皮的间隔时间与虫体的大小、性别及饲养管理好坏有关，一般是虫体小、雌虫及饲养管理好的，蜕皮间隔时间短；反之间隔时间长。

三、地鳖虫的人工养殖技术

（一）养殖方式

地鳖虫的养殖分为大规模养殖和小规模养殖两种，大规模养殖有池养和立体式养殖，小规模养殖常采用缸养和盆养。

1. 池养

池养是在室内建池养殖。养殖室宜选择在地势高、地下水位低、坐北向南、背风向阳，且较偏僻安静处。面积大小应按养殖量而定，高3m左右，屋顶为瓦盖或水泥预制板，四面开有通风窗，前面开门，并安上纱窗、纱门。养殖室建好后可在室内建养殖池，池的大小由养殖量和养殖室的面积而定，一般是沿着四壁建池，中间留有0.5m人行道。池深1m，0.5m建于地下，0.5m露出土面，底层和四壁用砖砌，用水泥抹平。池顶除留出投喂饲料处安装活动木板外，其余用水泥板盖严，不留有任何空隙，但要留有通气孔，盖上铁纱罩。养殖室面积大，可把池建成数格，每隔1～$2m^2$。然后在池底铺放石子、湿土和饲养土即可放养。

2. 立体式养殖

立体式养殖是一种多层立体养殖池。在室内靠墙的一面建造起多层的台式养殖池，以墙壁为后墙，两边用砖砌高2m左右，并用水泥粉刷光滑。每层池一般长1m、宽0.5～1m、高30cm，用水泥板隔开，每层再分成若干小格，每小格前面用木板做成能开关、能通气的活动门，然后在其中铺放养殖土，便可进行养殖。

3. 缸养

选择内壁较滑，地鳖虫不易爬出，口径0.5m以上，深0.6～0.8m的缸做养殖用。用清水洗干净，放在太阳下暴晒进行消毒，然后放在室内适当位置。缸底先铺入5～6cm的干净的小石子，再铺7～10cm厚的湿土，整平压实，在缸中央插入一段口径为3cm的竹筒，作为灌水调节土壤湿度用。湿土上面再铺一层2.5～3cm厚的养殖土，在周围撒上石灰，防止天敌进入缸内危害地鳖虫。

4. 盆养

可选用内壁光滑的塑料盆，高度15cm以上，直径45～60cm，内置饲养土便可直接饲养。

（二）饲养土

饲养土又叫养殖土、窝土、窝泥，是地鳖虫养殖不可缺少的重要组成部分，因为饲养土是地鳖虫潜伏栖息的场所，每天约有一半时间生活在饲养土内，所以饲养土直接影响到其成活和生长发育。饲养土宜选择土质疏松，通气性好，富含有机质的菜园土、草皮灰、干牛粪混合拌均匀后用，这种土便于地鳖虫钻入土中和钻出土来取食、活动。饲养土事先必须经过处理，处理方法：把选好的饲养土在太阳下摊薄暴晒，然后用筛筛过，除去杂质和大的土块，筛出的土粒以米粒至绿豆大小为宜。或用生石灰1份、硫黄2份，加水4份入锅内拌匀后煮沸50～80min，然后用纱布过滤，取其液汁与饲养土湿拌均匀后，再摊薄在太阳下晒干，经上述处理，以消灭饲养土中的各种病菌和螨类。饲养土湿度在15%～20%为宜，就是用手握土成团，松手即散即可。但是忌用刚施过氮肥和喷过农药的土壤，以免造成地鳖虫中毒而影响生长或死亡。

（三）饲料

地鳖虫是杂食性昆虫，饲料来源广，种类多。为了促进其生长发育，获得高的产量，要在养殖过程中科学配制和合理投喂饲料。

1. 精饲料

通常是麦麸、米糠、玉米面、花生饼、豆饼、豆腐渣等，这类饲料含有丰富的淀粉、维生素及其他营养成分。在投喂时要炒香炒熟，并高压消毒，以增加地鳖虫的食欲。

2. 青饲料

青饲料是地鳖虫体内水分和维生素的主要来源。包括叶片、花朵和果实，常用的有白菜叶、芥菜叶、莴苣菜叶、苋菜叶、桑叶、南瓜花、丝瓜花、西瓜花、黄瓜皮、甜瓜皮、香瓜皮（瓤）等。投喂青饲料要保持新鲜、干净，绝不能用刚喷过农药的青饲料以免中毒。

3. 动物性饲料

主要是畜禽屠宰下脚料及蚯蚓、蟋蟀、蝼蛄等，是地鳖虫蛋白质、脂肪的主要来源。但不能使用腐败变质的动物性饲料，以防疾病发生。

（四）繁殖技术

1. 引种

可从其他养殖户或养殖场引进，也可捕捉野生地鳖虫作种虫。采集野生种虫在夏、秋两季夜晚进行，带手电筒或灯笼到地鳖虫喜欢生活的地方寻找捕捉。也可用饲料诱捕，在大口瓶之类的容器内装入炒香的糠麸埋到地鳖虫经常出没的地方，瓶口与地面相平，上面盖上乱草或树叶，地鳖虫嗅到香味进入容器内摄食而无法爬出，可取回容器捕获种虫。

2. 交配

雌、雄虫性成熟后，会在繁殖季节发情，雄虫会常常扑动翅膀，来回飞跑找雌虫，雌虫发情时腹部会发出一种特殊的香味，即性激素来诱导雄虫前来交配，当雄虫嗅到雌性诱激素后，会立即朝向雌虫飞速爬来与雌虫交配，交配一般持续半小时左右。一只雄虫在60d的生命中可以和5 ~ 8只发情雌虫交配，雌虫交配一次，终生能受精。

3. 产卵

雌成虫交配后7 ~ 8d便可产出受精卵。地鳖虫在适宜温度下，整个活动期都可以产卵，6—9月为产卵盛期。雌虫交尾1次就能陆续产卵，每隔4 ~ 6d产卵1次。由于雌虫阴道附属腺分泌出一种黏性物质，将产出的卵子粘在一起，形成卵块，称卵鞘。卵鞘呈肾形或豆荚形，长0.2～0.5cm，个别长达2cm，边缘有锯齿，刚产出的呈淡棕黄色，此后逐渐变为深褐色。一只雌虫一生可产卵鞘30～40块。通常卵鞘产在饲养土表层和近表层，卵鞘内紧密并排两行卵粒，总数10～16粒。地鳖虫产卵数量除与饲料营养有关外，还与温度有着直接的关系，所以应将室温调节在最适温度25～30℃。

4. 孵化

把卵鞘从饲养土中筛选出来，进行人工孵化。孵化时首先把挑选好的卵鞘与含水量20%的饲养土1∶1进行混合拌匀，然后放入陶瓷缸或盆内，表层盖上一层纱布，把孵化缸或盆放在阴暗、潮湿、暖和的房内，温度控制在30～34℃，相对湿度保持在70%左右，一般经过35～60d幼虫即可破壳而出。孵化期每天翻动一下饲养土与卵鞘，以便温度、湿度均匀分布，同时也加强了通气，有利于胚胎发育，保证出虫快、出虫整齐，便于饲养管理。同时要做好饲养土保湿工作，每隔4～5d需用喷雾器向陶瓷缸或盆内喷洒少量水，保持饲养土湿度为20%。

四、地鳖虫的饲养管理

地鳖虫在不同的发育阶段，需要不同的营养和条件，所以要分池管理，这不仅有利于地鳖虫的生长发育、方便管理和虫体的采收，而且可减少混养引起的相互残食。地鳖虫一般分为4种级别进行饲养管理，那就是幼龄若虫期、中龄若虫期、老龄若虫期和成虫期。

（一）幼龄若虫期

指1～3龄若虫，此时的虫体大小形似芝麻。刚孵出来时色白，蜕了2次皮后呈浅黄褐色，幼龄若虫期约2个月，是最难照料、最容易死亡的阶段，尤其是刚孵化出来的若虫，觅食和抗逆能力差，既不能栖息于饲养土的深处，又不能咀嚼普通的饲料。所以饲养幼龄若虫的饲养土宜细、疏松、含腐殖质要高，但湿度应偏小。此外饲养缸、盆等体积不宜太大，饲养土厚度以6～8cm为宜，饲养密度可达1kg/m^{2}饲养土左右。刚孵出的幼虫第一次蜕皮前，宜将含水量20%～30%的干牛粪，拌上一些切得极细的青绿料，均匀的撒在饲养土的表层中。幼虫经第一次蜕皮后，即开始少量摄食，但咀嚼能力、消化功能仍较差，应投喂易消化吸收的精饲料，如炒香的糠麸类加少量鱼粉或蚯蚓粉。此外，还可投喂切细的花、嫩菜叶、南瓜丝等，每1～2d投喂1次，每次喂量为1万只幼龄若虫喂0.5～1kg。饲料调制时要让精料尽量沾在青嫩饲料上，以利于幼虫采食并可减少精料掉入饲养土中而发霉变质，污染饲养土。

在饲养过程中，要及时清除饲养土上的饲料残渣和杂物，保持卫生，并定期洒水保持饲养土的湿度。平时要注意观察幼虫的生长速度，及时调整饲料和分群，同时应注意蚂蚁、螨等的入侵，一经发现应立即采取措施及早清除。

（二）中龄若虫期

指4～7龄若虫，经2次蜕皮后绿豆大小的若虫变成形似黄豆的若虫，生长期3个月左右。随着虫体的长大，活动能力逐渐增加，栖息在表层3cm左右的地方，下深至6cm左右，由土表层中开始出土觅食。采食量日渐增加，采食青饲料的能力和抗逆能力日益增强。

中龄若虫投喂的饲料可适当增加青饲料的比例，而逐渐减少精饲料的用量，饲料品种可多而杂，以保证营养全面。饲料的蛋白质含量不能低于16%，在这一时期内要适当增加钙、磷成分，以满足其蜕皮和生长的需要。饲料中还可添加1%的油渣及适量的鱼肝油、麦芽粉、酵母粉等增强食欲，促进消化。投喂饲料不宜撒在饲养土上而应放在饲料板或饲料盆上，这样既可防止浪费，又便于准确掌握中龄若虫的采食量，也便于把剩余的饲料及时消除，以免污染饲养土。喂料后饲料板或饲料盆应及时清洗、晒干，保持清洁，减少疾病的传播。

饲料配合时应注意饲料的种类要相对稳定，变换饲料宜逐渐过渡。中龄若虫一般每日喂1次，每次投喂量每万只虫精饲料4～5kg，青饲料5～6kg。

中龄若虫饲养密度为2～3kg/m^2，饲养期间应随着体重增加而不断分池，以免密度过大互相残食。饲养土厚度一般为8～14cm。投喂青绿多汁饲料时，应预先晾干，减少水分，以保持饲养土的适宜湿度，还要及时清除残料，保持饲养土的清洁，为中龄若虫提供一个良好的生活环境。

（三）老龄若虫期

指8～11龄虫，从黄豆大小的中龄若虫经过3～5个月的饲养可长到蚕豆大小。老龄若虫在生长发育的速度及形态、生理上没有根本的变化，只是中龄若虫的继续，所以饲养管理与中龄若虫基本相同。但由于老龄若虫最后变为成虫，由生长期转入生殖期，营养需求量有所提高，饲料中的精饲料要适当增加，青饲料则要适当减少。每万只老龄虫每天要喂精饲料5～8kg，青饲料4～5kg。另外饲料中蛋白质含量也要有所提高，不低于20%，为将来提高产卵率和种卵质量打下基础。饲养密度3kg/m^{2}左右，饲养土厚度为14～16cm。

当老龄若虫进入9龄时，雄虫也渐趋成熟，若继续饲养将会长出翅膀，失去药用功能，此时要去公留种。一般可按10：（2～3）的雌、雄比例留足雄虫，多余的雄虫在出翅前拣出，进行加工处理。

雌、雄若虫的主要区别：雌若虫第二、第三背板的斜角小，而雄若虫的斜角大。另外雄虫爬行时虫体稍抬起，而雌虫则伏地爬行。

（四）成虫期

老龄若虫完成最后一次蜕皮后，雌、雄虫就变成了具有繁殖能力的成虫了。除留种产卵外的雌虫，一般在产卵盛期过后，均应淘汰采收作为药用。由于地鳖虫从老龄若虫进入成虫期的时间不一致，往往有的已经产卵，但有的还未蜕完最后一次皮，这些老龄若虫会把雌虫产的卵吃掉，因此应随时清查，仔细分辨，将个体大的、发育成熟的雌虫分批转入成虫池内饲养。种用雄若虫长翅变成成虫时，应及时转入成虫池内与雌虫交配。

成虫由于繁殖的需要，所消耗的各种营养物质较多，因此投喂的饲料应由粗转精，以米糠、麦麸为主，适当搭配鱼粉、豆饼等蛋白质饲料，并增加骨粉、鱼肝油、贝壳粉、油渣的比例，此外适当加喂青饲料。成虫池饲养土的厚度17cm左右，饲养密度0.8万～1万只/m^2。

五、地鳖虫常见疾病的防治

（一）绿霉病

霉菌感染所致，主要发生在气温高、湿度大的梅雨季节。地鳖虫患病后腹部呈暗绿色，有斑点，虫足收缩，触角下垂，全身柔软，行动呆滞，食欲减退，不久爬出土面死亡。

防治方法：一旦发现此病，立即将病虫隔离饲养，换上较干的饲养土，同时用0.5%福尔马林溶液喷洒虫体，也可用0.15g红霉素或氯霉素拌入0.25kg麦麸中连喂2～3次，直至痊愈。

（二）大肚子病

该病又叫腹胀病、肠胃病，是由于饲养环境过度潮湿，温度不稳定，吃食变质食物或卫生状况不良引起。症状表现为腹部鼓胀，虫体变大、变黑，爬行缓慢，用手挤压腹部易破，有黄绿色脓水流出，摄食减少，种虫停止产卵，有部分死亡。

防治方法：打开门窗通风换气，以降低饲养土湿度；取出表层饲养土，更换新土；停喂青料，投喂干料。药物治疗，每千克饲料中加入2g酵母片，1g复合维生素，每天投喂1次，连喂3～4d。

（三）卵鞘曲霉病

因卵化缸内高温、高湿，促使曲霉菌大量繁殖而感染，造成卵和幼龄若虫大批死亡。

防治方法：保持饲养土干燥，湿度不超过20%；卵鞘隔10d收1次，用3%漂白粉1份加石灰粉9份混合后，撒在卵鞘上消毒半小时；出虫后，每隔3d筛出幼虫，放入幼虫缸内饲养。孵化期不投食。

（四）线虫病

该病由线虫寄生引起，线虫寄生在地鳖虫的肠道内或卵鞘内。病虫行动迟缓，腹胀发白，吐水。线虫寄生在卵鞘则发生霉变腐烂。

防治方法：用3g槟榔加300g水煮沸，拌精饲料投喂或用5%盐水拌料喂服。

（五）裂皮病

该病主要是由于地鳖虫代谢失调，蜕皮时养殖土过于干燥或饲料含水量过低引起。患病的地鳖虫不蜕皮或半蜕皮，不吃食物，逐渐消瘦，最后死亡。

防治方法：饲料营养要全面，保证虫体新陈代谢正常进行，促使虫体顺利蜕皮；合理控制饲养土湿度和饲料的含水量，增加虫体内水分；地鳖虫将要蜕皮时不要筛虫，以免损伤虫体。

（六）螨病

螨是地鳖虫生产最危险的一种寄生虫。当气温在25℃以上、饲养土较湿、喂料过多时容易发生。幼螨寄生在地鳖虫的胸、腹及腿基节的薄膜处，使之逐渐消瘦变小，内卷发硬，以至死亡。

防治方法：可将土面剩余的饲料连同饲养土刮出1.5～3cm，在烈日下暴晒干燥，或将地鳖虫全部筛出，换上新的饲养土。在更换饲养土时，用30%三氯杀螨矾或20%螨卵脂农药，以1∶400倍溶液掺拌干燥饲养土，0.037m^3饲养土用药4g加水1.6kg。

（七）蚁害

蚂蚁无处不有，地鳖虫饲养池里也难避免，其拖食幼虫较多。

防治方法：在建池时池底土层未整前用氯丹粉或氯丹乳油处理；养殖过程中用氯丹粉拌湿土撒于饲养池四周，或在池的周围开沟注水，以防蚂蚁侵入；如池内发现蚂蚁，可用肉骨头、油条等诱出池外扑杀。

此外，鸡、鸭、猫、鼠及青蛙、壁虎、蟑螂、蜘蛛等天敌也会造成危害，防治措施是盖好池盖，堵塞漏洞，杀虫灭鼠等。

六、相关药材的采集与加工

（一）采集

1. 采集对象

按照中药药材要求，药用的地鳖虫为干燥的地鳖虫雌虫，包括老龄若虫和成虫。但目前人工饲养的采药对象除雌若虫、雌成虫外，还包括老龄的未长翅膀的雄若虫。

2. 采集时间

雄若虫在最后一次蜕皮前留够种虫，多余部分即行采收。雌成虫在产卵盛期过后，除留足种虫外即可分批采收，一般分为两批：第一批在8月中旬前，采收已超过产卵盛期的尚未衰老的成虫；第二批在8月中旬至越冬前，凡是前一年开始产卵的雌成虫，可按产卵先后依次采收。如饲养规模较大或全年加温饲养的，在不影响种用的情况下，只要能保证虫壳坚硬，随时都可采收。不论何时采收，均应避开蜕皮、交尾、产卵高峰期，以免影响繁殖。

3. 采集方法

用1.1mm（2目）筛子，连同饲养土一起过筛，筛去窝泥，拣出杂物，留下虫体，将其捉放在瓷盆内以备加工。野生地鳖虫可采取捕捉法和诱捕法。

（二）加工

1. 晒干法

将采收到的虫体黏附的杂质去掉，然后饥饿一天，以消化尽体内的食物，排尽粪尿，使其空腹，这样既容易加工保存，又有利于提高药用价值。然后将虫体用清水冲洗，除去体表的污泥杂质，接着把冲洗干净的虫体放入开水烫泡3～5min，烫透后捞出用清水洗净，摊放在竹帘或平板上，在阳光下暴晒3～5d，达到干而有光泽，虫体平整而不碎为好。

2. 烘干法

也可把烫死冲洗干净的虫体放入电热恒温箱内烘烤，温度控制在50～60℃，待虫体干燥后即可。烘干时一定要从低温逐渐升至高温，以防烘焦虫体而影响其药用价值。如遇阴雨天，又无烘箱时，可用铁锅烘干，即将烫死洗净的虫体装入铁丝网、篮内，置入锅内烘烤，温度为50℃左右，烘烤时不断翻动，使其受热均匀，以防烘焦。

干燥的地鳖虫可用纸箱、木箱或其他硬质容器盛装。若暂不出售，可密封置于干燥通风处保存，注意防潮和虫蛀霉变。

第七节　冬虫夏草

冬虫夏草，又名中华虫草，虫草，是我国传统的名贵中药材，产于西南低温、严寒、海拔3 000m以上的山区，最早见于药书《草本从新》和《本草纲目拾遗》。它是昆虫虫草蝙蝠蛾（*Hepialus armoricanus*）的幼虫被冬虫夏草菌（*Cordyceps sinensis*）真菌感染而形成。

一、冬虫夏草的药用与经济价值

冬虫夏草有补虚损，益精气，止咳化痰的功效。主治阳痿遗精、腰膝酸痛、病后久虚、自汗盗汗、痰饮喘咳、咯血、虚喘痨咳等。

冬虫夏草含多种氨基酸、蛋白质、脂肪、粗纤维、碳水化合物、D-甘露糖、甾醇类、有机酸、虫草酸、奎宁酸、冬虫夏草素以及维生素B_{12}等，还含有多种维生素和钾、钠、钙、锌、铁、磷、硅、钛、铬、硒、镓等十几种元素，是重要的营养品。药理研究证明其有抗疲劳、强身延年、延缓衰老、免疫调节、平喘及祛痰、抗肿瘤作用，还有促进心血管、血液系统的功能。

冬虫夏草一直作为强壮滋补药及治疗肺部疾患的良药，如肺结核及肺炎等。近年使用虫草菌丝研制成各种制剂，临床应用证明其对原发性血小板减少症、慢性肾功能衰竭、高脂血症等有良好疗效，对性功能低下也有一定疗效。近年来，由于人们不合理采挖，冬虫夏草主产地雪山草原生态环境遭到严重破坏，导致资源日趋减少，年产量比20世纪60年代初下降了95%以上，加之野生的冬虫夏草分布地区狭窄，自然寄生率低，对生活环境条件要求苛刻，本身资源有限，致使冬虫夏草产量供不应求。而近年药品及保健食品对冬虫夏草需求倍增，国内市场价格逐年上涨，国际市场日益紧缺。因此对冬虫夏草进行人工养殖很有前途。

二、冬虫夏草的生物学特性

（一）形态特征

1. 成虫

雌虫体长14.6～15.4mm，雄虫常为梳状，体长14.2～14.5mm，全身密被金黄色细长毛，前翅灰褐色上有多条黑色横线和黑白斑；头较小，上、下颚退化，吻极短，无下唇须；触角丝状，极短；前足胫节有胫刺。臀足1对，趾钩为缺环多行单序。前胸背毛消失呈陷孔。雄虫生殖器下端有单钩，背兜下部较宽，有一钩。

2. 卵

呈圆形，随日龄增长由白色转为黑色，并具有光泽。

3. 幼虫

虫体为浅黄色，头部暗红色，有明显的额缝，唇基为头长之半，胸足发达，爪呈钩状，腹足趾钩多行单序。

4. 蛹

呈长圆筒形，起初为白色，慢慢变成棕黑色。

冬虫夏草子座从蝙蝠蛾幼虫头部顶端蜕裂线长出，多为单个，少数有2～4个，长4～16cm，基部粗1.5～6mm，呈棒状、光滑，直立或稍弯曲，棕褐色，带有不明显的纵纹。头部褐色近圆柱形，初期内部充实，后变中空，长1～4.5cm，粗0.25～0.6cm，顶端有1～8mm的尖细部，十分光滑，为不孕端。不孕端下面有长5～14mm，粗3.0～6.5mm，表面粗糙，颜色较深的部分，为可孕部位，是冬虫夏草菌子囊孢子生长部位。子囊呈线性，内有8个具有隔膜的子囊孢子。

（二）生活习性

1. 生态习性

冬虫夏草和寄主主要分布于海拔4 000m以上的青藏高原的高寒草甸土壤中，另外在黄土高原、四川盆地、云贵高原等也有分布。产地分散，多数集中在西藏自治区的那曲、昌都、林芝，云南丽江，四川的甘孜等地。在高海拔地区，周年温度很低，因此发育速度很慢，一般3～5年发生一代，幼虫在冻土层下越冬，但不休眠。成虫出现于6—8月，寿命3～12d，平均7d；卵的孵化期为32～47d；幼虫期2.5～3d，一年四季在产地土壤中均可挖到幼虫。

幼虫化蛹前躯体缩短成老熟幼虫。早春解冻，老熟幼虫复苏，大量取食，到4月中下旬取食停止，从深土层移到5cm左右的土层中，进入预蛹期，7～18d；然后蜕皮化蛹，蛹期15～42d。起初蛹为白色，1h后变成棕红色，慢慢变成棕黑色，而后羽化成蛾，从化蛹到羽化，在自然条件下需35～40d，平均37d。在自然界有蛹的时期总共约80d。

虫草蝙蝠蛾长期适应高寒地区环境，因此其特性为耐寒怕热。当温度为2℃时就开始活动，进行采食，虫草蝙蝠蛾幼虫的活动位置随季节而改变，其抗饥饿能力强，耐寒能力也很强。最适宜生长温度为15～18℃，温度高于20℃就会出现异常反应。成熟的幼虫通过吐丝方式筑成土室后开始化蛹，蛹体的活动主要是借助于腹部的棘状构造进行。

适宜虫草蝙蝠蛾生长的土壤是高山草甸土、高原草甸土和山地草甸土。土壤含水量若低于10%或高于50%，均容易导致死亡。

2. 食性

虫草蝙蝠蛾的幼虫是一种多食性昆虫，对食物的选择比较广泛，如珠芽蓼、头花蓼、小大黄地下部分是最喜采食的食物，其次是圆穗蓼、金腊梅、雪山黄芪、黄精等高原草甸植物的地下茎。也可取食麦芽、谷芽等禾本科植物和十字花科、莎草科的嫩根及胡萝卜块根等，也可满足其正常生长的需要。

3. 繁殖习性

成虫的活动随气温高低、光照强弱而变化，多在上午7时至下午4时羽化，10时前后为羽化高峰，羽化后10min左右成虫攀缘到植物枝叶上展翅，傍晚才开始飞翔。雌蛾不飞，只振动前翅，招引雄蛾前来交配，交配都在深夜完成，雄虫一般交配1次，也有部分雄虫交配2～3次，雌蛾可多次交配，雌蛾一般交配后5min开始产卵，未经交配的雌蛾也可产卵，产卵时间在上午11时至下午4时，卵散产于寄主植物附近的土壤表面，在18h内可产出腹中卵的70%～80%，产卵多少不尽一致，每只雌蛾一生产卵400～800粒。未经交配的雌蛾产卵300粒左右。

三、冬虫夏草的人工养殖技术

近年来人工培养冬虫夏草获得成功，其所含有的成分、药理作用与天然虫草基本一致。

（一）场地建设

1. 养殖室

面积20～30m^{2}房内空间，高度在2～2.3m，墙壁光滑并留通风窗。可采用立体式养殖以提高利用面积，养虫架每层的间隙为60cm左右，架上放置养虫盒。若不是在高海拔地区饲养（海拔高于3 000m），室内必须安装控温设施，以维持温度。

2. 接种培养室

面积以10m^{2}左右为宜。为保证无菌接种菌种，室内需有紫外灯、超净工作台、低温培养箱和接种工具等。

3. 饲料栽培地

主要栽培珠芽蓼、川贝母、龙胆草等植物，以供给幼虫天然饲料。栽培方法及要求可参照中草药栽培的有关资料。

（二）饲养设施

1. 卵孵化

可用10cm×5cm的广口瓶代替，内放3～5cm厚的腐殖土，每瓶放置300～500粒卵，卵放入土层的深度为1cm左右。

2. 幼虫

玻璃缸规格为（18～25）cm×（30～35）cm×（20～25）cm。缸内放置15cm厚的腐殖土，种上寄主植物，将幼虫放入缸内，每缸可养1～3龄幼虫30条或4～6龄幼虫10条。也可选择排水性能好、土壤疏松的地方，挖1 200cm×200cm×40cm的深槽，底部和四周都用网封住进行笼养。用腐殖土填平，种植幼虫寄主植物，放养密度为30～50条/m^2。

3. 蛹和成虫

可使用养虫箱饲养。规格为50cm×50cm×55cm，底部用薄铁皮封底，顶部及四壁用尼龙纱网割盖，前面设可开关的活门。内放10～15cm厚的腐殖土，将寄主植物移入，然后把蛹和成虫放养其中，进行群体饲养。

四、冬虫夏草的饲养管理

（一）蝙蝠蛾的饲养管理

1. 培养土及引种

为防止病原菌感染蝙蝠蛾的幼虫，必须对饲养设施及饲养土进行消毒，箱或盒内可铺上1～2cm的石子，再铺上15cm厚的饲养土，饲养土的配料参考如下：河沙50%、园土20%、腐殖土10%、黄泥松土5%、切碎的植物茎叶10%、麸皮5%。每千克饲养土中添加1g硫酸亚铁和少量硅酸盐溶液，混合均匀洒上水，使其含水量在40%～60%。调节土壤的pH值在5.3～6.8范围内，在其上铺一层植物叶子后可进行引种。引种多在5—10月，在地表面下10cm土壤中，尤其在川贝母、珠芽蓼等植物根的附近，采挖蝙蝠蛾的幼虫。幼虫放养量为150～200只/m^2，常用蓼属等植物的根须进行饲喂，也可用胡萝卜、苹果等进行喂养。

2. 日常管理

在蝙蝠蛾幼虫的养殖过程中，应每20m^2安装2个40W的日光灯，每天照明6h左右，以保持适宜的温度，这样其生活史可相对缩短1～2年。一般控制温度在12～25℃，空气相对湿度为85%左右为宜。若是野外引进的幼虫须及时补充饲料，经过一段时间，它就会化蛹、羽化变成成虫。此时将成虫放入其他养殖盒内进行交尾、产卵，然后在16～18℃的室内温度下进行自然孵化。22～30d可孵出幼虫，将其移到池中饲养，并投放一定量胡萝卜、苹果等。按这种方式养殖，成活率高，幼虫生长快。2～4龄进行稀养。6～7龄挖取进行接种。

（二）虫草菌母种的分离培养

1. 菌丝组织的分离

收集新鲜完整的冬虫夏草用0.1%～0.2%氯化汞溶液或采用75%酒精进行表面灭菌处理。切割成0.1～0.4cm大小的接种体，接种于1%的PDA培养基上，置15～24℃温箱中培养。也可将子座和虫体掰开，取其中心白色菌丝组织接种于培养基上，置20℃温箱中培养分离菌丝组织。然后取子囊孢子待放的子座，进行表面灭菌后，进行子囊孢子的分离。

2. 子囊孢子的分离

在无菌条件下将子座悬吊于PDA斜向试管内，挑取萌发的子囊孢子移植于斜面试管中，置恒温箱内培养。对继代培养的纯化真菌分离物镜检，并将分离出的分生孢子菌株接种在蝙蝠蛾幼虫虫体上，待长出含子囊孢子的子座后移植于斜面试管内作为母种保藏起来。

3. PDA斜面试管的制备

将土豆200g，切成薄片，加入1 000ml水中煮沸30min，双层纱布过滤，补足水分，加琼脂18～20g，加热使琼脂熔化后，再加蔗糖（或葡萄糖）20g，溶解混匀分装5～10ml于试管中，121℃灭菌30min，趁热把试管摆成斜面，冷却后备用。

（三）接种培养

1. 制作栽培种

取母种PDA斜面试管和栽培种PDA斜面试管，将管口、接种环火焰灭菌后挑取母种，接种于栽培种斜面培养基上。一支母种可按种20支左右栽培种。在15～20℃下培养15～20d，即可进行稀释接种。

2. 接种

接种一般在阴天、傍晚或晚上8时左右进行。先将蝙蝠蛾幼虫取出，再将栽培菌种用蒸馏水稀释至5%～10%后均匀地喷洒到虫体上，2次/d，共喷3d。

3. 培养

接种后培养温度控制在15～18℃，空气相对湿度75%～90%，土壤湿度40%～50%。45d后虫体头部裂开萌发虫草子座，60d时子座长至10～12cm，呈棍棒状，100～120d即可成熟。土壤接种的幼虫受虫草菌感染后，菌体在幼虫体内繁殖生长，使幼虫死亡僵化，形成僵虫。立夏后僵虫在温度、湿度适宜条件下，虫体外长出绒毛状白色菌丝，并与土壤粘成一层土壳，即所谓“膜皮”，一般从僵虫头部长出1个或2～3个棒状子座，子座露出地面20d后成熟，子囊孢子从子囊顶端弹射而出，进入土壤。

五、冬虫夏草常见疾病的防治

人工饲养时，可用纱网将养殖池罩住，以防蜈蚣、步甲和多种寄生蝇及寄生蜂等天敌侵入，如果已经侵入，应及时清除。

六、相关药材的采集与加工

冬虫夏草的质量与采集时间密切相关，适宜的采集时间为冬虫夏草子座长出地面2.0～4.0cm，子座头还处于尖细时期，生长子囊孢子的有孕部分还未发育膨大时为最佳。采集时连虫带草一齐挖出，洗净，表面喷洒适量黄酒，使其软化，整理平直后，扎成小捆，晒干后放入干燥器内保存待售。

第七章 环节动物

水 蛭

水蛭（*Whitmania pigra Whitman*）俗名水蛭，属环节动物门，蛭纲，颚蛭目，水蛭科。我国水蛭有近百种，但在临床上应用的主要有日本医蛭（*Hirudo nipponia*）、宽体金线蛭（*Whit-Mania pigra*）和茶色蛭（*Whitmamia acranulata*）3种。目前我国中草药市场上经营的主要就是宽体金线蛭。

一、水蛭的药用与经济价值

水蛭是一种贵重中药材，中医和西医的使用量日益增多。早在公元前2世纪的《尔雅》中就有记载水蛭有凝血作用。明朝李时珍著的《本草纲目》，对水蛭的药效做了详细的说明，并用来治疗女子月闭、漏血不止及产后血晕症等。

水蛭体内含有多种药用成分，如水蛭素、肝素、抗血栓素等，其中水蛭素是水蛭唾液腺分泌的一种酸性多肽，是目前已知的最强有力的凝血酶的天然抑制剂，极其微量的成分就能抑制血液中凝血酶的活性，并且具有降低血液黏稠度的作用。此外水蛭素还具有扩张血管、缓解血管平滑肌痉挛和促进对渗出物吸收的功能，能使移植手术后静脉血管保持畅通。

利用水蛭可治疗心血管、脑血栓、风湿病、高血压，心肌梗死、风湿性关节炎、中风、闭经腹痛、产后恶露不尽、截瘫、肝硬化、淋巴结核、心绞痛、眼病、无名肿痛、肿瘤、颈淋巴结核等疾病，而且还可用以堕胎。

水蛭含有丰富的蛋白质和氨基酸，具备作为特种食品进行开发的基本条件，其发展前景非常广阔。它能制作成保健食品，如保健饮料、水蛭酒、保健食品、口服液、冲剂、胶囊、片剂等来供中老年人预防高血脂、高血压、肝病、心脑血管疾病和脑血栓等症状。此外利用水蛭还能配制防冻膏、生发膏或其他活血化瘀药膏及系列化妆美容用品。

水蛭对水中的化学和物理因子变化非常敏感，利用水蛭的这种特性可研究水体污染和水质评价、预报天气等。

随着农药、化肥的广泛使用，水蛭的野生资源日益减少，远不能满足入药的需要。人工养殖，投资少，效益高，规模大小均可，饲养管理方便。所以开展人工养殖水蛭，前景广阔。

二、水蛭的生物学特性

（一）形态特征

水蛭背腹扁平，前端较细，体呈叶片状或蠕虫状。体型可随伸缩的程度或取食的多少而变化。身体分节，前端或后端的几个体节演变成吸盘，具有吸附和运行的功能。前吸盘较小，围在口的周围，后吸盘较大，呈杯状。水蛭的身体由口前叶加上33个体节，共有34个体节组成。由于末7节愈合成后吸盘，因此一般可见27节，每体节又分为几个体环。水蛭的头部不明显，在头背方有数对眼点，它们的数目、位置和形状是鉴别不同种类的依据。在第31与第32节，第36与第37节的腹面环沟内分别有一个雄性生殖孔和雌性生殖孔。

（二）生活习性

1. 栖息环境

水蛭多生活在北回归线以北的淡水中，少数生活在海水或咸水之中，还有一些陆生和两栖的，它对环境、水质、气候要求不严。水温一般在15～30℃时生长良好。水蛭喜欢在石块较多、池底及池岸较坚硬的水中生活，这有利于蛭类吸盘的固着、运动和取食。

2. 活动规律

水蛭白天常躲在泥土水浮物中、石块下、植物间等隐蔽处，善于游泳，夜间活动繁忙。

3. 捕食食性

水蛭以河蚌、螺类、水草以及水中的浮游生物为食，人工养殖也可投喂螺蛳、灭菌蝇蛆、猪、牛、鸡等畜禽的内脏、血块及下脚料等。它们中有以吸取血液或体液为生的种类，也有捕食小动物的肉食种类。

4. 运动行为

水蛭是高度特化的营半寄生生活的环节动物，其运动行为可分成游泳、尺蠖式运动和蠕动。游泳时波浪式向前运动，而在岸上或植物体上爬行时通常采用尺蠖式和蠕动运动方式。

三、水蛭的人工养殖技术

（一）养殖方式

水蛭养殖方式有野外粗放养殖和集约化养殖。野外粗放养殖是利用自然条件，通过圈定养殖范围后进行保护的一种养殖方式，一般有水库养殖、池塘养殖、沼泽地养殖、湖泊养殖、洼地养殖、稻田养殖等。集约化养殖是采用人工建池、投喂饵料的科学饲养管理方式，一般有鱼塘养殖、场区养殖、室内养殖、庭院养殖、工厂化恒温养殖等。这几种养殖方式放养密度大，资金投入相对较高，要求饲养技术精细。但单位面积产出多，经济效益好。

（二）养殖池的建造

水蛭的养殖池应建在避风向阳、排水方便的低洼处或房前屋后。池塘分土池和水泥池两种，前者池壁需用砖或石块浆砌，做到坚固、耐用、无漏洞，而后者要在池底铺上20cm厚的泥土。池四周埂要高1.8m左右，水深1m，宽度和长度不限（面积大小应根据饲养量而定）。一般每667m^2水面可放养幼水蛭6万～10万条。

池对角设进水口和排水口，水泥抹光。池四周靠池壁用有腐殖质的疏松沙质土建0.5m宽、0.2m厚的产卵平台，便于水蛭打洞产茧。池底可放些不规则的石块或树枝供水蛭栖息、产卵，而且水池中间应建高出水平面20cm的土平台5～8个，每个平台1m^2左右。

池塘还要设防逃沟，用砖砌成，沟宽11cm，高8cm。此外池的四周还要设置排水孔，以便大雨天方便排水，以免雨水漫过池壁造成水蛭顺水而逃。每个排水孔都要设置过滤网或在沟内撒些石灰防止水蛭外逃。

养殖池建好后应在底部撒一层鸡粪或猪粪，以每百平方米水面施粪肥0.2m^3为宜，上面盖上20cm厚的泥土，并使池内的土壤及水质呈弱酸性，使其pH值达到5.5～7。

（三）养殖池的消毒

1. 漂白粉消毒法

每667m^{2}养殖池用5～10kg漂白粉进行消毒。若是带水消毒，使用漂白粉的量要加倍，全池泼撒。一般消毒后3～5d，即可投放水蛭种苗进行饲养。

2. 生石灰消毒法

在养殖池底选几个点，放入生石灰。生石灰的用量为每平方米100g左右为宜。然后在养殖池中放水至10～20cm深，待石灰化开后，将石灰浆全池泼洒，过一段时间再将石灰浆和水混合均匀。消毒后将水放出，1周左右再注入新水，即可投放水蛭种苗。

3. 水泥池的脱碱

新修建的水泥池在使用前进行脱碱处理，以给水蛭创造良好的生长环境。具体方法有过磷酸钙法、冰醋酸法、酸性磷酸钠法、薯类脱碱法等。脱碱程度可用pH试纸和从水中的黏度、产生水垢及沉淀物的多少等来评估。然后将养殖池清洗干净、灌水，再放入几条水蛭试养1d，确无不良反应时，再投放种苗饲养。

（四）繁殖技术

1. 繁殖特性

水蛭是雌、雄同体，异体交配，每条水蛭均可繁殖。种水蛭每年可繁殖5次以上，每次可繁70多条。水蛭交配时双方将阴茎插入到对方的雌性生殖孔内，并把精子输入受精囊内。雌性生殖细胞是交配后才开始成熟，并遇到精子受精；从交配、受精到受精卵排出体外，形成卵茧，一般要经过1个月的时间。水蛭产卵茧的时间一般在5月中旬到6月下旬，平均温度为20℃。水蛭产卵茧前先从水里钻入岸边泥土中，大多在田埂边或水塘边，产卵茧床大多选择比较松软的土壤。产出的卵茧一般呈椭圆形，海绵状或蜂窝状，土黄色，其大小和形状如煮熟的蚕豆，每次产茧2～3个，每个卵茧在15～28℃水温下经16d左右可孵化出10～30条幼水蛭。孵化时除温度外还要特别注意控制湿度，水分蒸发过多，会造成干胚而死亡。应经常在盖卵布的表面喷水，保持潮湿，其相对湿度以70%～80%为宜。

刚孵出的幼水蛭能吸血、独立生活。一个月内能长到3cm以上，3～4个月体成熟。因此人工恒温养殖6～9个月，即可捕捉留种或加工成药。

2. 种水蛭的选择和投放

（1）种水蛭的选择。水蛭种苗应选择野生的或人工培育的良种。小规模养殖一般采用自繁自养的方式解决种苗，大规模养殖需要大量的种蛭，必须要注意做好种

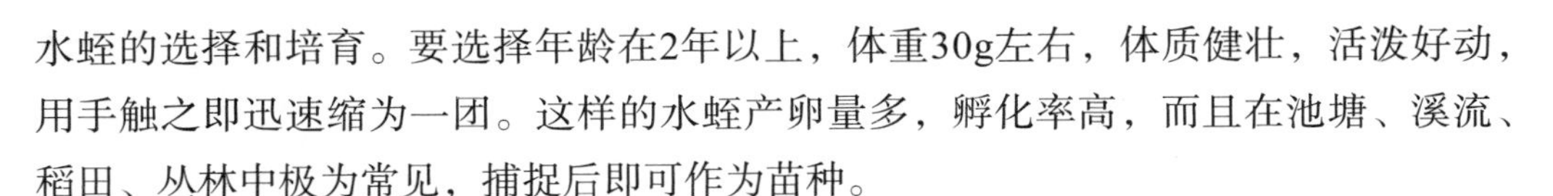

水蛭的选择和培育。要选择年龄在2年以上，体重30g左右，体质健壮，活泼好动，用手触之即迅速缩为一团。这样的水蛭产卵量多，孵化率高，而且在池塘、溪流、稻田、丛林中极为常见，捕捉后即可作为苗种。

（2）种水蛭的投放。在种水蛭放入养殖池之前，可用0.1%高锰酸钾溶液，浸洗消毒，切不可将从水田、池塘或其他养殖场带回的水一起倒入新建养殖池中。水质要清新，水温宜在15～30℃。投放的密度以2月龄以下每立方米1 500条左右，2～4月龄每立方米1 000条左右，4个月龄以上每立方米500条左有为宜。幼、成水蛭混养时，以每立方米800条左右较好。

四、水蛭的饲养管理

（一）饵料喂养

水蛭主食水草、水中微生物、蚯蚓、蚌、蛙、龟鳖、昆虫幼虫以及哺乳类动物的血液。在人工饲养的情况下以河蚌、螺类以及水中的浮游生物为主要食物，还可利用各种血拌饲料、草粉或其他动物的粪便等。不同的蛭类其食性不同。日本医蛭以吸食脊椎动物的血液为主；宽体金线蛭、茶色蛭主要吸食无脊椎动物的体液或腐肉，如河蚌、蚯蚓、水生昆虫、田螺，水蚤等，有时也吸食水面或岸边的腐殖质。养殖过程中要因地制宜地选喂合适的食物。喂活螺每亩可一次性投放25kg左右，使其自然繁殖供水蛭捕食。猪、牛、羊等动物的血凝块每周可喂一次。投喂时每隔5m放一块，水蛭嗅到腥味后很快会聚拢，吸食后自行散去。蚯蚓和昆虫幼虫可视情况补充投喂。投喂饵料时要定质，始终保证新鲜、清洁，禁止饲喂腐烂、霉变的饵料；定量，每日饲喂的饵料数量应相对固定，日投饵料量一般可掌握在水蛭实际存栏重量的1%左右；定点，投放饵料的地点要固定，使水蛭养成定点摄食的习惯；定时，每天投喂时间要相对固定，一般情况下，以上午9时和下午5时左右较为合适。

（二）产卵前期的饲养管理

产卵前水蛭食量很大，为了提高水蛭卵茧产量和卵茧孵化率，饲料供应要充足，并注意观察水蛭的活动情况，如发现水蛭群集在水池侧壁的下部，并且沿侧壁游到中、上层，却很少游出水面，应立即增氧、换水。此外应及时向水中追肥，促进水中浮游生物及水草的生长，以便向水蛭提供充足多样化的饲料，而多余的饲料供未来的幼水蛭食用。

（三）产卵期的饲养管理

产卵期池塘附近要保持安静，避免在平台上走动，以免踩破卵茧或惊动产卵的水蛭，造成空卵茧。注意随时清理血渣及其他剩余食物，以保持水质的清洁。同时注意维持水位高度，水位太低会造成产卵平台上的土壤太干，导致卵茧干枯而死亡，水位太高会淹没产卵平台造成卵茧缺氧而死亡。

（四）幼水蛭的饲养管理

刚从孵化出来的幼水蛭消化能力较差，因此要注意投料的营养性和适口性，饲喂水蚤、小血块、切碎的蚯蚓、煮熟鸡蛋黄等效果较好，而且应少食多餐。随着大量的幼水蛭孵化出来，水中的食物消耗很快，为使水中浮游生物快速生长，要不断地向水中追肥。一种方法是每天泼洒3～4次豆浆（每100m^{2}水面需黄豆0.5kg），另一种方法是将晒干的鸡粪、牛粪、羊粪等装入准备好的麻袋或编织袋内沉入水底。

随着幼水蛭的长大，它们会吞食蚌、螺蛳的整个软体部分，并且幼水蛭生长迅速，半个月后平均增长达15mm以上，此时可转入大池饲养。

水温应保持在20～30℃，过高、过低对幼水蛭生长都不利，而且应注意勤换水。此外还要注意化肥、农药水不能入池，以防水蛭中毒死亡。

（五）初春与深秋的饲养管理

常温下水蛭一般在4月下旬至10月上旬活动、觅食、生长，其他时间处于冬眠状态。在初春与深秋季节，采用塑料薄膜覆盖养殖池，利用太阳光的照射提高水温，可延长生长时间3个月，增产40%以上。与鱼混养的水蛭每亩水面投放25kg河蚌和螺蛳，其自然繁衍以及池塘中的各种浮游生物即可满足2 000条种蛭正常食用。

（六）越冬管理

水蛭的耐寒能力较强，一般不易被冻死。自然条件下气温低于10℃时就会停止摄食，钻入泥中越冬。越冬时将水排干，把第二年要做种水蛭的留下，集中投入育种池中越冬。越冬之前多增加一些营养丰富的饵料，要以能量饵料为主，以增加体内的脂肪，为水蛭进入冬眠贮备充足的能量。水蛭多在浅土或枯草树叶下越冬，很易因突变的寒冷天气受冻而死。为此越冬时在池边近水处要加盖一些草苫或玉米秸秆等，并适量提高池水的水位。

五、水蛭常见疾病的防治

（一）白点病（溃疡病、霉病）

该病由原生动物多子小瓜虫引起。大多是受捕食性水生昆虫或其他天敌咬伤后感染细菌所致。患病的个体在背部或腹部出现白色斑点，进而溃烂成孔。

防治方法：提高水温至28℃以上，撒入0.2%食盐；定期用漂白粉消毒池水；用2μl/L硝酸汞浸洗患病水蛭，每次30min。浸洗后立即用清水洗净，每日1～2次。

（二）寄生虫病

该病由一种原生动物单房簇虫的寄生而引起。患病的个体在身体腹部出现硬性肿块。硬性肿块有时是对称性排列。经解剖确定为贮精囊或精巢肿大。

防治方法：养殖水蛭时最好饲喂河蚌、螺类等软体动物，要特别注意饲喂蚯蚓，因为单房簇寄生虫常在蚯蚓的雄性生殖腺内寄生。一旦发现要注意消灭病原，以防传染。

（三）干枯病

该病是由于池塘四周岸边环境湿度太小，温度过高而引起的。食欲不振、活动少、无力、消瘦、失水萎缩、身体干瘪、全身发黑。

防治方法：用酵母片或土霉素拌饲料投喂，同时增加含钙物质，提高抗病能力；在池周搭荫棚，多摆放竹片、水泥板，下面留有空隙，经常洒水，以达到降温增湿的效果；或将患病水蛭放入1%食盐水中浸洗5～10min，每日1～2次。

（四）胃肠炎

该病由于吃了腐败变质或难以消化的食物而引起。患病水蛭食欲不振，不爱活动，肛门红肿。

防治方法：用0.4%抗生素（如青霉素、链霉素等）加入饲料中混匀，投喂后可收到较好的效果。

六、水蛭的采集与加工

（一）采收

早春繁殖的水蛭到4—5月可产幼水蛭，到9—10月可捕捉留种或加工出售。捕捉时可将池水搅浑，待水蛭聚集时，用网兜捕捞。也可用稻草等秸秆扎成小捆，以畜禽血浸泡后放入池中，水蛭闻到后，会聚集在草捆上，将其捞出。也可将猪大肠切成段，套在木棍上，每隔一段距离，在池中插入一根木棍，不久水蛭便叮到棍上，再将其收集起来。

（二）加工方法

1．水烫法

将水蛭集中放入盆等容器中，将开水突然倒入，热水以淹没蛭体2～3cm为宜，20min左右待水蛭死后，即捞出洗净放在干净的地方晒干，若一次没烫死可将没烫死的再烫一次，晾晒时最好在纱网上，纱网高出地面50cm，这样晾晒，上下通风，又快又好。用此种方法加工的水蛭为纯清水干品，质量好、售价高。

2. 酒闷法

将高度白酒倒入水蛭容器中，以能淹没蛭体为度，然后加盖密封半小时后，等水蛭醉死了，再用清水洗净晒干即可。此法加工的干品好，但成本高。

3. 烧碱法

将食用碱粉撒入盛水蛭的容器中，用双手将水蛭上下翻动，边翻边揉搓，在碱粉的作用下，水蛭逐渐缩小，最后冲洗干净晒干即可。

4. 热炒法

将滑石粉置入锅内炒热，然后放入水蛭，炒到水蛭微鼓起，取出筛去滑石粉，置入干燥容器中保存即可。

5. 生晒法

将水蛭用铁丝穿起，悬挂在阳光下直接暴晒，干后收存即可。此法加工的干品好，但比较麻烦。

6. 盐渍法

将活水蛭放入容器中，层层撒盐，直到容器装满为止，渍死后晒干即可，但盐渍品收购价一般会低20%～30%。

以上加工时要注意选择晴天加工，阴天无法晾晒易腐臭变质。如果加工晾晒时突然遇到阴雨天，要放在室内加温烘干。

水蛭干品的质量好坏是出售价格高低的关键。上等水蛭干品标准是：规格整齐，呈扁平纺锤形，背部稍隆起，腹面平坦，质脆易折断，无杂质，含水率在2%以下并有腥味，断面呈胶质状有光泽者为佳。贮藏时应置于干燥处（如瓶、罐、塑料袋等）密封，以防虫蛀。

主要参考文献

蔡青年.2001.药用食用昆虫养殖［M］.北京：中国农业大学出版社.

陈树林，董武子.2002.庭院经济动物高效养殖新技术大全［M］.北京：中国农业出版社.

樊瑛，丁自勉.2001.药用昆虫养殖与应用［M］.北京：中国农业出版社.

葛风晨，王金文.1997.养蜂与蜂病防治［M］.长春：吉林科学技术出版社.

韩坤，梁风锡，王树志.1993.中国养鹿学［M］.长春：吉林科学技术出版社.

何薇莉.2001.蜂产品加工技术［M］.贵阳：贵州出版社.

胡元亮.2001.实用药用动物养殖手册［M］.北京：中国农业出版社.

黄可威，郭锡杰.1995.蚕病防治技术［M］.北京：金盾出版社.

李光玉，杨福合.2006.狐、貉、貂养殖新技术［M］.北京：中国农业科学出版社.

梁风锡，王树志.1985.麝鼠、貉子养殖与疾病防治［M］.廷吉：延边人民出版社.

马建章.2002.中国野生动物保护实用手册［M］.北京：科学技术文献出版社.

马坤绵.1992.经济动物养殖及疾病防治［M］.北京：北京出版社.

马丽娟，王保安.2000.熊［M］.北京：中国中医药出版社.

潘红平.2002.养蝎及蝎产品加工［M］.北京：中国农业大学出版社.

任仁安.1992.中药鉴定学［M］.上海：上海科学技术出版社.

盛和林，刘志霄.2007.中国麝科动物［M］.上海：上海科学技术出版社.

宋大鲁.1996.药用动物生产与病害防治［M］.上海：上海科学技术出版社.

苏伦安.1993.野蚕学［M］.北京：中国农业出版社.

佟煜人，钱国成.1990.中国毛皮兽饲养技术大全［M］.北京：中国农业科技出版社.

王殿坤.1992.特种水产养殖［M］.北京：高等教育出版社.

王锡庚.1987.农家特种养殖［M］.北京：中国农业科技出版杜.

王湘黔.1998.中国特种养殖业指南［M］.北京：中国人民出版社.

王学明，吴钦，钱桂勇.2001.两栖、爬行、鸟、哺乳类中药材动物养殖技术［M］.北京：中国林业出版社.

魏永平.2001.经济昆虫养殖与开发利用大全［M］.北京：中国农业出版社.

谢忠明.1999.经济蛙类养殖技术［M］.北京：中国农业出版社.

徐俊良.1999.养蚕手册［M］.北京：中国农业大学出版社.

闫志民，刘彦威.2000.乌鸡［M］.北京：中国中医药出版杜.

于清泉.2001.养龟技术［M］.北京：金盾出版社.

袁泽良，冯峰.2001.蜂产品加工技术与保健［M］.北京：科学技术文献出版杜，

张幼成.1989.经济动物疾病防治手册［M］.合肥：安徽科学技术出版社.

赵世臻.2001.养鹿文华荟萃［M］.长春：吉林人民出版社.

赵正阶.1999.中国东北地区珍稀濒危动物志［M］.北京：中国林业出版社.
中国水产学会科普委员会.1989.淡水养鱼实用技术手册［M］.北京：科学普及出版社.
中国养蜂学会.1999.养蜂手册［M］.北京：中国农业大学出版社.
钟福生.2000.蛇［M］.北京：中国中医药出版社.
陈树林，董武子.2002.庭院经济动物高效养殖新技术大全［M］.北京：中国农业出版社.